特殊钢中碳化物控制

李晶 著

北京

冶金工业出版社

2019

内 容 提 要

本书系统阐述了特殊钢在电渣重熔、轧制和热处理等生产过程中碳化物的演变与控制，以及稀土、镁、氮、钛等合金元素作为异质形核剂进行合金化处理对特殊钢中碳化物的影响。

本书可供冶金、材料等领域的科研、生产、教学、管理人员阅读参考。

图书在版编目（CIP）数据

特殊钢中碳化物控制/李晶著 . —北京：冶金工业出版社，2019.7

ISBN 978-7-5024-8183-4

Ⅰ.①特… Ⅱ.①李… Ⅲ.①特殊钢—碳化物—研究

Ⅳ.①TG142

中国版本图书馆 CIP 数据核字（2019）第 176297 号

出 版 人　谭学余
地　　址　北京市东城区嵩祝院北巷 39 号　邮编　100009　电话　(010)64027926
网　　址　www.cnmip.com.cn　电子信箱　yjcbs@cnmip.com.cn
责任编辑　刘小峰　曾　媛　美术编辑　郑小利　版式设计　孙跃红
责任校对　李　娜　责任印制　李玉山
ISBN 978-7-5024-8183-4
冶金工业出版社出版发行；各地新华书店经销；三河市双峰印刷装订有限公司印刷
2019 年 7 月第 1 版，2019 年 7 月第 1 次印刷
169mm×239mm；20 印张；4 彩页；401 千字；311 页
99.00 元

冶金工业出版社　投稿电话　(010)64027932　投稿信箱　tougao@cnmip.com.cn
冶金工业出版社营销中心　电话　(010)64044283　传真　(010)64027893
冶金工业出版社天猫旗舰店　yjgycbs.tmall.com
（本书如有印装质量问题，本社营销中心负责退换）

前　言

特殊钢是指具有特殊的化学成分、采用特殊的工艺生产、具备特殊的组织和性能、能够满足特殊需要的钢。特殊钢种类繁多，性能优异，主要包括高端弹簧钢和轴承钢、工模具钢、耐热钢和不锈钢、高温合金和精密合金等。特殊钢是国家重点工程建设和装备制造所需要的关键材料，其生产和应用代表一个国家工业化发展水平和制造业的强弱。虽然我国特殊钢总体质量与国际先进水平还有一定的差距，但是在某些钢种方面已取得了突破。

碳化物是特殊钢中重要的合金相之一，其类型、数量、形态、大小及分布的合理控制对钢性能有重要影响。作者在国家自然科学基金"镁对 H13 热作模具钢夹杂物和碳化物析出行为的研究"和"优质刀剪用高碳马氏体不锈钢中一次碳化物的控制"、广东省扬帆计划"高品质刀剪材料制备的工艺创新与产品研发"及厂协合作等 10 多项科技项目的支持下，对特殊钢中碳化物控制进行了十余年的深入研究，提出了电渣重熔过程中一次碳化物控制技术、电渣定向凝固一次碳化物控制技术、热轧和冷轧过程中碳化物控制技术、热处理过程中碳化物控制技术、新型辊锻热处理碳化物控制技术，明确了镁和稀土元素细化碳化物的作用机理，初步研究了氮对碳化物形成的影响，探讨了钛对特殊钢中碳化物的影响及在改善碳化物方面应用的可行性，对特殊钢中碳化物的控制取得了良好的效果。部分研究成果应用于高端刀剪用高碳马氏体不锈钢的生产，产品质量满足了高端用户要求。

本书总结了多年来作者与研究生共同进行的特殊钢中碳化物控制方面的科研成果和工艺实践，力求形成较为完整的碳化物控制工艺体系，供冶金及材料等领域的科研、生产、管理人员及高等院校相关专业的师生阅读参考。

　　在本书的撰写过程中，得到朱勤天、祁永峰、王昊、张杰、于文涛等多名博士、硕士研究生及史成斌老师的帮助，钢铁冶金新技术国家重点实验室对本书出版给予了支持，在此表示真诚的感谢。

　　在国家项目、省部项目以及厂协项目的支持下，作者仍在进行特殊钢碳化物方面的研究工作。由于特殊钢种类繁多，碳化物演变过程复杂，本书在取材和论述方面必然存在不足之处，敬请广大读者批评指正。

李　晶

2019 年 6 月

目 录

1 特殊钢中的碳化物

特殊钢是指具有特殊的化学成分、采用特殊的工艺生产、具备特殊的组织和性能、能够满足特殊需要的钢类。特殊钢中的合金元素大多为过渡族金属元素，这些合金元素容易与碳形成碳化物。碳化物是特殊钢中重要的合金相之一，对钢的性能有着重要影响。因此，合理地控制碳化物的类型、数量、形态、大小及分布，就成了特殊钢生产过程中的首要任务之一。

目前，大部分中、高碳合金的工模具特殊钢都是通过电渣重熔生产的。对于电渣重熔工艺生产的中、高碳合金工模具钢，电渣重熔凝固过程是一次碳化物产生的源头，是控制一次碳化物的关键。锻造及轧制工艺能够将不可避免生成的一次碳化物进行破碎细化，后续热处理促进一次碳化物溶解分断，降低一次碳化物对钢材性能的不利影响。热处理工艺能够控制大量弥散细小的二次碳化物析出，对基体起强化作用。稀土、镁、氮、钛等合金元素及其氧化物的作用是提供异质形核剂，可以在降低一次碳化物尺寸、进一步改善碳化物分布方面起重要作用。基于此，本书着重阐述特殊钢在电渣重熔、轧制和热处理过程中碳化物的演变与控制，以及合金化处理对特殊钢中碳化物的影响。

本章着重从热力学角度分析碳化物的形成与演变。

1.1 碳化物及其分析方法

碳化物种类繁多，人们对碳化物进行了广泛研究。本节针对特殊钢中常见的碳化物，介绍几种通用的分析方法。

1.1.1 碳化物的定义

碳化物是指碳与电负性比它小的或者相近的元素（除氢外）所生成的二元化合物。在钢中，一部分碳元素进入基体起固溶强化作用，另一部分将与合金元素结合形成碳化物。

碳化物具有脆性、高熔点和高硬度等特点，各种碳化物的显微硬度及熔点见表 1-1。碳化物中的合金元素与碳之间存在共价键，使碳化物硬度较高；同时由于金属原子间存在金属键，使碳化物具有导电特性以及正的电阻温度系数，因此，碳化物具有金属键和共价键的特点，但以金属键为主。

表 1-1　各种碳化物的显微硬度及熔点

碳化物	TiC	ZrC	NbC	VC	WC	Mo_2C	$Cr_{23}C_6$	Cr_7C_3	Fe_3C
H_μ /kg·mm^{-2}	2850~ 3200	2890	2400	2094	2200	1500	1650	2100	约 860
$T_熔$/℃	3150	3530	3500	2830	2860	2690 （分解）	1520 （分解）	1780 （分解）	1650

1.1.2　碳化物的分类

　　钢中的碳化物因其所含合金元素不同、析出机理不同，有多种组成方式，不同钢种的碳化物类型不同。钢中碳化物按析出顺序分类，可分为一次碳化物和二次碳化物。凝固过程中，直接从液相中析出的大多为一次碳化物，包括过共晶成分合金在析出奥氏体之前析出的初生碳化物和发生共晶反应时析出的共晶碳化物，主要是 MC、M_2C、M_6C 型。凝固过程从高温过饱和固相中或者热处理时从固相基体析出的碳化物为二次碳化物，主要是 MC、M_2C、M_6C、M_7C_3、$M_{23}C_6$ 型。一次碳化物一般尺寸较大、形状不规则、熔点较高，能破坏钢材的连续性，受力时其周围基体容易产生裂纹，降低钢材的加工性能和使用性能。二次碳化物一般尺寸较小，其类型、形态、数量和分布可以通过热加工和热处理工艺控制。作为钢铁材料中重要的第二相，二次碳化物的控制对钢材性能的提高具有重要的作用。

　　按照晶体结构不同，钢中碳化物可分为晶体结构简单碳化物和晶体结构复杂碳化物。文献［1］指出，碳与金属原子半径的比值是决定碳化物结晶构造的主要因素之一。当碳原子和过渡族元素原子半径之比小于 0.59 时，形成的碳化物属于晶体结构简单型，其结构可以是面心立方点阵、体心立方点阵、密排六方结构，或简单六方点阵。这时碳原子填入金属立方晶格或六方晶格的空隙中，并使碳化物具有金属键，因而碳化物仍保留着明显的金属特性，属于此类碳化物的有 TiC、ZrC、VC、NbC、WC 等。这类碳化物的最大特点是高熔点和高硬度，它们是硬质合金、粉末高速钢、高温金属陶瓷材料的主要组成部分，也是工业用钢的重要合金相。当碳原子与过渡族元素原子半径的比值大于 0.59 时，简单金属原子点阵中的间隙小于碳原子直径，为了能容纳碳原子，金属原子点阵变形，形成复杂结构的碳化物，这类碳化物包括 M_3C、M_6C、$M_{23}C_6$、M_7C_3 等。这类碳化物也具有相当高的硬度，是合金钢中重要的强化相，但其熔点及硬度较前一类稍低。典型的简单结构和复杂结构碳化物介绍如下。

1.1.2.1　MC 型和 M_2C 型简单结构碳化物

　　MC 型碳化物主要出现在含有 Ti、Nb、V 等元素的钢中。MC 型碳化物具有面心立方结构，如图 1-1 所示，碳原子在晶体点阵中占据八面体中心的位置。MC 型碳化物一般呈点状[2]、点条状和骨架状三种形态分布于枝晶间和晶界。部分 MC 型碳化物呈现出片状、树枝状、八面体状，如 TiC[3,4]。碳化物的形貌与力学性能有密切关系，粗骨架状的 MC 碳化物是高温合金疲劳裂纹的起始部位，会大大降低合金的疲劳性能；小块状的 MC 碳化物分布于晶界和枝晶间，有利于提高合金的持久性能。

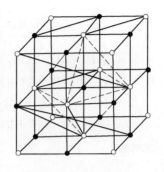

○ 金属原子 ● 碳原子

图 1-1 MC 型碳化物结构

有的 MC、M_2C 相在单位晶胞中包含 3 个金属原子（MC）或 6 个金属原子（M_2C）及 3 个非金属原子，例如 MoC、WC、Mo_2C、W_2C。其中，MoC、WC 的点阵常数 c/a 值接近 1，属于简单六方点阵；而 Mo_2C、W_2C 的点阵常数 c/a 值接近 1.6，属于密排六方点阵，主要存在于高速钢中，一般呈层片状或者羽毛状[5]。

1.1.2.2 $M_{23}C_6$ 型复杂结构碳化物

在不含 Nb、Ti、V 等强碳化物形成元素的钢中，$M_{23}C_6$ 型碳化物是最主要的碳化物。一般来说，$M_{23}C_6$ 型碳化物主要是 Cr 的碳化物，常写作 $Cr_{23}C_6$。$M_{23}C_6$ 型碳化物是一种复杂的面心立方结构，其结构如图 1-2 所示。每个单胞有 116 个原子，其中有 92 个金属原子和 24 个碳原子，点阵常数大约是奥氏体基体的 3 倍。由于合金成分和热处理工艺不同，$M_{23}C_6$ 碳化物中的 Cr 可以部分地被 Fe、Mo、W、Ni 等代替，其主要析出温度范围为 400~900℃。

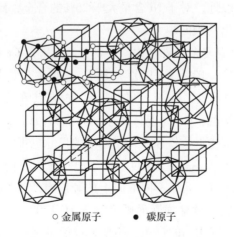

○ 金属原子 ● 碳原子

图 1-2 $M_{23}C_6$ 型碳化物结构

1.1.2.3　M_6C 和 M_7C_3 型复杂结构碳化物

M_6C 型碳化物一般出现在含有 Mo 或 Nb 的钢中，并且总是在其他沉淀物（碳化物或金属间化合物相）附近析出。M_6C 型碳化物也具有面心立方结构，如图 1-3 所示。点阵常数与 $M_{23}C_6$ 型碳化物相近，也是每个晶胞中含有 96 个金属原子，但是碳原子的数目不固定，所以一般认为 M_6C 型碳化物可能是一种电子化合物相。

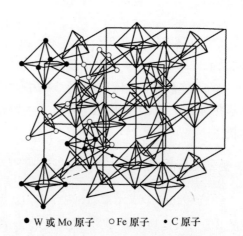

● W 或 Mo 原子　　○ Fe 原子　　• C 原子

图 1-3　M_6C 型碳化物结构

M_6C 型碳化物的析出受成分影响比较大，N、Nb、Mo 和 Ni 是促进 M_6C 型碳化物析出的元素。一般地，对于 Ni 含量大于 25% 的合金，Mo、Nb、Ni 的含量越高，M_6C 型碳化物析出的倾向越大。

M_7C_3 型碳化物具有复杂六方结构，主要金属元素是 Cr 和 Fe，是高碳高铬钢中的主要碳化物，硬度一般为 HV1200～1800。这种碳化物是铬原子溶入铁碳系不稳定碳化物 Fe_7C_3 形成的。Fe_7C_3 晶体是一个六方点阵结构，每个碳原子与相邻的 6 个铁原子紧密接触，Cr_7C_3 晶体属于斜方晶系，Cr_7C_3 中的铬原子与 Fe_7C_3 中的铁原子排列方式很接近，铁原子与铬原子的尺寸也很接近，为铬原子大量取代铁原子形成 $(Fe,Cr)_7C_3$ 提供了条件。由于层错扩展方向大多平行于六方晶体棱柱面，导致 $(Fe,Cr)_7C_3$ 晶体不同取向上的硬度有所不同。对 $(Fe,Cr)_7C_3$ 晶体的显微硬度测定表明，棱柱横断面硬度约为 HV1700～1900，棱柱侧面硬度一般只有 HV1400 左右。碳化物的形态、类型和数量对高铬铸铁的耐磨性能和力学性能都有影响[6]。

1.1.3 碳化物的分析方法

碳化物的分析方法较多，下面介绍几种常用的分析方法，并指出其适用范围。

1.1.3.1 碳化物形貌的观察方法

A　金相显微镜（OM）分析

金相分析是根据钢中各种成分在不同化学试剂中不同的腐蚀电位，使稳定相保存下来，不稳定相则被腐蚀溶解。腐蚀所形成的低洼处使保存下来的相的轮廓显现出来。限于金相显微镜的分辨率，该种分析方法只能分析尺寸较大的碳化物形貌，如一次碳化物、共晶碳化物和尺寸在微米级以上的二次碳化物。对尺寸过小的碳化物，金相显微镜不能明确分辨每一相的轮廓和颜色。金相显微镜（OM）不同倍数下的高碳马氏体不锈钢 8Cr13MoV 铸态组织如图 1-4 所示。

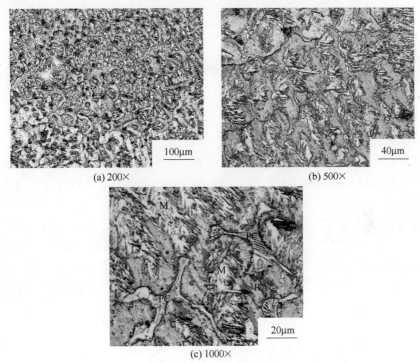

(a) 200×　　　　　　　　　(b) 500×

(c) 1000×

图 1-4　高碳马氏体不锈钢 8Cr13MoV 铸态组织
M—针状马氏体；RA—残余奥氏体；PC——次碳化物

B　扫描电子显微镜（SEM）分析

利用扫描电子显微镜（SEM）可对碳化物二维和三维形貌进行分析。在扫描电镜背散射衍射条件下，热轧开坯后高碳马氏体不锈钢 8Cr13MoV 钢中一次碳化物的形貌和分布如图 1-5 所示。由图 1-5 可知，一次碳化物呈深灰色，钢材基体呈浅灰色。电渣锭中原始的一次碳化物多为聚集的棒状，经过热轧开坯后，一次碳化物被明显地打碎并分散开来。

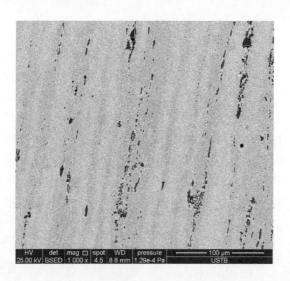

图 1-5　热轧开坯后钢中一次碳化物

C　透射电子显微镜（TEM）分析法

透射电子显微镜是以波长极短的电子束作为照明源，用电磁透镜聚焦成像的一种高分辨本领、高放大倍数的电子光学仪器。透射电子显微镜利用穿透样品的电子束成像，要求被观察的样品对入射电子束是"透明"的，对于透射电镜常用的加速电压为 100kV，要求试样厚度必须在 20～200nm 之间。做透射电镜高分辨像，要求样品厚度为 15nm。样品制备方法有两种：薄膜样品和碳（或金）萃取。为了使薄膜试样平整及放稳以便观察，通常将试样放置在支持网上。利用透射电子显微镜可对纳米级碳化物颗粒进行分析，得到其显微结构形貌及高分辨图像，但是对于萃取的大尺寸碳化物则由于其存在的蓬松结构，导致高分辨下流变比较严重，效果不是很理想。$M_{23}C_6$ 型碳化物在 TEM 下的形貌、衍射花样及能谱分析如图 1-6 所示。$M_{23}C_6$ 型碳化物的形貌呈现为不规则块状，尺寸在 1μm 左右，碳化物中铬原子分数为 48.8%，另外碳化物中还含有少量的钼和钒。

D　能谱仪（EDS）分析

能谱仪是借助 X 光量子能量的不同，对材料微区成分元素种类与含量进行分析，通常配合扫描电子显微镜与透射电子显微镜使用。能谱仪可以对晶内进行点、线、面的扫描，获得各元素含量分布图像。高碳马氏体不锈钢中碳化物的

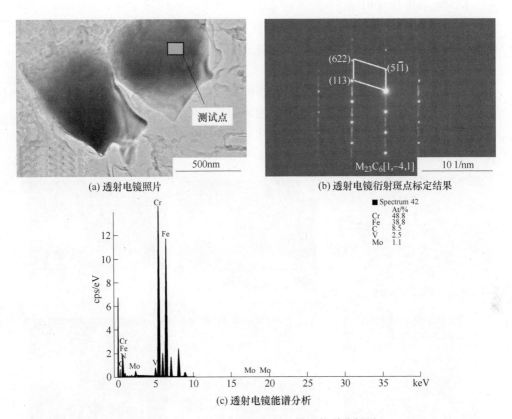

(a) 透射电镜照片

(b) 透射电镜衍射斑点标定结果

(c) 透射电镜能谱分析

图 1-6 $M_{23}C_6$ 型碳化物衍射花样及能谱分析图

SEM 照片和对应点的 EDS 点扫描结果如图 1-7 所示。由图 1-7 可以看出，这种一次碳化物主要是 Cr 和 Fe 的碳化物。

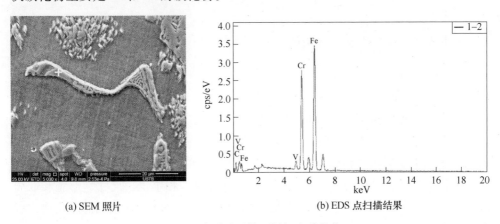

(a) SEM 照片

(b) EDS 点扫描结果

图 1-7 高碳马氏体不锈钢中碳化物

E　电子探针（EPMA）分析

电子探针又称微区 X 射线光谱分析仪、X 射线显微分析仪。其原理是利用聚焦的高能电子束轰击固体表面，使被轰击的元素激发出特征 X 射线，按其波长及强度对固体表面微区进行定性及定量化学分析。电子探针通常能分析直径和深度不小于 1μm 范围。主要用于一次碳化物和大尺寸二次碳化物中各元素的定量分析。利用电子探针对 8Cr13MoV 电渣锭组织中典型的一次碳化物及其附近区域进行面扫描，结果如图 1-8 所示，一次碳化物呈盘曲的棒状结构生长在晶界处，其中明显存在碳、铬、钼、钒元素的富集。

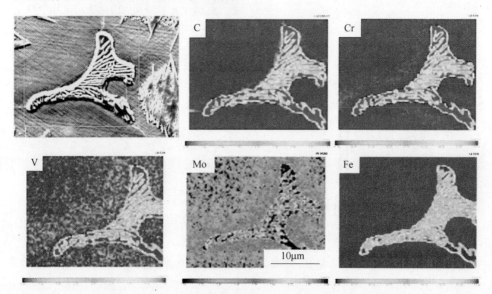

图 1-8　8Cr13MoV 铸态组织中典型一次碳化物面扫描

（下方颜色条代表自左到右元素含量逐渐升高）

1.1.3.2　碳化物晶体结构的分析

针对碳化物晶体结构，可使用电子背散射衍射（EBSD）、透射电子显微镜（TEM）以及 X 射线衍射仪（XRD）等方法分析。

A　电子背散射衍射（EBSD）

利用扫描电子显微镜（SEM）对样品进行电子背散射衍射（EBSD）分析，可以用于钢中碳化物的相鉴定和相比计算、碳化物的取向差分析、碳化物的尺寸形貌分析等。该种分析方法主要应用于一次碳化物的相鉴定、尺寸、形貌和取向分析。图 1-9 所示为 1150℃保温 2h 后的 HP40Nb 合金的 EBSD 检测的碳化物形貌和相分布[7]。

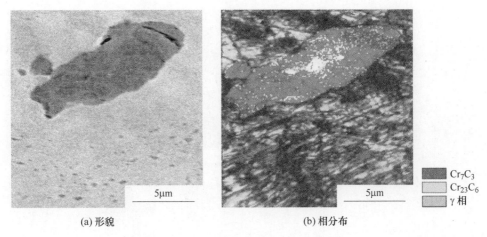

(a) 形貌	(b) 相分布

图 1-9　1150℃ 保温 2h 后的 EBSD 结果[7]

B　透射电子显微镜（TEM）分析

透射电子显微镜可针对热暴露初期晶界上析出的纳米尺度析出相的形态和结构进行分析。其样品制备为：（1）利用线切割将合金试样切成 500μm 的薄片；（2）利用砂纸将薄片磨制成 100μm，并利用打孔器制成若干直径 3mm 的小圆片；（3）在电解双喷仪中，−30℃ 下采用一定浓度的侵蚀液进行腐蚀，直至圆片中心出现小孔后迅速去除，并用酒精冲洗干净；（4）利用透射电子显微镜获取合金组织的明场相和暗场相。

M_7C_3 碳化物在 TEM 下的形貌、衍射花样及能谱分析如图 1-10 所示。根据碳化物衍射花样可知，棒状碳化物为正交晶系的 M_7C_3 型碳化物，其中铬原子分数为 38.3%，另外碳化物中还含有少量的钒。值得注意的是，此类碳化物的衍射斑点之间存在断续的条纹，这是正交晶系 M_7C_3 碳化物典型的衍射斑点[8]，这种斑点的产生原因是 M_7C_3 碳化物具有高密度的层错结构[9,10]。

C　X 射线衍射仪（XRD）分析

X 射线衍射仪（XRD）通过对材料进行 X 射线衍射，分析其衍射图谱，用于确定晶体的原子和分子结构。主要针对利用化学或电解的方法从合金钢中提取出碳化物的分析。一般合金钢中的碳化物数量和种类都很多。根据不同碳化物具有特定的衍射峰，即可从获得的衍射图样中分辨出所含有的碳化物的种类和数量。对电解萃取得到的碳化物粉末，进行 XRD 物相分析的结果如图 1-11 所示。从图 1-11 中可以看出，碳化物有 M_7C_3 和 $M_{23}C_6$ 两种类型，从衍射峰的强度判断，碳化物主要以 M_7C_3 为主。

1.1.3.3　碳化物特征参数的统计方法

采用 Image-Pro Plus（IPP）软件，对金相显微镜（OM）、扫描电子显微镜

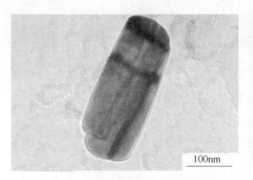

(a) 透射电镜照片

(b) 透射电镜衍射斑点标定结果

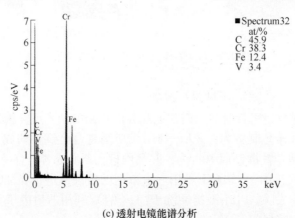

(c) 透射电镜能谱分析

图 1-10　M_7C_3 型碳化物衍射花样及能谱分析图

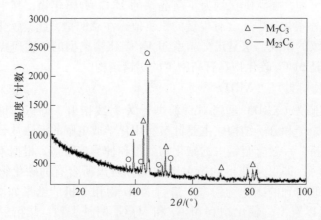

图 1-11　碳化物粉末 XRD 物相分析图谱

（SEM）或透射电子显微镜（TEM）得到的照片进行分析，通过调整图片对比度、设定标尺、划分等分格和统计计算，可获得碳化物的尺寸、数量、面积比等特征参数。

1.1.3.4 钢中碳化物的提取方法

通过碳化物萃取，可以更加精确地研究碳化物的组成和数量。这种方法以化学或者电解的方法进行离析碳化物，然后对碳化物进行化学分析。对提取出来的碳化物，可以在扫描电子显微镜（SEM）下分析其三维形貌、尺寸等，利用 X 射线衍射仪研究碳化物的类型。

通过阳极电解获得的碳化物如图 1-12 所示。一次碳化物尺寸较大，为典型的共晶碳化物形态，整体为骨骼状。这些碳化物都是沿晶界生长，也有位置因晶粒挤压成片状。

图 1-12 碳化物粉末形貌（SEM）

1.2 特殊钢中碳化物形成的热力学分析

12%Cr 对 Fe-C 平衡图的影响如图 1-13[11] 所示。

由图 1-13 可知，剩余液相中碳含量超过 E 点，就会产生液析碳化物。一般高碳钢中碳含量并没有这么高，仍析出碳化物，这主要是以下两个因素共同作用的结果：

（1）铁素体形成元素（Cr，Mo，V 等）缩小奥氏体相区，使 E 点左移，产生一次碳化物的可能性大大增加；

（2）钢液凝固过程中，元素偏析导致碳、铬等元素在剩余液相中富集，使相图中不会产生一次碳化物的钢种，在凝固组织中出现了大量的一次碳化物。

高碳马氏体不锈钢 8Cr13MoV 钢的平衡相图如图 1-14 所示。由图 1-14 可知，

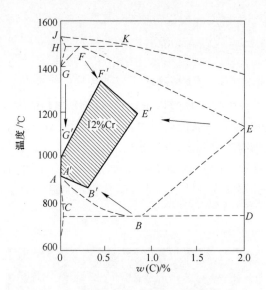

图 1-13　12%Cr 对 Fe-C 平衡图的影响[11]

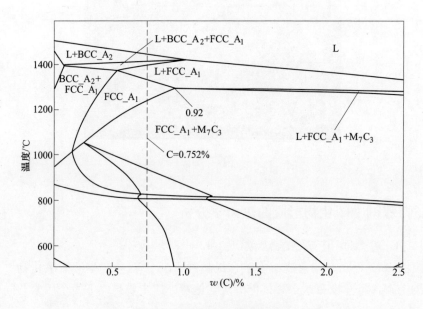

图 1-14　8Cr13MoV 钢平衡相图

M_7C_3 型一次碳化物的共晶点碳含量为 0.92%，而 8Cr13MoV 钢的碳含量为 0.752%，平衡状态下尚未达到析出一次碳化物的条件。但实际凝固为非平衡过程，由于选分结晶的作用，使得碳含量和合金元素在枝晶间富集，超过共晶点成分，达到生成一次碳化物的条件。因此，8Cr13MoV 钢凝固组织中出现了大量一次碳化物。H13 模具钢中的 Cr 质量分数为 5%，Mo 质量分数为 1.10% ~ 1.75%，V 质量分数为 0.80% ~ 1.20%。从成分上看远不足以形成一次碳化物，同样是由于选分结晶的作用，导致一次碳化物的产生。以上两钢种中一次碳化物的产生都是化学成分和选分结晶共同作用的结果。

为了研究凝固过程中碳化物的析出规律，利用热力学软件 Thermo-Calc 模拟计算了奥氏体热作模具钢、高碳马氏体不锈钢、H13 热作模具钢、Cr5 轧辊钢和轴承钢的平衡相图和析出相性质图，同时，模拟计算了非平衡凝固过程中各相析出顺序。

1.2.1 奥氏体热作模具钢中碳化物形成热力学分析

奥氏体热作模具钢的化学成分见表 1-2。

表 1-2 奥氏体热作模具钢的化学成分 （%）

C	Si	Mn	Cr	Mo	V	P	S	Fe
0.70	0.55	14.95	3.45	1.57	1.723	0.0085	0.0023	Bal.

1.2.1.1 平衡凝固相图

模拟计算得到奥氏体热作模具钢的平衡相图和各析出相随温度变化的性质，如图 1-15 所示。由图 1-15（a）可知此碳含量的奥氏体热作模具钢基体相由高温液相随着温度降低所发生的演变规律和相变反应，图中虚线为奥氏体热作模具钢所对应的碳含量。由图 1-15（b）可知平衡凝固过程中随着温度降低，钢中夹杂物和碳化物的析出顺序。

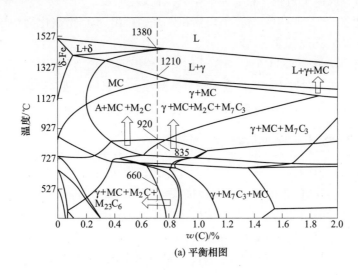

(a) 平衡相图

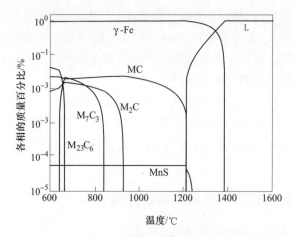

图 1-15 平衡相图热力学计算结果

结合图 1-15 分析可知，奥氏体热作模具钢在平衡凝固过程中基体组织相和析出相的析出规律如下：

（1）高温区间存在部分高温铁素体相区，但由于其所占百分比很小，故此处忽略不计。温度在 1380℃ 以上为液相，温度低于 1380℃ 开始发生液析反应（ L→γ+L′ ），液相开始转变为奥氏体相，直至温度降低到 1210℃ 液相全部转变为奥氏体相为止。

（2）温度降低至 1230℃ 时，钢中 MnS 开始析出。

（3）温度降低到 1210℃ 时，即液相全部转变为奥氏体相时，钢中 MC 型碳化物开始从奥氏体中析出，直到 400℃ 以下未发生转变。

（4）温度降低到 920℃ 时，奥氏体相中开始析出 M_2C 型碳化物，与 MC 型碳化物一样未发生其他转变。

（5）温度降低到 835℃ 时，奥氏体相中开始析出 M_7C_3 型碳化物，存在于 835~650℃ 间；在 680℃ 时发生转变，其质量分数减小，而 $M_{23}C_6$ 型碳化物在此温度开始析出，由此可推断，M_7C_3 型碳化物转变成了 $M_{23}C_6$ 型碳化物。

1.2.1.2 非平衡凝固相图

实际凝固过程中，不可避免地存在合金元素偏析的行为，因此，利用热力学计算软件 Thermo-Calc 中的 Scheil 模块模拟计算了考虑偏析行为的奥氏体热作模具钢在凝固过程中碳化物和夹杂物的析出顺序和析出反应，非平衡凝固析出相随固相率变化性质图如图 1-16 所示。

结合相图 1-15（a）和图 1-16 分析可知，奥氏体热作模具钢在非平衡凝固过

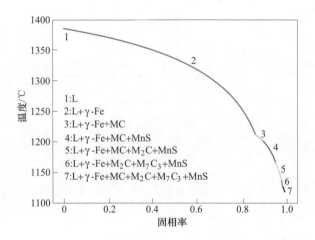

图 1-16 非平衡凝固析出相随固相率变化性质图

程中基体组织相和析出相的析出温度要高于其在平衡凝固过程中的析出温度，具体析出规律如下：

（1）温度降低至 1386℃时，奥氏体相开始从液相中直接析出，此时发生偏晶反应 $L \rightarrow \gamma + L'$。

（2）温度降低至 1212℃时，液相中开始有 MC 型碳化物形成，此时发生偏晶反应 $L \rightarrow \gamma + L'$ 和 $L \rightarrow MC + L'$，或共晶反应 $L \rightarrow \gamma + MC$，或伴随着凝固的进行从过饱和的奥氏体相中析出二次 MC 型碳化物 $\gamma \rightarrow MC$，相组成为奥氏体+碳化物 MC+残余液相。

（3）温度降低至 1201℃时，残余液相中开始有 MnS 夹杂物形成并析出。

（4）温度降低至 1166℃时，残余液相中开始有 M_2C 型一次碳化物形成，此时可能发生二元共晶反应 $L \rightarrow \gamma + M_2C$ 或三元共晶反应 $L \rightarrow \gamma + MC + M_2C$，或伴随凝固进行从过饱和的奥氏体相中析出二次 MC 和 M_2C 型碳化物 $\gamma \rightarrow MC + M_2C$，相组成为奥氏体+MC 型碳化物+$M_2C$ 型碳化物+残余液相。

（5）温度降低至 1126℃时，开始有 M_7C_3 型碳化物形成并析出，此时可能为包晶反应 $L + \gamma \rightarrow M_7C_3$ 或共析反应 $\gamma \rightarrow MC + M_7C_3$，相组成为奥氏体+MC 型碳化物+$M_2C$ 型碳化物+M_7C_3 型碳化物+残余液相。

奥氏体热作模具钢在非平衡凝固过程中发生的相变转变反应和组织见表 1-3。通过以上平衡和非平衡凝固过程组织和析出相的热力学模拟计算分析可知，奥氏体热作模具钢在室温下的相组成为单一的奥氏体基体和凝固过程中从液相中析出的一次碳化物或共晶碳化物，以及从高温过饱和的奥氏体固相中析出的二次碳化物。

表 1-3   非平衡凝固相变反应及相的组成

温度/℃	碳化物类型	相变反应	转变名称	相组成
1386	无碳化物	$L \rightarrow \gamma + L'$	奥氏体相析出	$L + \gamma$
1212	一次碳化物	$L \rightarrow \gamma + L'$ $L \rightarrow MC + L'$ $L \rightarrow \gamma + MC$	共晶反应	$L + \gamma + MC$
	二次碳化物	$\gamma \rightarrow MC$		
1166	一次碳化物	$L \rightarrow \gamma + M_2C$ $L \rightarrow \gamma + MC + M_2C$	共晶反应	$L + \gamma + MC + M_2C$
	二次碳化物	$\gamma \rightarrow MC + M_2C$	共析反应	
1126	一次碳化物	$L + \gamma \rightarrow M_7C_3$	包晶反应	$L + \gamma + MC + M_2C + M_7C_3$
	二次碳化物	$\gamma \rightarrow MC + M_7C_3$	共析反应	

1.2.1.3 平衡凝固相成分分析

平衡凝固条件下，认为固溶的溶质原子具有足够的时间进行扩散迁移，因此，随着温度的降低，析出不同种类碳化物或碳化物发生转变，固溶的溶质原子在不同种类碳化物中分布也必然不同。因此，有必要研究凝固过程中固溶的溶质原子在各类析出碳化物中的分布。凝固过程中，奥氏体热作模具钢析出碳化物的合金元素组成如图 1-17 所示。

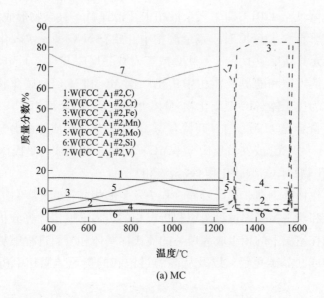

(a) MC

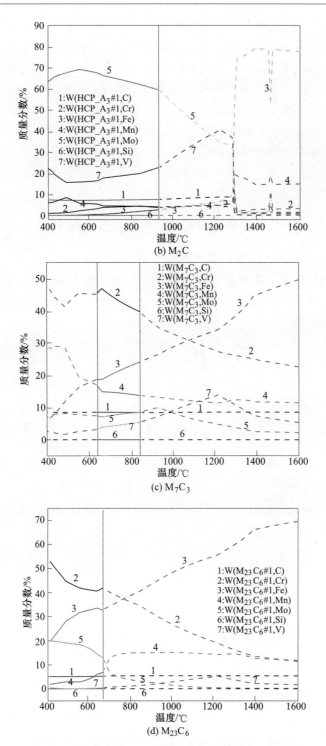

图 1-17 碳化物成分组成随温度变化热力学计算结果

图 1-17（a）所示为 MC 型碳化物，主要由元素 V 组成，占比为 60%~70%，并含有部分的元素 Mo；图 1-17（b）所示为 M_2C 型碳化物，主要由元素 Mo 组成，并含有 20% 左右的元素 V；图 1-17（c）显示的 M_7C_3 型碳化物主要由元素 Cr 组成，占比为 50% 左右，并含有部分元素 Fe 和 Mn；图 1-17（d）显示的 $M_{23}C_6$ 型碳化物主要由元素 Cr、Fe 和 Mn 组成。平衡凝固条件下，以上热力学模拟计算的碳化物均可有足够的时间保证其形核并析出。然而，在实际凝固过程中，由于溶质原子在液相和固相中固溶度的不同，必然导致凝固过程中存在元素偏析或溶质原子偏聚行为，因此，非平衡凝固条件下，研究合金元素溶质原子在液相中的分布行为更为有意义。

1.2.1.4　实际凝固过程中元素偏析和非平衡凝固计算

A　凝固过程中合金元素在析出相中的分布

实际凝固过程中，不可避免地存在偏析行为，图 1-18 所示为利用热力学计算软件 Thermo-Calc 模拟计算的凝固过程中合金元素 C、Mo 和 V 在各类碳化物析

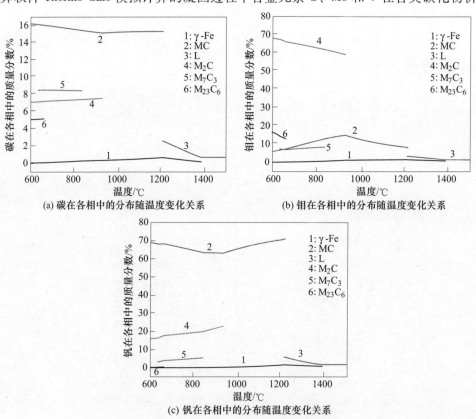

(a) 碳在各相中的分布随温度变化关系　　　　　(b) 钼在各相中的分布随温度变化关系

(c) 钒在各相中的分布随温度变化关系

图 1-18　合金元素在各相中随温度的变化关系

出相中的分布。

如图 1-18（a）所示，碳主要分布于 MC 型碳化物中，其余分布于 M_7C_3，M_2C 和 $M_{23}C_6$ 型碳化物中。结合图 1-18（b）和（c）可知，MC 型碳化物主要由元素 V 组成，并含有 10%~18%Mo 和 15%~16%C。M_2C 型碳化物主要由元素 Mo 组成，并含有 15%~20%V 和 7% 左右的 C。实际凝固过程中，残余液相中合金元素的溶质原子达到碳化物析出时的平衡浓度积即可析出。

B 凝固过程中合金元素的偏析

由于溶质原子在固相和液相中的溶解度差异很大，因此，凝固过程中溶质原子被不断地排挤到固液界面前沿的液相中，不可避免地产生溶质原子分布不均匀的现象。根据奥氏体热作模具钢的化学成分，利用热力学计算软件 Thermo-Calc 模拟计算了非平衡条件下，合金元素在残余液相中的含量随着固相率增加的变化关系，结果如图 1-19 所示。

从图 1-19 中可以看出，奥氏体热作模具钢中合金元素 C、Si、Mn、Cr、Mo 和 V 均发生了一定的偏析。当固相率达到 0.86 时，图 1-19（b）显示残余液相中的 V 元素的质量分数开始急剧下降，结合图 1-18 的模拟计算结果分析可以发

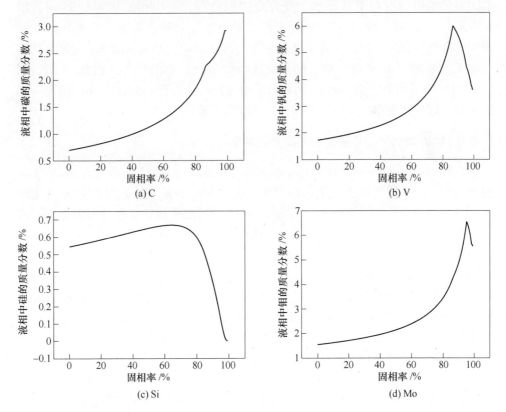

(a) C

(b) V

(c) Si

(d) Mo

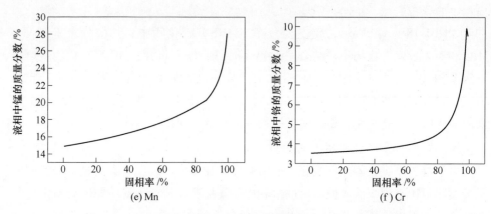

图 1-19　残余液相中合金元素含量随固相率增加的变化关系曲线

现，此时从液相中开始析出的碳化物为富含 V 元素并含有一定 Mo 元素的 MC 型碳化物。与此同时，图 1-19（a）和 图 1-19（d）显示的残余液相中的 C 和 Mo 元素的质量分数并没有发生下降，而是继续增加，主要是因为 MC 型碳化物析出所消耗的 C 和 Mo 元素没有因凝固偏析增加的多，因此，C 和 Mo 元素的质量分数因凝固偏析的进行继续增加。随着凝固的进行，当固相率达到 0.95 时，图 1-19（d）显示残余液相中的 Mo 元素的质量分数开始急剧下降，结合图 1-18 的模拟计算结果分析可知，此时从液相中开始析出的碳化物为富含 Mo 元素并具有一定 V 元素的 M_2C 型碳化物。随着凝固继续进行，当固相率达到 0.98 时，图 1-19（f）显示残余液相中的 Cr 元素的质量分数有所下降，但由于其已接近凝固的末期，故从液相中析出的含量很少，甚至没有析出。

1.2.2　8Cr13MoV 钢中碳化物形成热力学分析

利用 Thermo-Calc 热力学软件中的 Scheil-Gulliver 模块计算了 8Cr13MoV 钢凝固过程中一次碳化物析出行为。模型中假设各组分在液相中的扩散速率为无限大，而在固相中的扩散速率为 0。凝固过程中，局部平衡建立在凝固界面处，而且此处的合金成分明显不同于体系总体的成分，界面处的液相和固相成分由该体系的相图决定，固相的成分将保持其在形成时的状态，而液相成分始终处于均匀状态。计算过程中，随着钢液凝固的进行，每一步模拟计算后新的液相成分将作为下一步模拟时局部整体的成分。计算中考虑了碳、氮两种快速扩散组元的反向扩散现象，即这两种间隙元素在已经凝固的固相中可以通过扩散进行重新分布。

高品质刀具一般使用的材料为中高碳马氏体不锈钢，此类马氏体不锈钢中主要的合金元素包括 C、Cr、Mo、V[12]。另外为了提高抗菌性、表面强度等，可能会添加适量的 Cu、Ag、Co、W 等合金元素[13-15]。8Cr13MoV 钢化学成分见表

1-4，计算得到平衡凝固性质图如图 1-20 所示。凝固过程中一次碳化物析出行为如图 1-21 所示。

表 1-4　8Cr13MoV 钢化学成分　　　　　　　（%）

C	Si	Mn	Cr	Mo	V	S	N	Fe
0.77	0.28	0.45	14.02	0.39	0.45	0.0043	0.011	Bal.

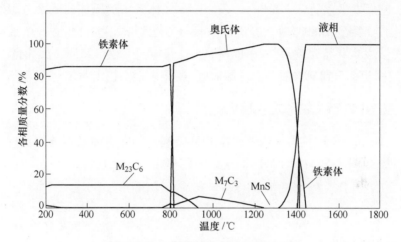

图 1-20　8Cr13MoV 钢平衡凝固性质图

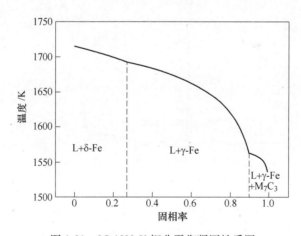

图 1-21　8Cr13MoV 钢非平衡凝固性质图

由图 1-20 可知，温度 1442℃以上钢为全液相，温度低于 1440℃开始析出高温铁素体（δ-Fe）；温度 1415℃时发生包晶反应（δ+L→γ-Fe），1400℃包晶反应结束，液相继续向奥氏体转变，1310℃时完全凝固为单一的奥氏体组织；温度降低到 1240℃，奥氏体中开始析出 M_7C_3 型碳化物，并在 928℃ 碳化物 M_7C_3 析出量达到峰值，随后 M_7C_3 向 $M_{23}C_6$ 型碳化物转变，于 760℃ 完全转变为 $M_{23}C_6$。同时，温度降到 810℃ 后奥氏体向 α 铁素体转变，最终凝固组织主要为 α 铁素体和 $M_{23}C_6$，质量分数分别为 84.67% 和 12.97%。

由图 1-21 可知，凝固过程中，当温度低于 1442℃ 时钢液开始凝固。首先析出的是高温铁素体（δ-Fe），当温度下降到 1418℃ 时，高温铁素体质量分数达到 27.9%，随后发生包晶反应 δ-Fe + L → γ-Fe，体系中奥氏体的质量分数逐渐增加；当温度下降到 1289℃ 时，奥氏体质量分数达到 89.4%，此时剩余液相达到共晶成分，发生共晶反应，L → γ-Fe + M_7C_3；温度下降到 1263℃ 时，钢液完全凝固（假定固相率达到 99% 时为完全凝固），凝固末期会析出 M_7C_3 型一次碳化物。

1.2.3 高速钢中碳化物形成热力学分析

利用 Thermo-Calc 热力学软件计算了 M42 高速钢在平衡凝固条件下析出相的演变规律，如图 1-22 所示，M42 高速钢的化学成分见表 1-5。

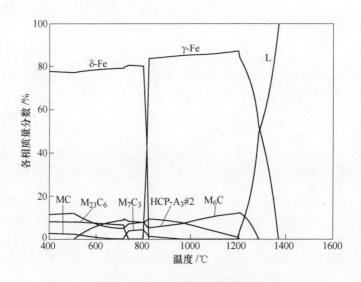

图 1-22 M42 高速钢平衡凝固性质图

表 1-5 M42 高速钢的化学成分   （%）

C	Si	Mn	Cr	V	W	Mo	Co
1.10	0.40	0.275	3.875	1.15	1.50	9.50	8.25

由图 1-22 可以看出，当温度低于 1369℃时，钢液中开始出现奥氏体相，即 γ-Fe。当温度降到 1287℃时，M_6C 型碳化物开始析出。当温度降到 1201℃时，液相全部消失，奥氏体相含量达到最大值。同时 M_6C 型碳化物含量开始减少，HCP-A_3#2 相开始析出，并分别在 823℃和 717℃达到最大值，其固相消失温度为 505℃。当温度降低到 960℃时，M_7C_3 型碳化物开始析出，其析出量增加较为缓慢，在 823~800℃温度区间内，析出量增加迅速，同时在此区间内奥氏体含量迅速减少，铁素体析出量迅速增加，二者发生了相互转变。当温度达到 738℃时，$M_{23}C_6$ 型碳化物开始析出，M_7C_3 型碳化物含量开始减少，并在 717℃时消失。温度降低到 717℃时，MC 型碳化物开始析出，其析出量的变化趋势与 $M_{23}C_6$ 型碳化物变化趋势相同。

利用 Scheil-Gulliver 模型计算 M42 高速钢非平衡凝固性质，如图 1-23 所示。

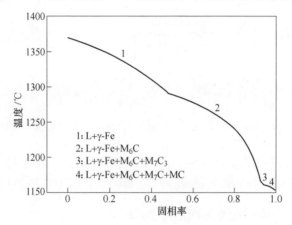

图 1-23　M42 高速钢非平衡凝固性质图

从图 1-23 中可以看出，当温度降至 1369℃时，钢液开始发生凝固，奥氏体相（γ-Fe）从液相中直接析出，这与平衡凝固过程中固相开始析出的温度一致；当温度为 1290℃时，奥氏体质量分数为 48%，液相中开始生成 M_6C 型碳化物，此时发生共晶反应 L→γ+M_6C，相组成为奥氏体+M_6C 型碳化物+残余液相；当温度降低到 1167℃时，奥氏体和 M_6C 型碳化物的质量百分数为 92%，残余液相中开始生成 M_7C_3 型碳化物，相组成为奥氏体+M_6C 型碳化物+M_7C_3 型碳化物；当温度降低到 1161℃，固相质量分量分数达到 94%，残余液相中又生成 MC 型碳化物，相组成为奥氏体+M_6C 型碳化物+M_7C_3 型碳化物+MC 型碳化物。当温度为 1153℃时，钢中固相质量分数为 99%，认为钢液完全凝固。

1.2.4　H13 热作模具钢中碳化物形成热力学分析

利用 Thermo-Calc 软件计算了 H13 模具钢中碳化物的形成，H13 模具钢成分见表 1-6。析出温度和相转变的非平衡凝固相图如图 1-24 所示。

表 1-6　H13 钢化学成分　　　　　　　　　（%）

C	Si	Mn	Cr	Mo	V	Ni	Al	N	Ti	Fe
0.41	0.90	0.39	5.24	1.45	0.92	0.21	0.035	0.034	0.011	Bal.

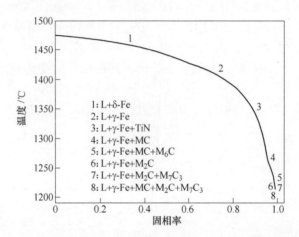

图 1-24　利用 Thermo-Calc 计算的 H13 钢中各析出相的析出规律

由图 1-24 可以看出，H13 钢液中依次析出的一次碳化物有 MC、M_2C 和 M_7C_3。这三类碳化物开始析出温度分别为 1285℃、1216℃ 和 1216℃。

1.2.5　Cr5 轧辊钢中碳化物形成热力学分析

Cr5 冷轧辊成分见表 1-7。

表 1-7　Cr5 冷轧辊用钢化学成分　　　　　　　（%）

C	Si	Mn	S	Cr	Ni	Mo	V	Fe
0.858	0.658	0.375	0.006	4.9	0.393	0.218	0.148	Bal.

对 Cr5 钢进行平衡凝固计算，得到在理想的扩散条件下（固相和液相中的元素可以完全扩散的条件下）Cr5 钢的凝固过程，如图 1-25 所示。平衡凝固条件下，Cr5 钢的液相线温度为 1450℃；温度降低，从液相中析出奥氏体；到 1330℃ 左右液相全部转变为奥氏体；在 1067℃ 时，从奥氏体中析出 M_7C_3 型碳化物；在 790℃ 发生共析反应，奥氏体转变为铁素体和渗碳体，在 753℃ 共析转变完成。此过程中，产生了更多的 M_7C_3 型碳化物。

在实际凝固过程中，不可避免地存在合金元素偏析的行为，因此，利用 Thermo-Calc 中的 Scheil 模型计算其非平衡凝固性质图。

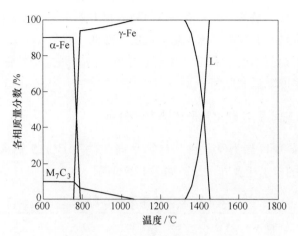

图 1-25 Cr5 钢的平衡凝固性质图

由图 1-26 可知，非平衡凝固条件下，Cr5 钢的液相线温度为 1450℃，温度低于 1450℃，液相转变为奥氏体；继续降温，温度在 1292℃、剩余液相质量分数为 3.11% 时，从液相中析出 MnS；当温度在 1246℃，剩余液相为 1.24% 时，从液相中析出奥氏体和 M_7C_3 型碳化物。

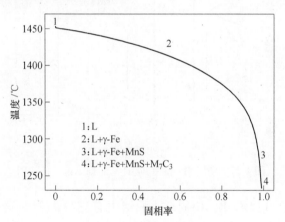

图 1-26 Cr5 钢非平衡凝固性质图

由非平衡凝固性质图可知，此处计算出的固相线温度为 1234℃，与之前平衡凝固计算得出的固相线温度 1330℃ 不同。根据金属凝固理论可知，随着温度降低，当钢液凝固进入奥氏体和液相两相区时，奥氏体中的碳含量沿着固相线移动，液相中的碳含量沿液相线移动，因此在凝固过程中，奥氏体的量增加，液相的量减少，碳原子能够充分扩散。而在非平衡凝固中，由于冷却速度较快，液相与奥氏体中的碳原子无法充分扩散，随着凝固的进行，液相中的碳元素不断富集，含量不断增加，最后导致元素偏析。当液相中碳含量超过奥氏体的最大溶碳量时，液相成分进入亚共晶区域，随着温度的降低，就会发生共晶反应，产生共晶碳化物。非平衡凝固最后液相中碳含量提高，而碳元素降低钢液的固化温度，这也是固相线温度降低的原因。

1.2.6　GCr15 轴承钢中碳化物形成热力学分析

利用 Thermo-Calc 热力学软件，计算平衡条件下 GCr15 轴承钢（成分见表 1-8）凝固过程的析出相及其含量，如图 1-27 所示。

表 1-8　GCr15 轴承钢化学成分　　　　　　　　　　（%）

C	Si	Mn	Cr	S	P	O	N	Ti	Fe
1.00	0.21	0.31	1.47	0.0018	0.0068	0.0008	0.0046	0.0061	Bal.

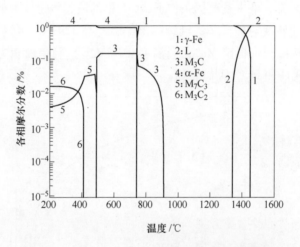

图 1-27　利用 Thermo-Calc 计算的轴承钢平衡相图

从图 1-27 中可以看出，GCr15 轴承钢中有三种类型的碳化物，即 M_3C_2、M_7C_3 和 M_3C。M_3C 碳化物在 910℃ 开始从奥氏体中析出，747℃ 时析出量达到最大值，同时奥氏体开始转变为 α-铁素体；当温度达到 490℃ 时，M_3C 开始转变为 M_7C_3；温度进一步降低至 422℃，M_3C_2 碳化物开始析出，最终轴承钢组织转变为 α-铁素体、M_7C_3 和 M_3C_2。

考虑到碳化物形成元素在固体钢有限的扩散量，利用 Thermo-Calc 软件 Scheil-Gulliver 模型进行 GCr15 轴承钢凝固过程非平衡析出相的计算，计算结果如图 1-28 所示。可以看出，当钢液的固相率高于 0.902（对应温度 1162℃）时，共晶反应的发生会导致一次碳化物 M_3C 从钢液中析出。

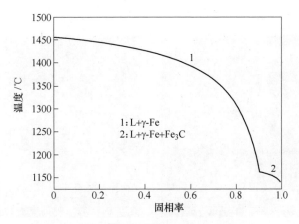

图 1-28 轴承钢非平衡凝固下析出相性质

1.3 碳化物生长特征及形貌分析

1.3.1 碳化物的形貌分析

利用深腐蚀技术、电解萃取技术提取 8Cr13MoV 钢中碳化物，并通过扫描电镜二次电子和背散射衍射分别观察一次碳化物的生长方式，结果如图 1-29 所示。其中图 1-29（a）为典型的由晶界一侧向另一侧生长的棒状碳化物（RC）；图 1-29（b）中圈内为典型的盘曲状一次碳化物（TC）；图 1-29（c）中既有棒状一次碳化物，也有球状碳化物（GC）和块状碳化物（NC）；图 1-29（d）为电解萃取出来的一次碳化物，可以更清楚地看到棒状碳化物和块状碳化物形貌。

8Cr13MoV 钢中 M_7C_3 型一次碳化物，其形核和生长主要受碳和铬元素浓度的影响。只有当碳和铬元素浓度达到一定程度，M_7C_3 型一次碳化物才会形核，并在浓度梯度和温度梯度的驱使下继续生长。影响其形貌的因素主要包括形核条件、温度梯度以及相关溶质原子（铬原子）浓度梯度。钢液凝固过程中，凝固前沿是富集元素地方，此处能量高且具有形核质点，是形核的最佳位置。钢液凝固过程中奥氏体是以枝晶的形式生长，有些二次枝晶间隙处剩余液相可能会达到过共晶成分，凝固前沿处会直接析出块状一次碳化物（NC），随着块状一次碳化物的析出，钢液中溶质原子浓度逐渐降低，达到共晶点时即发生共晶反应，析出共晶碳化物。共晶碳化物的形态受温度梯度和浓度梯度的共同影响，当温度梯度起主导作用时，共晶碳化物会分别在相邻二次枝晶界面处形核并向中间生长，此时容易形成棒状碳化物（RC），如图 1-30（a）所示；当浓度梯度和温度梯度共同作用时，共晶碳化物会在温度梯度驱使下向剩余液相中铬元素富集区域生长，此时容易形成盘曲状一次碳化物（TC），如图 1-30（b）所示；当浓度梯度起主导作用时，一次碳化物在二次枝晶间隙中溶质原子富集处就地形核或异质形核，形核后无明显的生长趋向，形成球状碳化物（GC），如图 1-30（c）所示。

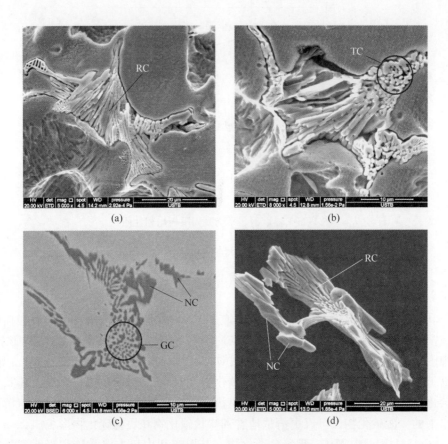

图 1-29　铸态 8Cr13MoV 钢中一次碳化物典型生长方式

RC—棒状碳化物；TC—盘曲状碳化物；GC—球状碳化物；NC—块状碳化物

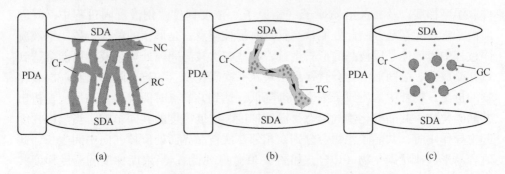

图 1-30　一次碳化物生长原理示意图

PDA——次枝晶；SDA—二次枝晶；NC—块状一次碳化物；

RC—棒状一次碳化物；TC—盘曲状一次碳化物；GC—球状一次碳化物

根据一次碳化物析出规律和长大机理，为合理地控制一次碳化物，可采取以下措施：

（1）一次碳化物析出的必要条件是剩余液相中碳和铬元素达到一定含量，而且一次碳化物生长所需的主要合金元素为铬。因此，控制碳和铬的均匀分布，降低碳偏析和铬偏析是减少一次碳化物析出最有效的措施。

（2）一次碳化物在凝固前沿形核后向另一侧枝晶生长，其尺寸受二次枝晶间距影响。因此，通过调控电渣重熔工艺参数，减小二次枝晶间距，可有效降低一次碳化物尺寸。

（3）一次碳化物附近奥氏体中碳和铬含量已达到最大含量，其中碳含量为0.86%，铬含量为15.90%。如果此时直接进行高温退火，一次碳化物中的碳和铬很难扩散到周围基体中。初生奥氏体的碳含量只有基体平均碳含量的一半（0.40%），铬含量只有11.35%。因此，先通过锻造和轧制等热加工将共晶碳化物打碎并使其分散到初生奥氏体周围，然后进行高温扩散退火，有利于促进一次碳化物的溶解。

1.3.2　一次碳化物的形成特征

8Cr13MoV 高碳马氏体不锈钢成分见表 1-4，电渣重熔锭组织如图 1-31 所示。

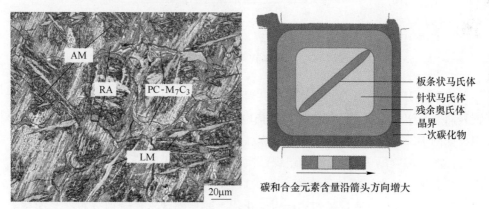

图 1-31　8Cr13MoV 钢凝固组织及其形成原理

（RA、PC-M_7C_3、LM、AM 分别代表残余奥氏体、M_7C_3 型一次碳化物、板条状马氏体、针状马氏体）

由图 1-31 可知，8Cr13MoV 钢铸态组织主要由针状马氏体、板条状马氏体、残余奥氏体和一次碳化物组成。图中晶界附近浅黄色的区域为残余奥氏体，晶界处呈白色盘曲状的为一次碳化物，晶粒内部黑白相间的区域为针状马氏体，白色条状组织为板条马氏体。这种凝固组织的形成原理可由图 1-31 中右图晶粒中碳和合金元素浓度分布特征来解释。钢液在凝固过程中碳和合金元素原子不断从凝固前沿排出到剩余液相中，导致剩余液相中溶质原子富集，碳含量由晶粒中心到晶界处逐渐升高。在钢液凝固的最后阶段，剩余液相成分达到共晶点，发生共晶反应，在晶界处析出一次碳化物；靠近晶界的位置，由于碳和合金元素含量高，奥氏体稳定性高，在冷却过程中成为残余奥氏体；晶粒中心部位，碳含量最低，冷却过程中形成板条状马氏体；晶粒中心到晶界区域，碳含量相对较高的地方形成针状马氏体。

对 8Cr13MoV 电渣锭试样进行 XRD 分析，结果如图 1-32 所示。XRD 结果表明，钢中主要含有奥氏体相，其次为马氏体和 M_7C_3 型一次碳化物。

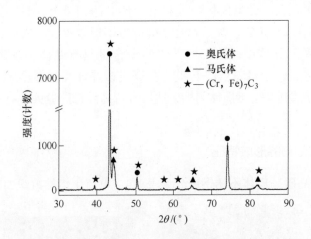

图 1-32　8Cr13MoV 凝固组织 XRD 图谱

将 8Cr13MoV 电渣锭试样在高温共聚焦显微镜下加热到 1400℃保温 5min，使钢表面完全熔化后缓慢降温，利用扫描电镜可以观察到凝固过程中枝晶生长的形貌，如图 1-33 所示。

由图 1-33（a）可见，凝固组织一次枝晶较为粗大，沿不同的方向生长；二次枝晶对称生长在一次枝晶两侧。图 1-33（b）显示了在扫描电镜背散射条件下观察的 8Cr13MoV 电渣锭组织，一次碳化物主要呈网状不连续地分布在二次枝晶间隙处，说明一次碳化物主要在凝固末期析出，而且一次碳化物的形貌会受到二次枝晶生长状态的影响。用 $FeCl_3$ 溶液侵蚀 8Cr13MoV 电渣锭试样后，在扫描电镜下可以更清楚地观察到一次碳化物的形貌，如图 1-33（c）所示，一次碳化物多为盘曲的棒状结构，呈典型的共晶形貌，同时也可以观察到少量块状的一次碳化物。利用电解萃取的方法将一次碳化物提取出来，在扫描电镜下可以更清楚地看到成簇状聚集的棒状一次碳化物，如图 1-33（d）所示。

综上所述，8Cr13MoV 电渣锭组织中普遍存在大量的一次碳化物，主要分布

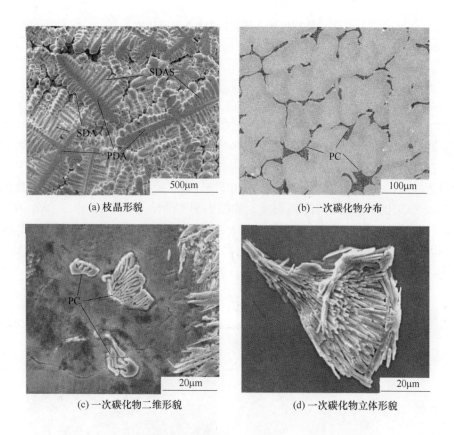

(a) 枝晶形貌   (b) 一次碳化物分布

(c) 一次碳化物二维形貌   (d) 一次碳化物立体形貌

图 1-33   铸态 8Cr13MoV 钢中枝晶形貌和一次碳化物形貌

（PDA，SDA，SDAS，PC 依次代表一次枝晶臂、二次枝晶臂、二次枝晶间隙、一次碳化物）

在晶界位置，大部分一次碳化物呈共晶形貌，且尺寸较大，一般为几十微米甚至上百微米。钢液凝固过程中由凝固前沿排出的碳和铬原子几乎全部参与到一次碳化物的形成中，而富集的钼原子和钒原子还部分残余在钢基体中，在一次碳化物与奥氏体之间形成一个浓度过渡区。另外，在共晶反应中，与一次碳化物共同析出的奥氏体（一次碳化物棒状间隙处）也存在碳、铬、钼、钒元素的富集，这主要来源于共晶反应前剩余液相中元素的富集。

利用电子探针分析了 8Cr13MoV 钢中一次碳化物成分，结果见表 1-9。一次碳化物中主要合金元素为铬和碳，另外还有少量的钼和钒。对一次碳化物三个部位测定各元素含量，其中碳原子分数基本为 30% 左右，Cr+Mo+V+Fe 原子分数总和分别为 69.94%、70.07%、70.81%，即碳原子跟其他合金元素原子总和之比为 3:7。结合图 1-32 中 XRD 分析可知，一次碳化物为 M_7C_3 型，其中 M 包含了 Cr、Mo、V、Fe 等元素。

表 1-9　一次碳化物中元素原子分数　　　　　　（%）

元素	C	Mo	Cr	V	Fe
1	30.07	0.38	47.76	1.52	20.28
2	29.93	0.40	47.75	1.50	20.42
3	29.19	0.29	44.01	1.08	25.43

在扫描电镜背散射衍射条件下，一次碳化物为深灰色，而钢材基体呈浅灰色。在电渣锭试样中随机选取 10 个 $1mm^2$ 的视场，利用 Image-Pro Plus（IPP）图像分析软件，统计试样中一次碳化物的面积分数。经相关参数调整，图像分析软件对一次碳化物具有较高的识别度，如图 1-34 所示。图 1-34（a）、（c）为扫描电镜背散射条件下观察到的一次碳化物，图 1-34（b）、（d）分别为利用 IPP 识别的图 1-34（a）、（c）中对应的一次碳化物，图中白色区域对应的是一次碳化物。

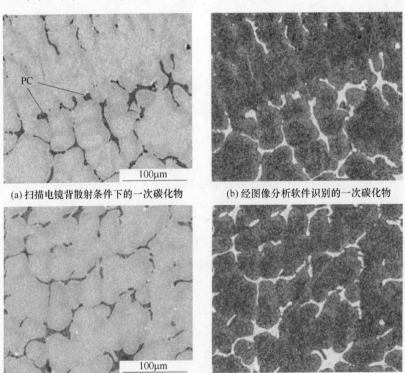

(a) 扫描电镜背散射条件下的一次碳化物　　　(b) 经图像分析软件识别的一次碳化物

(c) 扫描电镜背散射条件下的一次碳化物　　　(d) 经图像分析软件识别的一次碳化物

图 1-34　铸态 8Cr13MoV 钢中一次碳化物及图像分析软件识别示意图
PC—M_7C_3 型一次碳化物

一次碳化物的面积分数统计见表 1-10。经计算，8Cr13MoV 电渣锭中一次碳化物的平均面积分数为 2.29%。

表 1-10 8Cr13MoV 电渣锭中一次碳化物面积分数统计

视场编号	1	2	3	4	5	6	7	8	9	10
面积分数/%	2.63	2.18	2.26	1.80	3.22	1.97	2.25	1.98	2.21	3.68

1.3.3 二次碳化物的析出长大行为

电渣重熔 8Cr13MoV 钢生产过程中，自耗电极和电渣锭中的二次碳化物析出状态如图 1-35 所示。自耗电极是通过浇铸获得，其金相组织主要由马氏体、残余奥氏体和一次碳化物组成，很难观察到二次碳化物的析出。电渣重熔后，金相组织中同样没有二次碳化物的析出。电渣锭经过退火处理后，可以在其金相组织中观察到白亮色一次碳化物和大量球状的二次碳化物。由于 8Cr13MoV 钢中含有较高的碳和碳化物形成元素，平衡凝固条件下会析出大量的二次碳化物。自耗电极和电渣锭凝固过程中冷却速度较快，碳化物析出的动力学条件不足，导致碳原子固溶在奥氏体或马氏体中，处于过饱和状态。电渣锭经过退火处理后，奥氏体或马氏体中过饱和的碳原子会跟铬、钼、钒等合金原子进行晶格重组而从基体中析出，使 8Cr13MoV 钢体系向热力学平衡状态发展。

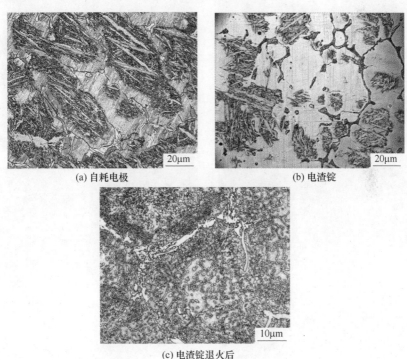

(a) 自耗电极

(b) 电渣锭

(c) 电渣锭退火后

图 1-35 自耗电极和电渣锭中二次碳化物析出状态

冷轧 8Cr13MoV 薄板钢在热轧、球化退火、淬火、回火后二次碳化物的演变行为如图 1-36 所示。

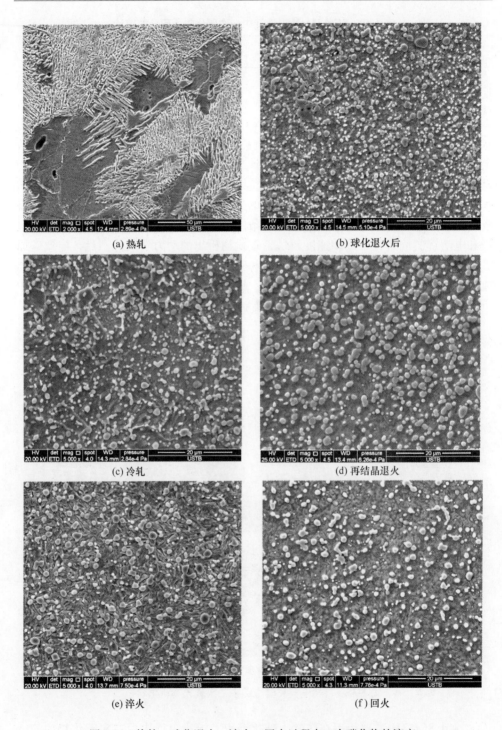

(a) 热轧　　　　　　　　　　　　　　　(b) 球化退火后

(c) 冷轧　　　　　　　　　　　　　　　(d) 再结晶退火

(e) 淬火　　　　　　　　　　　　　　　(f) 回火

图 1-36　热轧、球化退火、淬火、回火过程中二次碳化物的演变

由图 1-36 可知，热轧板组织主要为针状马氏体、残余奥氏体，并没有发现二次碳化物，如图 1-36（a）所示。热轧板经过球化退火后析出大量均匀分布的二次碳化物，如图 1-36（b）所示。冷轧过程对二次碳化物并没有明显的影响，如图 1-36（c）所示。冷轧板再结晶退火后，原有的二次碳化物略有长大，如图 1-36（d）所示。淬火后，钢中组织主要为马氏体和二次碳化物，碳化物数量相比于冷轧板有所减少，如图 1-36（e）所示。回火后，钢中组织主要为回火马氏体和二次碳化物，与淬火状态相比，纳米级的二次碳化物数量有所增多，如图 1-36（f）所示。生产过程中二次碳化物的析出和演变行为与钢材加热、保温和冷却制度有密切关系。热轧开轧之前需要加热到 1180℃ 保温 2h，轧后空冷。根据热力学计算可知，8Cr13MoV 钢加热到 1180℃ 并保温 2h 后，二次碳化物几乎全部溶解到奥氏体基体中，轧后冷却速度较快，导致碳化物的析出缺乏足够的动力学条件，因此热轧板中几乎没有二次碳化物。

球化退火工艺为：将热轧板加热到 750℃ 保温 2h 后，迅速升温到 860℃ 保温 2h，然后随炉冷却，经过 2 天温度下降到 450℃，出炉空冷。由热力学计算可知，温度在 860℃ 时会有大量 M_7C_3 和 $M_{23}C_6$ 碳化物析出，球化退火随炉冷却 2 天，碳化物拥有较长的析出和长大时间，因此球化退火后的钢中含有大量的二次碳化物。

球化退火后的热轧板要进行冷轧，冷轧过程可能对二次碳化物产生机械破碎效果，但并不能影响碳化物的析出、溶解和长大。冷轧后，钢材需要在 800℃ 左右进行再结晶退火 5h，二次碳化物在退火过程中会析出和长大。

淬火过程中，将退火后的冷轧板加热到 1050℃ 保温 5min 后空冷。根据热力学计算，温度超过 920℃ 后二次碳化物数量开始减少。因此，淬火加热和保温过程中，会有部分二次碳化物向基体中溶解，快速冷却过程中二次碳化物不会再次析出，会导致淬火后二次碳化物数量有所减少。

回火过程中，将淬火后的冷轧板加热到 180℃ 保温 3h 后空冷，主要是减小内应力。合金碳化物的析出过程主要由合金元素扩散控制，回火过程中尽管 $M_{23}C_6$ 碳化物有析出趋势，但由于回火温度较低，Cr 元素难以扩散，因此纳米级二次碳化物无法析出。

淬火组织中主要的特征相包括马氏体、一次碳化物和二次碳化物。利用电子探针对淬火试样中马氏体、一次碳化物和二次碳化物的元素成分进行分析，结果如图 1-37 所示。其中，马氏体中各元素成分与 8Cr13MoV 钢成分基本相似。碳化物中各元素含量与析出碳化物的母相关系密切。一次碳化物中铬含量达到 60.6%，碳含量为 8.8%，基本接近计算值。淬火态试样中一次碳化物中各合金元素含量与电渣锭中一次碳化物成分基本相同，说明热轧后的球化退火、淬火、回火等工艺对一次碳化物成分几乎没有影响。相比于一次碳化物，二次碳化物中碳、铬、钼、钒等合金元素均较低，但高于马氏体中相应元素含量。值得注意的是，二次碳化物碳含量基本达到热力学平衡状态，而铬含量却远低于热力学计算值，这主要是由于碳原子扩散速度快，而铬原子扩散速度较慢。因此，实际生产过程中，二次碳化物的铬含量很难达到热力学平衡状态。

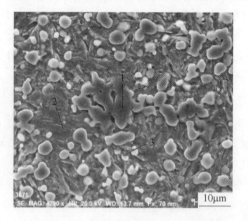

各测试点元素含量分析　（%）

特征相	Fe	Cr	C	Mo	V
1 (PC)	8.8	60.6	8.8	0.9	1.9
2 (M)	81.7	15.4	1.4	0.1	0.1
3 (SC)	52.6	26.3	7.2	0.3	0.2

图 1-37　淬火组织中各特征相元素含量分析
（PC、M、SC 分别代表一次碳化物、马氏体和二次碳化物）

对退火态和淬火态试样进行物相分析，结果如图 1-38 所示。退火态试样中组织主要为铁素体和 $M_{23}C_6$ 二次碳化物；淬火后钢中组织主要为马氏体和 $M_{23}C_6$ 二次碳化物。

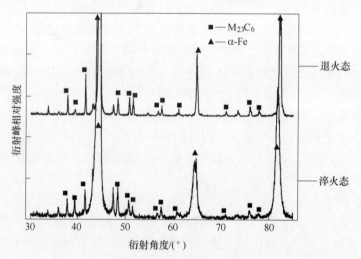

图 1-38　8Cr13MoV 钢退火态和淬火态试样 XRD 图谱

根据热力学计算可知，8Cr13MoV 钢中可能会析出 $M_{23}C_6$ 和 M_7C_3 两种碳化物，而在现有工艺条件下钢中实际析出的二次碳化物主要为 $M_{23}C_6$，并没有发现

M_7C_3 的特征衍射峰。其原因分析如下：8Cr13MoV 钢电渣锭在沙坑中退火温度较低，期间可能会析出部分 $M_{23}C_6$ 碳化物，热轧之前加热炉中保温阶段，二次碳化物几乎全部溶解到基体中。热轧后球化退火以及冷轧后再结晶退火温度均在 500~800℃ 之间保温较长时间，这正是 $M_{23}C_6$ 大量析出的温度区域，即使钢中原有的 M_7C_3 也会向 $M_{23}C_6$ 转变；淬火过程中，在奥氏体化温度（1050℃）下，理论上会发生 $M_{23}C_6$ 向 M_7C_3 的转变，但是由于奥氏体化时间较短，碳化物未发生转变或转变量较少，最终导致钢中存在的主要碳化物为 $M_{23}C_6$。另外，由图 1-38 可知，淬火后钢中的 α-Fe（马氏体）的峰值相比于退火态 α-Fe（铁素体）的峰值向左偏移，说明在奥氏体化温度保温过程中发生了 $M_{23}C_6$ 的溶解，淬火冷却过程中碳化物不能析出，使马氏体中碳原子的过饱和度增加。

钢的微观组织如图 1-39 所示。钢中主要组织为针状马氏体、少量长条状的残余奥氏体、少量一次碳化物和大量离散分布的球状二次碳化物。利用高温共聚焦显微镜观察了加热和冷却过程中 8Cr13MoV 钢中碳化物和组织动态转变。高温共聚焦实验的工艺参数为：设置升温速率为 5℃/s，温度升到 1350℃ 后以 5℃/s 的速度冷却，观察结果如图 1-40 所示。

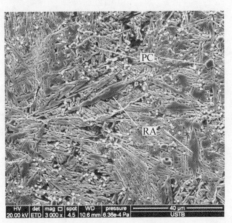

图 1-39 高温共聚焦试样初始微观组织
PC——次碳化物；RA—残余奥氏体

由图 1-40 可知，当温度升高到 323℃ 时钢材表面出现浮凸现象，主要是因为钢中含有马氏体和残余奥氏体，加热过程中马氏体发生分解而体积减小，残余奥氏体保持不变，因此，残余奥氏体浮在上面，马氏体存在的原始位置下沉。当温度升高到 1030℃ 时，表面浮凸现象更加明显，此时马氏体已完全转变成奥氏体。另外，基体中出现许多小凹坑，此处为原有碳化物溶解后的痕迹。温度升高到 1202℃，钢中又析出大量的二次碳化物，结合热力学计算可以推断，图 1-40 （b）中溶解的为 $M_{23}C_6$ 碳化物，图 1-40（c）中重新析出的为 M_7C_3 碳化物。由于加热速度较快,钢中碳化物和组织转变温度可能会高于计算的理论温度。当温度升高到1243℃时,由于碳化物逐渐溶解导致碳化物周围碳和合金元素含量升高,降低了钢的固相线温度,碳化物边缘位置钢材基体出现熔化现象。温度升高到1320℃时,大部分碳化物已经溶解,晶界位置和其他碳化物富集的区域明显出现液相。温度升高到1350℃时,液相率已经超过80%。当温度降低时,一次碳化物优先在碳和合金元素高的区域重新析出,如图1-40(g)所示。温度降低到

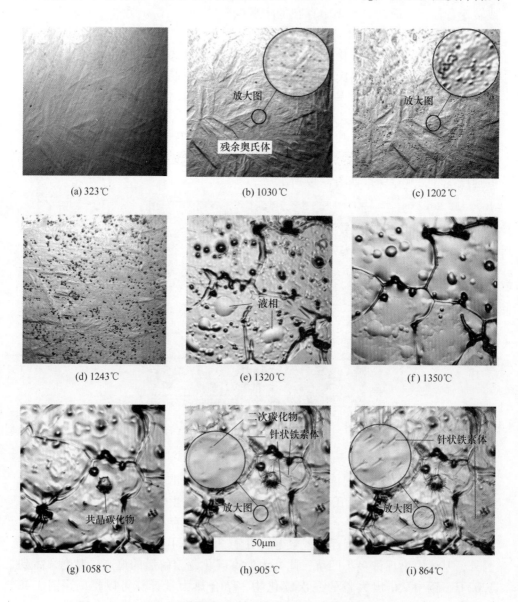

图 1-40　8Cr13MoV 钢加热和冷却过程中组织和碳化物演变的动态观察

905℃时，一次碳化物边缘和晶界周围析出针状铁素体，奥氏体中析出二次碳化物。温度降低到 864℃时，二次碳化物周围也析出针状铁素体。针状铁素体析出的原理为：由于加热速度较快且没有保温阶段，一次碳化物、晶界和二次碳化物原始位置处碳和其他合金元素扩散不均匀；温度降低时，碳化物直接在原地形核，而碳化物周围铬元素含量较高，铬是典型的铁素体形成元素，冷却过程中极易以碳化物为核心形成针状铁素体。

综上所述，8Cr13MoV 钢在加热和冷却过程中会发生碳化物的溶解、转变、溶解、再析出。随着温度升高，$M_{23}C_6$ 首先溶解，随后发生 $M_{23}C_6$ 向 M_7C_3 的转变，当温度继续升高时，M_7C_3 也会溶解到基体中，并在后续冷却过程中再次析出。

1.4　碳化物对钢材性能的影响及其控制方法

1.4.1　电渣重熔对钢中一次碳化物的影响

电渣重熔是把用一般冶炼方法（模铸或连铸）制成的钢进行重新熔化，熔化后的金属液滴穿过渣池再凝固的过程，是一种集钢液精炼和凝固组织控制于一体的特种冶金技术。电渣重熔过程中，伴随着电极的熔化、滴落和再次凝固，钢中一次碳化物同样经历了溶解和再次析出的过程。

8Cr13MoV 电渣锭中的碳化物如图 1-41 所示。用 Image-Pro Plus（IPP）图像分析软件对碳化物的数量进行统计，结果见表 1-11。

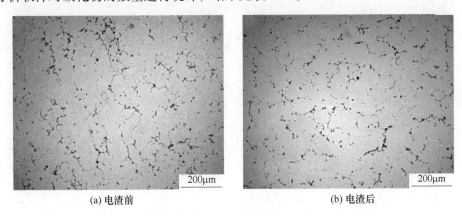

(a) 电渣前　　　　　　　　　　　　　　(b) 电渣后

图 1-41　碳化物被侵蚀后的显微组织

表 1-11　碳化物统计

试样	碳化物数量/个	碳化物面积/μm^2	碳化物平均长度/μm	碳化物平均宽度/μm
电渣前	1112	39031.48	6.65	3.11
电渣后	896	19376.91	4.73	2.04

由表 1-11 可知, 电渣后碳化物总数量和面积都明显减少, 碳化物的尺寸也随之降低。一次碳化物的形成主要与合金元素的偏析有关, 电渣工艺采用水冷结晶器, 冷却能力优于真空感应炉冶炼的铸铁模具, 冷却强度增加后可以改善元素偏析, 使一次碳化物生成量降低。

对退火后的 8Cr13MoV 电渣锭在电渣锭中心、半径 1/2 处和边缘处取样, 如图 1-42 所示。用扫描电镜观察试样中的一次

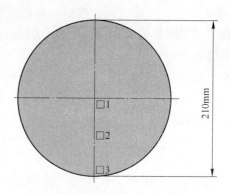

图 1-42　8Cr13MoV 钢电渣锭取样方案

碳化物, 分析电渣重熔对电渣锭中一次碳化物形貌、分布、类型和数量的影响。

观察电渣锭半径 1/2 处的一次碳化物分布和形貌, 结果如图 1-43 所示。由于电渣锭出炉后在沙坑中进行了长时间的退火, 钢中析出了大量的二次碳化物。碳化物本身不会被侵蚀剂腐蚀, 在光学显微镜下一次碳化物和二次碳化物均呈亮

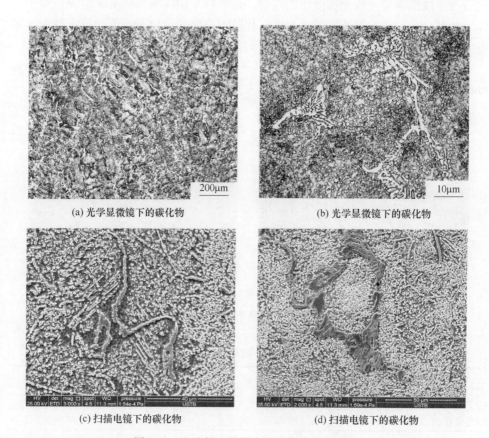

(a) 光学显微镜下的碳化物　　　　　　　　　(b) 光学显微镜下的碳化物

(c) 扫描电镜下的碳化物　　　　　　　　　(d) 扫描电镜下的碳化物

图 1-43　电渣锭 2 号样中碳化物分布及形貌

白色。扫描电镜下一次碳化物呈深灰色，二次碳化物呈浅灰色。一次碳化物尺寸较大，一般为几十微米甚至上百微米，呈不规则块状、盘曲的棒状或球状；二次碳化物主要为小球状。

由图 1-43（a）可知，一次碳化物主要分布在枝晶间隙处，部分呈连续网状，部分独立存在。从图 1-43（b）中可以看到块状、条状和盘曲状的一次碳化物典型形貌，同时也可以看到基体上析出大量小球状的二次碳化物。从图 1-43（c）中可以看到沿晶界分布的细条状一次碳化物和大量小颗粒的二次碳化物。从图 1-43（d）中可以看到盘曲状和块状沿晶界混合生长的一次碳化物。因此，电渣锭中存在大量的一次碳化物，一次碳化物形貌和分布状态与电极中类似。

利用 Image-Pro Plus（IPP）图像分析软件，统计电渣锭中心、1/2 半径处和边缘处的一次碳化物的面积分数，每个试样分别随机选取了 10 个 $1mm^2$ 的视场，结果见表 1-12。

表 1-12　电渣锭不同位置处一次碳化物面积分数

试样编号	1	2	3
面积分数/%	1.73	1.44	0.95

由表 1-12 可见，电渣锭中一次碳化物面积分数均小于电极中的一次碳化物面积分数 2.29%，且一次碳化物析出量由电渣锭中心到边缘逐渐减少。电渣锭中一次碳化物平均面积分数为 1.37%，电渣重熔工艺可有效减少钢中一次碳化物面积分数。由于电渣锭边缘处靠近结晶器，冷却强度较高，金属的凝固只在很小的体积内进行，使得固相和液相中的充分扩散受到抑制，减少了成分偏析，因此电渣锭中一次碳化物面积分数由中心到边缘逐渐减少。用扫描电镜背散射技术分别观察了电渣锭从中心到边缘的一次碳化物，结果如图 1-44 所示，图中亮白色的区域为一次碳化物。

由图 1-44 可以发现，电渣锭中心处一次碳化物较粗大、连续性较强；1/2 半径处一次碳化物的连续性减弱，形态变得纤细化；边缘处一次碳化物尺寸更加细小，分布趋于离散化。可见随着冷却强度的增加，不仅一次碳化物的总量减少，其生长和分布状态也会发生变化。

一次碳化物主要在二次枝晶间隙处析出，其生长和分布受枝晶生长状态的影响，其尺寸受二次枝晶间距的影响。电渣重熔过程中，结晶器中的钢液受到底部和侧面强制水冷，靠近结晶器边缘的位置冷却强度最大，容易形成细晶区，枝晶间隙最小，形成纤细的一次碳化物。另外，结晶器边缘处快速形核并生长的枝晶可能形成枝晶封闭区域，阻止枝晶内部剩余钢液的继续流动，从而阻断碳和合金元素的富集，使一次碳化物离散化。由边缘到中心处，冷却强度逐渐降低，二次枝晶间距逐渐变大，枝晶封闭区域逐渐减少，使一次碳化物尺寸变大，生长连续性变强。

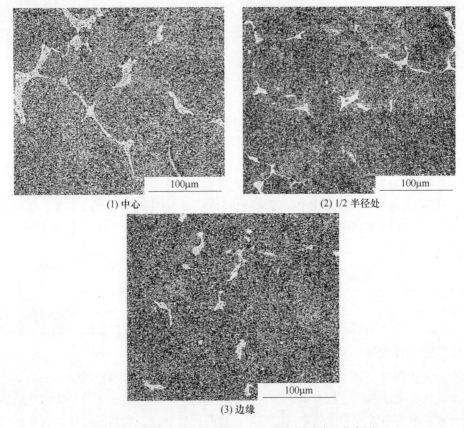

(1) 中心　　　　　　　　　　(2) 1/2 半径处

(3) 边缘

图 1-44　电渣锭中心处到边缘一次碳化物形貌和分布图

　　利用无水有机溶液电解萃取电渣锭中的碳化物，将获得的碳化物粉末进行
XRD 测试，结果如图 1-45 所示。

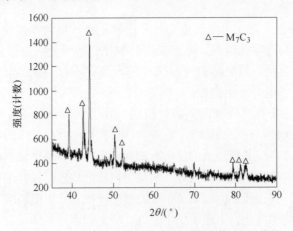

图 1-45　8Cr13MoV 电渣锭中萃取的碳化物 XRD 分析

由图 1-45 可知，电渣锭中的一次碳化物仍然为 M_7C_3 型，电渣重熔工艺并没有改变 8Cr13MoV 钢中一次碳化物类型。

综上所述，电渣重熔工艺可以改变枝晶生长的方式，改善一次碳化物形貌和分布，不会影响一次碳化物类型，但是，可以有效减少一次碳化物析出总量。

1.4.2 碳化物对钢材性能的影响

碳化物作为钢铁材料中重要的第二相，其形貌、大小和分布都可以对钢材的加工性能和使用性能具有重要的影响。不锈钢中的铬是用来提高钢基体的电极电位，以达到降低侵蚀速度的目的，但是其生成的碳化物往往会降低基体的耐腐蚀性[17]。一次碳化物和二次碳化物在析出温度、合金元素含量、形貌、尺寸、理化性质等方面具有很大的差异，对钢材性能的影响不同。因此，分别阐述一次碳化物和二次碳化物对钢材性能的影响：

（1）一次碳化物对钢材性能的影响。一次碳化物对钢材性能的影响具有多元性。高速钢中高硬度的一次碳化物在磨损过程中可以有效保护基体，提高钢材耐磨性[18,19]。高铬铸铁中粗大的一次碳化物由于硬度高、脆性大，极易断裂并从基体脱落，恶化了其耐磨性和断裂韧性；低铬铸铁中，网状结构的共晶碳化物虽然硬度相对较低，但提高了铸铁的耐磨性和韧性；钼元素的加入，生成 Mo_2C 型一次碳化物，可以在不降低韧性的前提下，提高铸铁的耐磨性[20]。大尺寸的碳化物容易造成钢在使用中出现应力集中，降低钢材疲劳强度和韧性。大块碳化物中有大量的合金元素，降低基体组织中合金元素含量，造成回火二次硬化效应减弱，材料韧性、硬度下降[21,22]。偏聚于晶界的粗大一次碳化物可以提高轧辊的硬度，但是明显恶化了其断裂韧性[23]。大尺寸的一次碳化物显著降低了 GCr15 轴承钢的疲劳寿命[24]。高铬铸铁中粗大的一次碳化物降低了其冲击韧性[25]。

一次碳化物对 H13 冲击韧性的影响研究结果表明，一次碳化物级别越高，材料的冲击功越低[26]。表 1-13 为一次碳化物与力学性能的关系。该钢种中一次碳化物呈点、链状，且硬而脆，严重隔离基体，是材料内部的应力集中点及疲劳裂纹的扩展源头。

表 1-13 一次碳化物与力学性能之间的关系

编号/性能	$R_{p0.2}/N \cdot mm^{-2}$	$R_m/N \cdot mm^{-2}$	$A/\%$	$Z/\%$	A_{KV}/J	碳化物级别
1	910	1090	11.0	26.0	7.0	4
2	925	1120	12.0	24.5	9.0	3
3	920	1090	13.0	39.0	12.0	2
4	925	1100	12.0	40.5	15.0	1
5	925	1110	14.5	48.0	21.0	0

（2）二次碳化物对钢材性能的影响。二次碳化物是钢铁材料中重要的强化相，二次碳化物的尺寸、类型、数量、分布、形貌等因素都可以在钢材热加工和热处理过程中控制。二次碳化物的溶解和析出行为对钢材的加工性能和使用性能具有重要的影响。钢材加工过程中，一般通过退火工艺控制二次碳化物均匀析出并适度长大，使钢材具有良好的加工性能。最终热处理通过控制二次碳化物细小、均匀、弥散析出，达到强化钢铁材料的效果。通过合理控制二次碳化物的类型和数量，达到钢材耐磨性和耐腐蚀性能的要求。

含铬12%的钢经过高温奥氏体化并回火后，钢中析出细小均匀的 $M_{23}C_6$ 碳化物，可明显提高钢材的硬度和强度[27]。高碳马氏体不锈钢通过等温预处理，可获得均匀细小的 $M_{23}C_6$ 碳化物，不仅起到沉淀强化的作用，还可以抑制奥氏体晶粒的长大，降低韧脆转变温度，提高钢材强度[28]。对于高 CoNi 合金钢，回火温度为482℃时，渗碳体类碳化物完全转变为均匀的 M_2C 针状碳化物，此种碳化物与马氏体基体呈共格关系，可有效提高钢材硬度[29]。TWIP 钢中晶间碳化物的析出可以降低钢材的延时断裂时间[30]。

二次碳化物控制不当，也可能对钢材造成一些不利影响。过共析钢冷却过程中，极易沿晶界析出网状碳化物，网状碳化物级别越高，钢材冲击韧性越低[31]。牛排刀的金相组织中二次碳化物过多会导致基体中铬含量降低，降低其耐腐蚀性能，如图 1-46 所示[32]。

 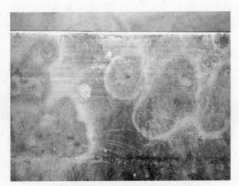

(a) 碳化物含量高的刀具腐蚀形貌　　　　(b) 碳化物含量少的刀具腐蚀形貌

图 1-46　二次碳化物析出对牛排刀耐腐蚀性能的影响

1.4.3　碳化物的控制方法

1.4.3.1　一次碳化物的控制方法

一次碳化物形成于钢液凝固过程中，由于选分结晶，碳和许多碳化物形成元素在冷却过程中逐渐富集在剩余钢液中，当元素浓度达到一定程度时就会从钢液中析出一次碳化物，主要包括先于奥氏体析出的先共晶一次碳化物和与奥氏体同时析出的共晶碳化物。由于一次碳化物熔点较高、尺寸较大，一旦形成很难通过普通固态相变去除，因此，控制一次碳化物的关键环节是钢液凝固过程，其次则是后续的热加工和热处理过程。

对 M2 高速钢的研究中发现，通过控制电渣重熔熔速和金属熔池深度，可以促进平直层片状的一次碳化物转变为离异棒状、粒状碳化物，并且使一次碳化物的尺寸降低[33]。电渣重熔领域中，导电结晶器技术[34]、电渣重熔连续定向凝固技术[35]、电渣液态浇注技术[36]等，都可以通过减小金属熔池深度、缩小局部凝固时间来减轻元素偏析，达到控制钢中一次碳化物形成的目的。连铸参数和末端电磁搅拌对 82B 小方坯中心碳偏析的影响研究结果表明，降低过热度和拉速、提高冷却强度有利于减小方坯中心碳偏析。采用最佳的末端电磁搅拌参数时，82B 小方坯中心碳偏析指数最低[37]。另有几项研究表明，具有合适参数的电磁搅拌工艺可以有效降低碳偏析[38-41]。碳偏析是一次碳化物形成的重要原因之一，减轻碳偏析可以有效减少一次碳化物的形成。

高温变形处理可以使 GCr15 轴承钢中一次碳化物破碎，并进一步促进一次碳化物的溶解[42]。对铸态 M2 高速钢热压缩过程中共晶碳化物的破碎行为的研究发现，热变形可以使棒状或不规则的共晶碳化物破碎成小颗粒，加工应力是共晶碳化物破碎的主要驱动力，而高温或者低应变速率会导致加工应力的降低[43]。

在高铬铸铁的生产过程中加入 Ti、V、Nb 等强碳化物形成元素，凝固过程中优先形成的 MC 碳化物可以作为异质形核质点，提高 M_7C_3 型碳化物的形核率，使 M_7C_3 型一次碳化物得到细化[44-47]。对高铬铸铁进行多种稀土变质处理，可以改善一次碳化物的形貌，并细化一次碳化物[48-50]。添加稀土铈可以明显细化高铬铸铁中的一次碳化物，随着铈含量的提高，碳化物形貌的各向同性增加[49]，如图 1-47 所示。

钢中添加 Mg 元素可以将 Al_2O_3 变性为 $MgO \cdot Al_2O_3$，$MgO \cdot Al_2O_3$ 可以作为 $(Ti, V)N$ 的形核核心[51]，由于 TiN 生成温度高于 VC 型一次碳化物形成温度，因此可以作为形核核心细化一次碳化物并改善一次碳化物的分布[52]。

1.4.3.2 二次碳化物的控制方法

二次碳化物的析出和溶解主要受热加工、热处理和合金元素的影响。二次碳化物一般尺寸较小、溶解温度也不高，在热处理过程中大部分可以溶入基体，在适当的保温条件和冷却工艺中可以有序地析出。二次碳化物的析出，不仅受到温度的影响，而且与碳化物本身的理化性质、钢材基体组织、界面能等因素有关。碳化物的理化性质主要指的是其晶体结构、合金元素成分、尺寸和形貌等因素。

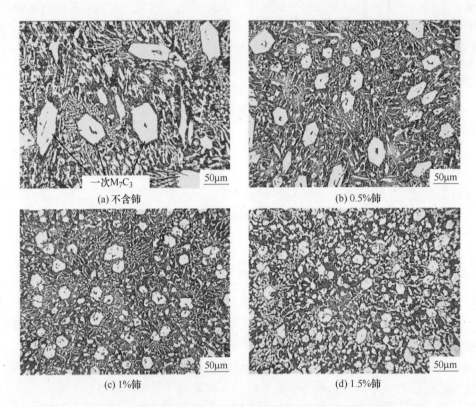

(a) 不含铈　　　　　　　　　　　　(b) 0.5%铈

一次M₇C₃

(c) 1%铈　　　　　　　　　　　　(d) 1.5%铈

图 1-47　稀土铈对高铬铸铁中一次碳化物尺寸和形貌的影响

（1）热处理工艺对二次碳化物的影响。M2 高速钢 560℃回火后，二次碳化物的析出受淬火时奥氏体化温度的影响，奥氏体化温度为 1180℃时，回火析出的二次碳化物只有 $M_{23}C_6$，奥氏体化温度为 1220℃时，回火后存在 $M_{23}C_6$ 和 M_6C 两种碳化物，当温度为 1260℃时，回火后只有 M_6C 一种二次碳化物[53]。对含铬8%的轧辊钢中碳化物的转变行为进行研究，发现碳化物的溶解主要受加热温度的影响，且具有一定的顺序性，$M_{23}C_6$ 在 850℃可以完全溶解，M_7C_3 在 1150℃时可以完全溶解，如图 1-48 所示[54]。

（2）热加工工艺对二次碳化物的影响。控轧控冷工艺是控制过共析钢中网状碳化物析出的有效途径，通过控制较低的终轧温度，可以使网状碳化物变为细小颗粒状，如图 1-49 所示[55]。

（3）合金元素和稀土对二次碳化物的影响。对铬含量为 12%的马氏体钢中$M_{23}C_6$ 的粗化行为进行研究，发现添加 Mn、降低 V 和 Ta 含量，可以提高 $M_{23}C_6$的粗化速率；温度在 600~750℃时，每增加 50℃，$M_{23}C_6$ 的粗化速率呈指数增长[56]。对在 Fe-Cr-Ni-Mo 高强钢的研究中发现，由于 V 和钢中其他合金元素的竞

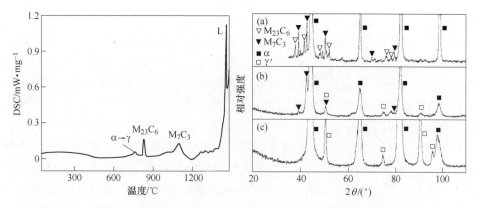

图 1-48 加热温度对 $M_{23}C_6$ 和 M_7C_3 碳化物转变行为的影响

(a) 加热前；(b) 850℃保温 10h；(c) 1150℃保温 10h

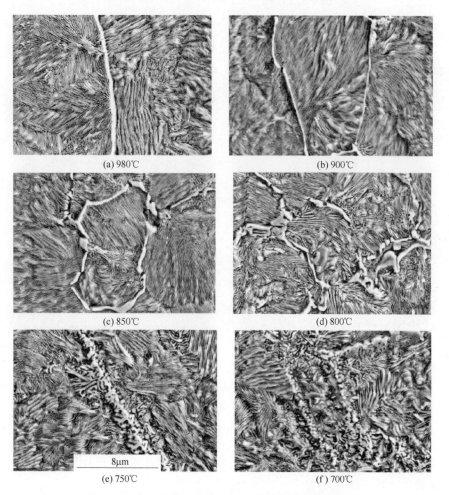

图 1-49 终轧温度对 GCr15SiMn 中网状碳化物的影响

争关系，其含量可以显著影响钢中碳化物类型和尺寸，不含 V 的钢中碳化物主要为 $M_{23}C_6$；当 V 含量达到 0.03% 时，钢中出现 M_2C 和 M_6C 碳化物；随着 V 含量继续升高，钢中出现 MC 型碳化物，并且随着 V 含量的提高，钢中碳化物尺寸逐渐减小[57]。不锈钢中添加适量的铈可以使钢中的二次碳化物更加弥散细小[58]。稀土镧也可以改变 4Cr13 钢中碳化物形态、减少碳化物偏聚[59]。

　　强磁场可以改变碳化物析出的吉布斯自由能，从而改变碳化物的析出行为，在 Fe-C-Mo 合金退火过程中施加强磁场，可以促进 M_6C 碳化物的析出，抑制 M_2C 和 M_3C 碳化物的形成[60]。施加强磁场还可以使过共析钢的共析点向右上方移动，减少先共析渗碳体的数量，增大珠光体的片层间距，如图 1-50 所示[61]。

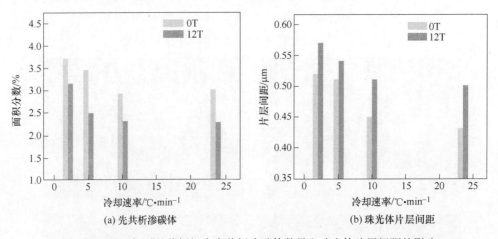

图 1-50　强磁场对过共析钢中先共析渗碳体数量和珠光体片层间距的影响

参 考 文 献

[1]　郭可信. 合金钢中的碳化物 [J]. 金属学报, 1957 (3)：305-321.
[2]　Xu L, Xing J, Wei S, et al. Investigation on wear behaviors of high-vanadium high-speed steel compared with high-chromium cast iron under rolling contact condition [J]. Materials Science & Engineering A, 2006, 434 (1)：63-70.
[3]　刘林, 傅恒志. Ni 基高温合金中 MC 碳化物生长的理论形貌 [J]. 材料研究学报, 1989, 3 (5)：396-400.
[4]　王振廷, 陈华辉, 孙俭峰, 等. 原位自生 TiC 颗粒增强金属基复合材料涂层的组织与性能 [J]. 金属热处理, 2006, 31 (6)：57-60.
[5]　周雪峰, 方峰, 蒋建清, 等. 浇注温度对高速钢组织及共晶碳化物的影响 [C]. 中国铸造协会年会论文集, 2010.
[6]　党君鹏. 高铬耐磨铸球的热处理工艺试验 [J]. 铸造技术, 2012, 33 (1)：83-84.

［7］ Kondrat'ev S Y, Kraposhin V S, Anastasiadi G P, et al. Experimental observation and crystal-lographic description of M_7C_3 carbide transformation in Fe-Cr-Ni-C HP type alloy ［J］. Acta Materialia, 2015, 100: 275-281.

［8］ Wang H C. Ex situ and in situ TEM investigations of carbide precipitation in a 10Cr martensitic steel ［J］. Journal of Materials Science, 2018, 53 (10): 7845-7856.

［9］ Jack D H, Jack K H. Invited review: Carbides and nitrides in steel ［J］. Materials Science and Engineering. 1973, 11 (1): 1-27.

［10］ Morniroli J P, Khachfi M, Courtois A, et al. Observations of non-periodic and periodic defect structures in M_7C_3 carbides ［J］. Philosophical Magazine A, 1987, 56 (1): 93-113.

［11］ Monypenny J H G. Stainless Iron and Steel. 1951, 1; 1954, 2.

［12］ 宋自力, 杜晓东, 陈翌庆, 等. 7Cr17Mo 马氏体不锈钢组织和冲击韧性 ［J］. 材料热处理学报, 2011 (5): 95-99.

［13］ 马涛, 李运刚. 抗菌不锈钢的发展研究现状及展望 ［J］. 材料导报, 2015, 29 (13): 98-101.

［14］ 南黎, 刘永前, 杨伟超, 等. 含铜抗菌不锈钢的抗菌特性研究 ［J］. 金属学报, 2007 (10): 1065-1070.

［15］ Xuan Y, Zhang C, Fan N, et al. Antibacterial property and precipitation behavior of Ag-added 304 austenitic stainless steel ［J］. Acta Metallurgica Sinica (English Letters), 2014, 27 (3): 539-545.

［16］ Phan H T, Tieu A K, Zhu H, et al. A study of abrasive wear on high speed steel surface in hot rolling by discrete element method ［J］. Tribology International, 2017, 110: 66-76.

［17］ Hall E L, Briant C L. Chromium depletion in the vicinity of carbides in sensitized austenitic stainless steels ［J］. Metallurgical & Materials Transactions A, 1984, 15 (15): 793-811.

［18］ Fu H G, Xiao Q, Fu H F. Heat treatment of multi-element low alloy wear-resistant steel ［J］. Materials Science and Engineering A, 2005, 396 (1-2): 206-212.

［19］ Badisch E, Mitterer C. Abrasive wear of high speed steels: Influence of abrasive particles and primary carbides on wear resistance ［J］. Tribology International, 2003, 36 (10): 765-770.

［20］ Oh H, Lee S, Jung J, et al. Correlation of microstructure with the wear resistance and fracture toughness of duo-cast materials composed of high-chromium white cast iron and low-chromium steel ［J］. Metallurgical and Materials Transactions A, 2001, 32 (3): 515-524.

［21］ 王荣滨. 高速钢碳化物形貌对热加工工艺及模具寿命的影响 ［J］. 模具技术, 1990, 7 (4): 106-110.

［22］ 赵治青, 龚真忠, 纪正祥, 等. 碳化物对高速钢刀具寿命的影响 ［J］. 热处理技术与装备, 2011, 32 (3): 60-64.

［23］ Hwang K C, Lee S, Lee H C. Effects of alloying elements on microstructure and fracture properties of cast high speed steel rolls Part I: microstructural analysis ［J］. Materials Science and Engineering A, 254 (1): 282-295.

［24］ 冯宝萍, 仇亚军, 王传恩, 等. 碳化物对 GCr15 轴承钢接触疲劳寿命的影响 ［J］. 轴承, 2003, 10: 30-32.

［25］ Zhi X H, Xing J D, Gao Y M, et al. Effect of heat treatment on microstructure and mechanical properties of a Ti-bearing hypereutecitc high chromium white cast iron ［J］. Materials Science and Engineering A, 2008, 487 (1-2): 171-179.

［26］ 王辉, 徐锟, 卢守栋. 液析碳化物对 4Cr5MoSiV1 芯棒用钢冲击性能影响 ［C］. 全国材料科学与图像科技学术会议, 2012.

［27］ Kim H D, Kim I S. Effect of austenitizing temperature on microstructure and mechanical properties of 12%Cr steel ［J］. ISIJ International, 1994, 34 (2): 198-204.

［28］ Tsuchiyama T, Ono Y, Takaki S. Microstructure control for toughening a high carbon martensitic stainless steel ［J］. ISIJ International, 2000, 40 (supplement): 184-188.

［29］ 胡正飞, 吴杏芳, 梨秀球, 等. 高 CoNi 合金钢中二次碳化物的析出与转化 ［J］. 金属学报, 2001, 34 (4): 381-385.

［30］ Hong S, Lee J, Lee B, et al. Effects of intergranular carbide precipitation on delayed fracture behavior in three twinning induced plasticity (TWIP) steels ［J］. Materials Science and Engineering A, 2013, 587: 85-99.

［31］ 仇亚军, 叶健熠, 张娟娟. GCr15 钢网状碳化物对其冲击性能的影响 ［J］. 轴承, 2008 (4): 28-31.

［32］ Banuta M, Tarquini I. Premature corrosion of steak knives due to extensive precipitation of chromium carbides ［J］. Journal of Failure Analysis and Prevention, 2010, 10 (6): 458-462.

［33］ 初伟, 谢尘, 吴晓春. 电渣重熔高速钢共晶碳化物控制研究 ［J］. 上海金属, 2013, 35 (5): 23-26.

［34］ 姜周华. 电渣冶金的最新进展与展望 ［C］. 2014 年全国特钢年会, 天津, 2014.

［35］ 占礼春, 迟宏宵, 马党参, 等. 电渣重熔连续定向凝固 M2 高速钢铸态组织的研究 ［J］. 材料工程, 2013 (7): 29-34.

［36］ 姜周华, 李正邦. 电渣冶金技术的最新发展趋势 ［J］. 特殊钢, 2009, 30 (6): 10-13.

［37］ 王韬, 陈伟庆, 王宏斌, 等. 连铸参数和末端电磁搅拌对 82B 钢小方坯中心碳偏析的影响 ［J］, 特殊钢, 2013, 34 (1): 49-51.

［38］ 贾燕璐, 苗锋, 赵文成. 末端电磁搅拌对 400mm 铸坯碳偏析的影响 ［J］. 热加工工艺, 2012, 41 (7): 61-65.

［39］ 胡阳, 陈伟庆, 韩怀宾, 等. 改善 60Si2MnA 弹簧钢小方坯中心碳偏析的研究 ［J］. 上海金属, 2016, 38 (4): 41- 49.

［40］ 刘洋, 王新华. 二冷区电磁搅拌对连铸板坯中心偏析的影响 ［J］. 北京科技大学学报, 2007, 29 (6): 582- 590.

［41］ Jiang D, Zhu M. Center segregation with final electromagnetic stirring in billet continuous casting process ［J］. Metallurgical and Materials Transactions B, 2017, 48 (1): 444-455.

［42］ 孔祥华, 刘建尊, 刘在龙, 等. 高温变形处理对 GCr15 轴承钢液析碳化物的影响 ［J］. 材料热处理学报, 2014, 35 (7): 173-176.

［43］ Bin Z, Yu S, Jun C, et al. Breakdown behavior of eutectic carbide in high speed steel during hot compresion ［J］. Journal of Iron and Steel Research International, 2011, 18 (1): 41-48.

[44] Lin C, Chang C, Chen J, et al. The effects of additive elements on the microstructure charac-teristics and mechanical properties of Cr-Fe-C hard-facing alloys [J]. Journal of Alloys and Compounds, 2010, 498 (1): 30-36.

[45] Chung R J, Tang X, Li D Y, et al. Effects of titanium addition on microstructure and wear re-sistance of hypereutectic high chromium cast iron Fe-25wt%Cr-4wt%C [J]. Wear, 2009, 267 (1-4): 356-361.

[46] Zhou Y, Yang Y, Yang J, et al. Effect of Ti addition on (Cr, Fe)$_7$C$_3$ carbide in arc surfacing layer and its refined mechanism [J]. Applied Surface Science, 2012, 258 (17): 6653-6659.

[47] Chung R J, Tang X, Li D Y, et al. Microstructure refinement of hypereutecitc high Cr cast i-rons using hard carbide-forming elements for improved wear resistance [J]. Wear, 2013, 301 (1): 695-706.

[48] Qu Y, Xing J, Zhi X, et al. Effect of cerium on the as-cast microstructure of a hypereutectic high chromium cast iron [J]. Materials Letters, 2008, 62 (17-18): 3024-3027.

[49] Hou Y, Wang Y, Pan Z, et al. Influence of rare earth nanoparticles and inoculants on per-formance and microstructure of high chromium cast iron [J]. Journal of Rare Earths, 2012, 30 (3): 283-288.

[50] 陈振湘, 许晓嫦, 屈啸, 等. 变质处理及热处理对高铬铸铁组织与性能的影响 [J]. 热处理, 2011, 26 (4): 35-39.

[51] Shi C B, Chen X C, Guo H J, et al. Control of MgO · Al$_2$O$_3$ spinel inclusions during protec-tive gas electroslag remelting of die steel [J]. Metallurgical and Materials Transactions B, 2013, 44 (2): 378-389.

[52] Ma D S, Zhou J, Chen Z Z, et al. Influence of thermal homogenization treatment on structure and impact toughness of H13 ESR steel [J]. Journal of Iron and Steel Research International, 2009, 16 (5): 56-60.

[53] Chaus A S, Domankova M. Precipitation of secondary carbides in M2 high-speed steel modified with Titanium diboride [J]. Journal of Materials Engineering and Performance, 2013, 22 (5): 1412-1420.

[54] Wang Z, Lv Z, Bai X, et al. Study on transformation characteristics of carbides in an 8% Cr roller steel [J]. Journal of Materials Science, 2012, 47 (20): 7132-7137.

[55] 周旺松, 华建社, 俞峰, 等. 形变温度对 GCr15SiMn 钢网状碳化物演化行为的影响 [J]. 钢铁, 2015, 6: 87-93.

[56] Xiao X, Liu G, Hu B, et al. Coarsening behavior for M$_{23}$C$_6$ carbide in 12%Cr-reduced activa-tion ferrite/martensite steel: experimental study combined with DICTRA simulation [J]. Journal of Materials Science, 2013, 48 (16): 5410-5419.

[57] Wen T, Hu X, Song Y, et al. Carbides and mechanical properties in a Fe-Cr-Ni-Mo high-strength steel with different V contents [J]. Materials Science and Engineering A, 2013, 588 (12): 201-207.

[58] 李亚波, 王福明, 李长荣. 铈对低铬铁素体不锈钢晶粒和碳化物的影响 [J]. 中国稀土

学报，2009，27（1）：123-127.

[59] 张慧敏，崔朝宇，赵莉萍，等. 镧对 4Cr13 钢组织及耐蚀性的影响 [J]. 中国稀土学报，2011，29（1）：100-104.

[60] Hou T P, Li Y, Zhang Y D, et al. Magnetic field-induced precipitation behaviors of alloy carbides M_2C, M_3C, and M_6C in a molybdenum-containing steel [J]. Metallurgical and Materials Transactions A, 2014, 45（5）：2553-2561.

[61] Zhang Y D, Esling C, Gong M L, et al. Microstructural features induced by a high magnetic field in a hypereutectoid steel during austenitic decomposition [J]. Scripta Materialia, 2006, 54（11）：1897-1900.

2 电渣重熔工艺中一次碳化物的控制

工模具钢中碳化物的尺寸、数量、类型和形貌及其分布是影响其硬度、耐磨性、韧性等性能的关键因素。凝固过程中一旦有粗大的一次碳化物或共晶碳化物形成，就很难通过后期热锻形变过程或热处理工艺等方法去除。因此，电渣锭中一次碳化物或共晶碳化物的尺寸、数量、类型和形貌控制是电渣重熔工艺控制的关键。

电渣重熔工艺参数分为几何参数、控制参数和目标参数。几何参数是指宏观上所体现出来的具体尺寸参数，包括结晶器直径和高度、自耗电极直径和长度。其中，自耗电极横截面积与结晶器横截面积的比值称为充填比，充填比在一定程度上对冶金质量有很大的影响。控制参数主要包括重熔用渣制度、供电制度、脱氧制度及冷却水制度。目标参数主要包括金属熔池形状和尺寸、电极熔化速度、渣皮厚度、局部凝固时间、二次枝晶间距、电耗等。就电渣重熔工艺而言，控制金属熔池形状的措施主要有降低自耗电极的熔速[1-3]、增加自耗电极与结晶器的填充比[4]、适量地增加渣量[5,6]等。金属熔池越浅平，局部凝固时间越短，二次枝晶间距越小，元素显微偏析程度越小，越有利于保证良好的电渣锭凝固质量[7,8]并减少一次碳化物含量。电渣重熔熔速是决定金属熔池深度的关键因素，电极充填比对渣金界面热传递和金属熔池温度场分布有重要的影响[9]，也会影响金属熔池的尺寸和形状。因此，研究电渣重熔工艺中熔速和充填比对金属熔池、温度场、两相区以及元素偏析的影响，可以为减轻电渣锭中元素偏析和减少一次碳化物含量提供理论指导。

定向凝固电渣重熔工艺同样可以影响熔池形状，由于其工艺特点，改变了传统电渣重熔工艺凝固过程中的形貌，使金属熔池其由深 V 形形貌转变为浅平状 U 形形貌；枝晶近似平行于铸锭中心轴线方向生长，减小了液固两相区宽度，增加了凝固过程中温度梯度的分布情况，提高了金属液的凝固速率；有利于细化枝晶组织和降低碳化物尺寸和形成数量，使碳化物分布更加均匀弥散；同时，改善一次碳化物的形貌，使其在后期热处理过程中更容易被分解，因此，有必要研究定向凝固电渣重熔对一次碳化物的影响。

2.1 电渣重熔工艺中一次碳化物的控制因素

电渣重熔是一个黑箱过程，很难掌握冶炼过程中热量传递、流场、温度场、两相区分布情况，而这些不可视的目标参数是影响电渣锭质量的最直接因素。因此，利用 MeltFlow-ESR 软件模拟研究了不同电渣重熔工艺参数对 8Cr13MoV 钢电渣锭凝固质量的影响。MeltFlow-ESR 软件是由 Alec Mitchell 教授（Prof. Alec Mitchell，the University of British Columbia，Canada）和 IRI 公司合作开发并升级的一套用于高性能合金电渣重熔冶炼工艺的数值仿真软件[10]。MeltFlow-ESR 改变了传统的反复试错的工艺探索方法，采用经计算机模拟电渣重熔过程中的热、电、流、磁、相变、化学成分、枝晶间距、宏观偏析等[11,12]。

2.1.1　熔速对一次碳化物析出的影响

模拟电渣重熔工艺参数对 8Cr13MoV 钢凝固质量的影响，涉及的电渣重熔几何参数和控制参数见表 2-1，电渣锭和熔渣的物理特性参数见表 2-2。

表 2-1　电渣重熔几何参数和控制参数

参　数	值
电极直径/m	0.110
结晶器直径/m	0.228
渣厚/m	0.13
电流/kA	3.75
频率/Hz	50
冷却强度/W·(m²·K)⁻¹	4000

表 2-2　电渣锭和熔渣的物理特性参数

参　数	值
渣的密度/kg·m⁻³	2569[13]
熔渣黏度/Pa·s	0.035（1777K）[14]
电渣锭的密度/kg·m⁻³	6974（液相） 7444（固相）
渣的电导率/S·m⁻¹	320（1873K）[15]
钢的电导率/S·m⁻¹	8.8×10⁵[16]
钢的液相线温度/K	1712
钢的固相线温度/K	1576

电渣重熔工艺生产 8Cr13MoV 钢采用的熔速为 150kg/h，渣系为 30%Al_2O_3 + 70%CaF_2，充填比为 0.23。

从热平衡的角度来说，金属熔池的形状取决于供热方式和散热方式。冷却条件不变的情况下，金属熔池的形状主要受渣金界面的供热条件影响，而渣金界面的供热主要取决于电渣重熔熔速。利用 MeltFlow 软件模拟了三种电渣重熔熔速

（133kg/h、150kg/h、165kg/h）下稳定熔炼阶段金属熔池及电渣锭中温度场和固液两相区分布，结果如图 2-1 所示。

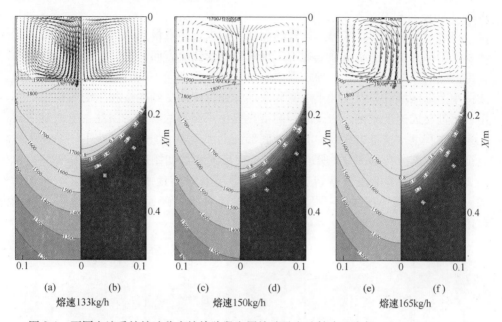

（a）　　　　（b）　　　　　　（c）　　　　（d）　　　　　　（e）　　　　（f）
熔速133kg/h　　　　　　　熔速150kg/h　　　　　　　熔速165kg/h

图 2-1　不同电渣重熔熔速稳定熔炼阶段金属熔池及电渣锭中温度场（（a）、（c）、（c））
和固液两相区（（b）、（d）、（f））分布

　　金属熔池深度和电渣锭中心处两相区宽度见表 2-3。由图 2-1 及表 2-3 可见，随着电渣重熔熔速的升高，金属熔池变深，固液两相区变宽。英国学者 Hoyle 总结了前人的工作，认为理想的金属熔池深度应该是电渣锭直径的 1/2，其前沿形状应该是抛物线形，此时树枝晶以合适的角度顺序凝固，结晶质量较好[17]。按照上述理论，模拟电渣锭直径为 228mm，理想的金属熔池深度为 114mm。由表 2-3 可知，当电渣熔速降低到 133kg/h 时，金属熔池深度降低到 112mm，接近理想熔池深度，有利于电渣锭内部质量的提高。

表 2-3　不同电渣重熔熔速对应的金属熔池深度和两相区宽度

熔速/kg·h^{-1}	133	150	165
熔池深度/m	0.112	0.142	0.146
中心处两相区宽度/m	0.097	0.106	0.119

　　两相区是指电渣锭完全凝固处（固相率为 100%）到金属熔池抛物线前沿（固相率为 0）之间的区域。电渣重熔的主要优点在于任何结晶阶段都只有少量体积的钢液自下而上地逐渐结晶，从而极大地减轻了宏观偏析。两相区宽度表征的是电渣重熔过程中正在凝固区域的大小。通常情况下，两相区宽度越大，局部凝固时间就会越长，元素偏析趋势越大。根据一次碳化物析出和长大机理可以推

断，一次碳化物含量随着元素富集程度增加而增加。由表 2-3 可知，两相区宽度随着熔速的降低而减小，因此降低熔速有利于减轻元素偏析，减少一次碳化物的析出。

靠近结晶器壁和底水箱的位置冷却强度较大，钢液最先凝固，其碳含量低于体系平均碳含量，电渣重熔过程中，钢液凝固受热流方向影响，枝晶沿金属熔池底部曲线的法线方向生长，导致碳原子沿枝晶生长方向不断富集。另外，由于电渣锭中上部区域冷却强度低于边缘和底部，而且持续受到电极和渣池热辐射的作用，钢液凝固速度减慢，为碳原子的富集提供了充足的时间，因此，电渣锭中碳元素富集程度呈现自边缘到中心、自底部到上部逐渐增加的趋势。不同熔速下电渣锭中碳元素分布如图 2-2 所示，电渣锭中碳元素的初始质量分数为 0.77%。由图 2-2 可知，随着电渣重熔熔速增加，碳含量超过熔池平均含量的区域面积增加，碳元素富集情况加剧。因此，降低熔速对减轻碳元素的偏析具有积极的作用。

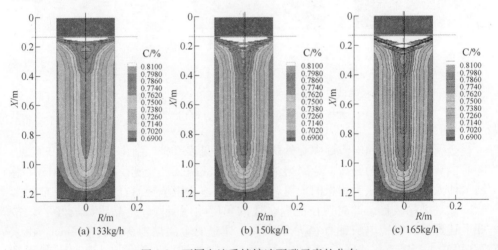

图 2-2　不同电渣重熔熔速下碳元素的分布

保持其他电渣重熔工艺参数不变，比较熔速分别为 133kg/h 和 150kg/h 两种条件下生产的电渣锭中元素偏析情况。分别切取电渣锭中上部截面的 1/4 区域进行金属原位分析，取样方案如图 2-3 所示。

碳元素原位分析结果如图 2-4 所示。图中绿色区域代表该体系的平均碳浓度，蓝色区域代表碳浓度低于平均浓度的区域，黄色到红色区域代表碳富集区域，碳元素富集的程度随着颜色加深而逐渐增加。

由图 2-4 可见，电渣重熔熔速为 150kg/h 时，由电渣锭边缘到中心，碳元素富集程度逐渐加剧；熔速降低到 133kg/h 时，碳元素由电渣锭边缘到中心富集的趋势消失，碳元素富集区域减少，碳浓度低于平均浓度的区域也减少，碳元素富

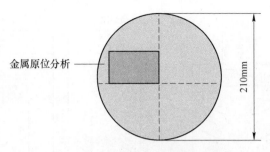

图 2-3 电渣锭原位分析取样方案

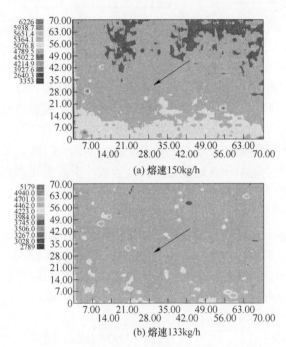

(a) 熔速150kg/h

(b) 熔速133kg/h

图 2-4 不同电渣重熔熔速碳元素原位分析
（箭头由电渣锭边缘指向中心）

集区域随机地分布在整个电渣锭中。因此，降低电渣重熔熔速，减轻了电渣锭中碳元素富集程度，碳元素分布更加均匀。

适当地降低电渣重熔熔速有利于减轻电渣锭中碳偏析，可以通过电渣锭中枝晶生长的方式来分析。电渣重熔凝固过程中，枝晶在已凝固的金属处形核，沿着温度梯度方向（金属熔池法线方向）生长，溶质原子可以随着枝晶的生长逐渐排出到剩余液相中，如图 2-5 所示。

由图 2-5 可知，电渣重熔熔速较高时，金属熔池深，由熔池传输到固液两相区的热量多，金属凝固速度较慢，枝晶在已凝固金属处形核后逐渐向金属熔池方

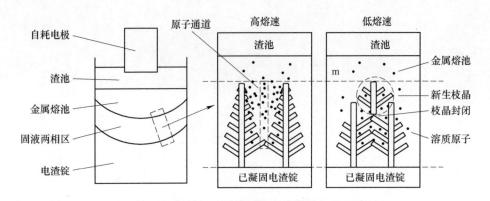

图 2-5　电渣重熔熔速对枝晶生长影响的示意图

向生长，溶质原子在枝晶间隙形成一条"原子通道"，随着枝晶的生长，溶质原子由电渣锭边缘到中心逐渐富集。当电渣重熔熔速较低时，金属熔池浅，固液两相区相对冷却强度较大，二次枝晶生长快，容易产生枝晶封闭现象，阻断溶质原子进一步向电渣锭中心富集。另外，冷却强度大会导致固液两相区其他部位枝晶形核，此时新生枝晶会跟正在生长的枝晶交汇，同样会阻断溶质原子的富集。二次枝晶快速生长产生的封闭区域凝固后，会形成一个溶质元素富集的微区。由于枝晶封闭区域可能会出现在电渣锭中的任意部位，因此元素富集微区也会在电渣锭中随机分布，如图 2-4（b）中黄色区域所示。

　　电渣重熔熔速对电渣锭中铬元素分布的影响如图 2-6 所示。对于 8Cr13MoV 钢，铬元素是最不易偏析的元素。由于铬元素不易偏析的特点，电渣熔速对铬元素分布的影响不明显。从整体来看，铬元素在电渣锭中心位置有一定的富集。根据一次碳化物析出和生长原理可知，铬元素的富集会造成电渣锭中心处一次碳化物含量的升高。

　　不同电渣重熔熔速下，电渣锭 1/2 半径处枝晶和一次碳化物形貌及分布如图 2-7 所示。图 2-7（c）、（d）中白色区域为一次碳化物。

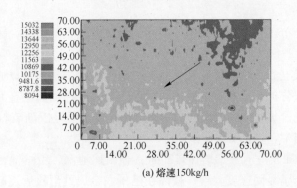

(a) 熔速150kg/h

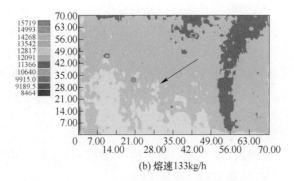

(b) 熔速133kg/h

图 2-6 不同电渣重熔熔速下铬元素原位分析

(箭头由电渣锭边缘指向中心)

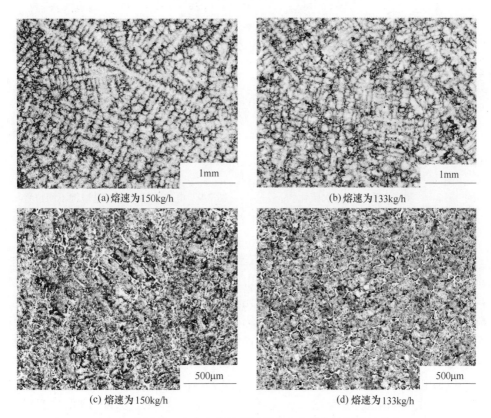

(a) 熔速为150kg/h

(b) 熔速为133kg/h

(c) 熔速为150kg/h

(d) 熔速为133kg/h

图 2-7 电渣锭 1/2 中心处枝晶形貌和一次碳化物形貌及分布

由图 2-7 可见,降低熔速后电渣锭中二次枝晶尺寸减小、数量增多且生长更加饱满,枝晶间隙缩小。通过观察一次碳化物形貌和分布可知,降低熔速后一次碳化物形貌更加纤细,且一次碳化物网状结构缩小,分布更加均匀;一次碳化物在元素富集的枝晶间隙处形核并沿着枝晶间隙生长。一次碳化物变纤细的主要原因是枝晶间隙缩小，一次碳化物网状结构缩小也表明了枝晶尺寸的减小。

由图2-2和图2-4可知，降低电渣重熔熔速可以提高钢液发生共晶反应之前的固相率，减小枝晶间隙，使一次碳化物尺寸减小。另外，降低电渣重熔熔速可以使金属熔池变浅，提高固液两相区的相对冷却强度，增加了枝晶形核率，导致枝晶尺寸降低。因此，降低电渣重熔熔速，改善了枝晶生长状态，从而促进了一次碳化物细小、均匀分布。

采用图像分析软件统计了不同电渣重熔熔速下，电渣锭从中心到边缘一次碳化物的面积分数，取样方案如图2-8所示。

一次碳化物面积分数统计结果如图2-9所示。

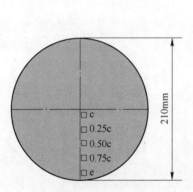

图2-8　测定电渣锭中一次碳化物
面积分数的取样方案

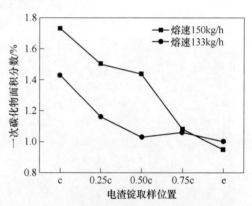

图2-9　电渣重熔熔速对电渣锭不同位置
一次碳化物面积分数的影响

由图2-9可知，相同熔速下，由电渣锭中心到边缘一次碳化物体积分数均逐渐减小。其原因主要是钢液凝固时，由中心到边缘相对冷却强度逐渐增强，钢液局部凝固时间逐渐减少，电渣锭边缘处元素偏析较轻导致了一次碳化物面积分数降低。电渣重熔熔速降低后，电渣锭中心处、0.25c、0.50c处一次碳化物的体积分数均明显降低，而电渣重熔熔速对靠近边缘的0.75c和边缘处一次碳化物体积分数影响不大。这是因为电渣锭中心处、0.25c、0.50c处凝固过程中，传热方式主要包括电渣锭底部散热和金属熔池供给的热量，降低熔速可以使金属熔池变浅，减少固液两相区的热量输入，提高固液两相区相的冷却强度，降低局部凝固时间，减轻元素偏析，使一次碳化物总量减少。电渣锭靠近边缘0.75c和边缘处位于金属熔池抛物线形状的上部边缘处，金属熔池的深度对其传热的影响较小，而且边缘处受到结晶器壁强制水冷作用，导致边缘处元素偏析不受金属熔池深度的影响，一次碳化物面积分数普遍较低。

经计算，电渣重熔熔速为133kg/h和150kg/h的电渣锭中一次碳化物平均面积分数分别为1.14%和1.37%。即电渣重熔熔速降低11%，一次碳化物平均面积分数降低了16.8%，降低电渣重熔熔速对减轻元素偏析、减少一次碳化物析出具有较为明显的效果。

虽然降低熔速可以改善电渣锭内部结晶质量，减少一次碳化物的析出，但在实际电渣重熔生产过程中，熔速应该控制在合理的范围内。一般情况下，降低电渣重熔熔速会导致电极埋入渣池的深度减少，导致电流波动过大甚至出现明弧现象，使电渣重熔过程不稳定。另外，降低熔速后金属熔池变浅，会减弱金属熔池二次化渣能力，导致渣皮厚度不均匀，容易使电渣锭表面质量下降。

2.1.2　充填比对一次碳化物析出的影响

充填比作为电渣重熔工艺中重要的几何参数之一，在一定程度上影响渣池和金属熔池中的温度场分布和溶质传输[18]。利用 MeltFlow-ESR 软件模拟计算了电极充填比对电渣重熔过程中金属熔池深度和两相区宽度、碳元素偏析的影响以及冶炼过程中热量传导规律，计算过程中使用的几何参数等见表 2-1 和表 2-2，其中电渣重熔熔速为 133kg/h，电极直径分别为 110mm、130mm、161mm、197mm，结晶器直径为 228mm，则对应的充填比分别为 0.23、0.33、0.50、0.75。不同充填比时电渣锭中温度场、固液两相区和渣池流场分布如图 2-10 所示。

由图 2-10 可见，当充填比由 0.23 增加到 0.33 时，金属熔池深度明显变浅，随着充填比继续增加，熔池深度变化不大。随着充填比增加，金属熔池深度和两相区宽度变化如图 2-11 所示。

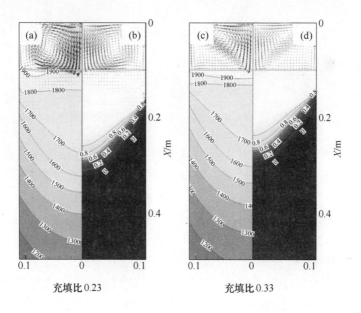

充填比 0.23　　　　充填比 0.33

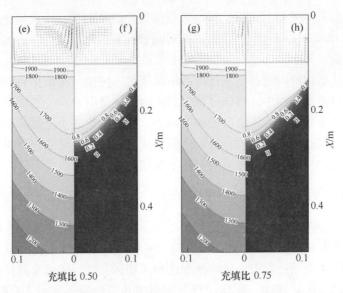

图 2-10　电渣重熔充填比对电渣锭中温度场（左）和固液两相区（右）分布的影响

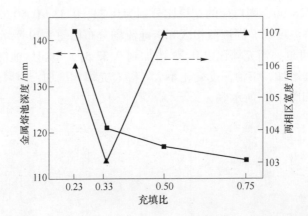

图 2-11　电渣重熔充填比对金属熔池深度和两相区宽度的影响

　　由图 2-11 可知，充填比由 0.23 增加到 0.33 时，金属熔池深度由 142mm 减小到 121mm；充填比大于 0.33 时，继续增加充填比，金属熔池深度变浅的趋势减缓；充填比为 0.75 时，金属熔池深度减小到 115mm；充填比为 0.33 时，固液两相区宽度最小为 103mm。充填比由 0.23 逐渐增加到 0.75 时，固液两相区宽度在 103~107mm 之间波动，总体来说变化不大。

　　电渣重熔过程中，充填比的增加会减弱交流电的集肤作用，使渣池的温度场分布更加均匀。图 2-10 上方渣池中黑线长短代表熔渣流动速度快慢，可见随着充填比的增大，熔渣流动速度减慢，渣池热对流减弱。渣池热对流减弱会使熔渣对电极末端的冲刷作用减弱，使得电极端部沿半径方向的温度场分布趋于均匀，导致电极末端形状呈平面，如图 2-12 所示。相比于倒锥形电极端面，电极末端呈平面可以使金属熔滴更均匀地进入金属熔池，促使金属熔池温度场更加均匀，最终获得较为浅平的金属熔池。

电渣重熔过程中，渣池产生的电阻热主要有三个去向，即传导给结晶器壁、辐射到大气中、传导给金属熔池。充填比对渣池辐射到大气中热流的影响如图 2-13 所示。

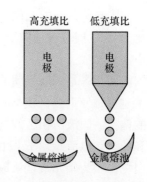

图 2-12　电极充填比对电极端部
形状及金属熔池形状的影响

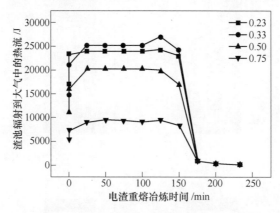

图 2-13　电渣重熔过程不同充填比对渣池辐射到大气中热流的影响

由图 2-13 可见，电渣重熔稳定熔炼阶段，充填比由 0.23 增加到 0.33 时，渣池向大气中辐射的热流增加。在供电制度和冷却制度不变的前提下，渣池向大气中辐射的热量增加会导致渣池向金属熔池的传热量减少。由于金属熔池输入的热量减少且熔池内温度场分布变均匀，促使金属熔池变浅，金属熔池由 142mm 减少到 121mm，减小幅度较为明显。当充填比大于 0.33 时，随着充填比继续增加，渣池向大气中辐射的热量减少，渣池向金属熔池中传热量增加，导致金属熔池加深。但是，充填比增加使金属熔池温度场变得更加均匀，金属熔池深度变浅。在这两种对立因素的共同作用下，金属熔池深度总体呈减小趋势，只是由于渣池向金属熔池传热量增加，金属熔池深度减小的趋势变缓。

虽然金属熔池深度随着充填比的增加一直呈减小趋势，但是固液两相区的宽度呈现先减小后增加的趋势，当充填比为 0.33 时，固液两相区宽度最小。固液两相区中热量主要来源于金属熔池，金属熔池输入热量的减少会直接导致固液两相区接受的热量减小。因此，充填比对固液两相区宽度的影响与充填比对渣池辐射到大气中热流的影响之间具有明显的对应关系，如图 2-11 和图 2-13 所示。当充填比为 0.33 时，渣池向金属熔池中传热量最小，而此时固液两相区宽度也达到最小值。

固液两相区是钢液凝固的最后区域，也是一次碳化物形成的区域。理想的电渣重熔过程是使钢液在较小的范围内顺序凝固，获得均匀致密的凝固组织，减轻元素的偏析。固液两相区的宽度直接影响元素偏析程度，从而影响一次碳化物的析出和长大。电渣重熔充填比的变化对电渣锭中碳偏析的影响如图 2-14 所示，图中白色区域为碳元素富集最严重的区域。

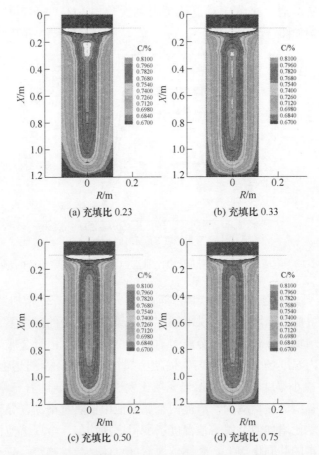

图 2-14　电渣重熔充填比的变化对电渣锭中碳偏析的影响

由图 2-14 可知，随着充填比的增加，电渣锭中心碳偏析程度逐渐减轻。碳元素偏析和金属熔池深度随充填比增加而变化的趋势类似，充填比由 0.23 增加到 0.33 时，碳偏析程度和金属熔池深度均明显减小。当充填比继续增加时，两者变化幅度不大。

实际生产过程中，电极直径的上限值受到与结晶器壁安全间隙的制约，即两者间隙必须大于最小的安全距离。通常对于 1~3t 电渣炉，安全值要大于 30~60mm。当电极与结晶器内壁距离过小时，从渣池侧面流入结晶器壁的旁路电流比例增加，使得渣池热损失增加，导致电耗增加。根据模拟结果，当充填比由 0.33 增加到 0.50 时，金属熔池深度减少 4mm，但结晶器与电极之间的距离为 34mm，已经非常接近安全间隙限制，电渣重熔过程中电极碰壁造成事故的概率大幅度增加。因此，冶炼 8Cr13MoV 钢的最佳充填比设置为 0.33，此时结晶器与电极之间的距离为 49mm，既能保证安全生产，又能获得凝固质量较好的电渣锭。

电渣熔速为 133kg/h、其他工艺参数均保持不变，研究充填比分别为 0.23 和 0.33 条件下对电渣锭中一次碳化物的影响，取样方案如图 2-8 所示。

利用图像分析软件分别统计了充填比为 0.23 和 0.33 的电渣锭中一次碳化物面积分数，结果如图 2-15 所示。

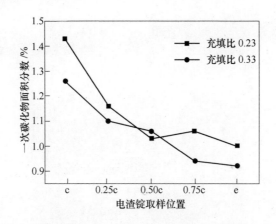

图 2-15　充填比对电渣锭中一次碳化物面积分数的影响

由图 2-15 可见，两种充填比条件下，从电渣锭中心到边缘，一次碳化物面积分数均呈逐渐减小趋势。随着充填比增加，电渣锭中一次碳化物面积分数普遍降低。充填比由 0.23 增加到 0.33，电渣锭中一次碳化物的面积分数由 1.14% 降低到 1.05%，减少比例为 7.9%，相比于原始电渣重熔工艺，一次碳化物面积分数减少了 23%。一次碳化物面积分数的降低归功于充填比增加导致的金属熔池变浅、两相区宽度减小和碳元素偏析的减轻。

综合分析以上研究结果，电渣熔速由 150kg/h 降低到 133kg/h、充填比由 0.23 增加到 0.33，电渣锭中一次碳化物面积分数降低到 1.05%，相比于原始电渣重熔工艺，一次碳化物面积分数减少了 23%。

2.1.3　冷却制度对一次碳化物析出行为的影响

冷却强度对电渣重熔钢凝固过程一次碳化物析出有着重要影响，合理的冷却制度可以有效地避免或减轻电渣锭裂纹、缩孔和元素偏析。

2.1.3.1　8Cr13MoV 高碳马氏体不锈钢

研究 600L/h、800L/h 和 1000L/h 三种冷却强度对电渣锭中碳化物分布的影响，不同冷却强度电渣锭中碳化物分布如图 2-16 所示。

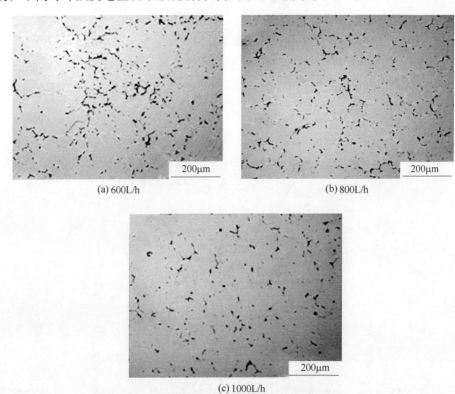

(a) 600L/h　　　　　　　　　　(b) 800L/h

(c) 1000L/h

图 2-16　不同冷却强度电渣锭中碳化物分布

由图 2-16 可以看出，低冷却强度下电渣锭中一次碳化物分布不均匀，有些位置一次碳化物严重聚集，并且一次碳化物之间形成明显的网状。随着冷却强度的提高，碳化物的分布趋于均匀。

碳化物基本参数包括：碳化物的体积分数 V_v，单位体积内碳化物的个数 N_v，碳化物的平均直径 $\overline{D}$，它们之间的关系见表 2-4。碳化物定量金相基本参数和组织特征参数见表 2-5。其中 N 为视野内碳化物个数；A 为视野面积；L 为视野长度；W 为视野宽度；t_0 为碳化物的间距。

表 2-4　碳化物基本参数与特征参数

关系式	单位	空间特征参数意义
$V_v = A_A$	%	碳化物的体积分数
$N_v = N_A/\overline{D}$	个	单位体积内碳化物的个数

表 2-5　碳化物的基本参数与特征参数

试样号	定量金相基本参数					碳化物的特征参数		
	N	$A/\mu m^2$	$\overline{D}/\mu m$	$L/\mu m$	$W/\mu m$	$V_v/\%$	$N_v/个$	$t_0/\mu m$
600L/h	814	14786.10	18.17	1374.47	1029.79	1.04	3.17×10^{-5}	29.64
800L/h	567	9945.95	14.95	1103.21	815.09	1.11	4.22×10^{-5}	28.72
1000L/h	665	8153.58	14.38	1374.47	1029.79	0.58	2.79×10^{-5}	32.99

由表 2-5 可见，低冷却强度条件下，碳化物体积分数 V_v 显著增加，平均直径 $\overline{D}$ 较大，碳化物的间距 t_0 更小，碳化物总量增加，单个碳化物的尺寸明显增加，在基体中密集度也较高。

不同电渣锭中碳化物在基体中的三维形貌如图 2-17 所示。

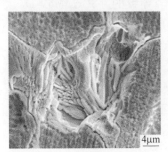 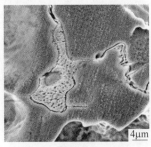 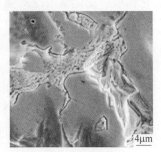

(a) 600L/h　　　　　　　(b) 800L/h　　　　　　　(c) 1000L/h

图 2-17　不同冷却强度试样碳化物 SEM 观察形貌

由图 2-17 可以看出，不同冷却强度条件下，一次碳化物的形貌明显不同。低冷却强度下，一次碳化物比较粗大。冷却强度为 600L/h 的电渣锭中碳化物的体积明显大于冷却强度为 800L/h 和 1000L/h 电渣锭中的碳化物；其次，碳化物被侵蚀后可以看清碳化物的内部结构，三个试样碳化物为共晶结构，冷却强度为 600L/h 的电渣锭中碳化物整体呈骨架状，由许多长条状的碳化物彼此连接形成。冷却强度为 800L/h 和 1000L/h 的电渣锭中的骨架状碳化物是由许多短棒状或颗粒状碳化物连接形成。

对不同冷却强度的试样中的碳化物进行电解萃取，利用 SEM 观察到的碳化物三维形貌如图 2-18 所示。

(a) 600L/h

(b) 800L/h

(c) 1000L/h

图 2-18　不同冷却强度电渣锭中碳化物的三维形貌

由图 2-18 可以看出，低冷却强度电渣锭中大部分碳化物棱角分明，其中有少量轮廓较圆滑。冷却强度为 600L/h 的电渣锭中骨架状的碳化物内部是由许多长条状的小碳化物彼此连接组成。冷却强度为 800L/h 的电渣锭中碳化物尺寸比较小，有少部分碳化物结构与前者类似，但大部分与冷却强度为 1000L/h 的电渣锭中的碳化物相同。冷却强度 1000L/h 的电渣锭中大多数碳化物轮廓圆滑，没有明显的棱角，碳化物尺寸更小，而且其内部呈颗粒状和短棒状相连接的结构。碳化物形貌变化是由冷却强度增大，晶粒细化、偏析减轻导致的。8Cr13MoV 属于过共析钢，凝固时液相中先析出初生奥氏体，由于成分偏析，当凝固前沿液相中碳含量达到 1% 左右时，液相成分已经符合亚共晶合金，在液相中继续析出奥氏体，当液相成分达到共晶点时，发生共晶反应（$L \rightarrow M_7C_3 + \gamma$），析出一次碳化物。

一次碳化物的生长如图 2-19 中所示，枝晶周围阴影代表溶质富集区，600L/h 冷却强度低，电渣锭晶粒粗大且枝晶间距较长，偏析严重，残余液相率先达到共晶成分，开始共晶转变。此时整个液相中溶质元素浓度不可能完全一致，由于存在

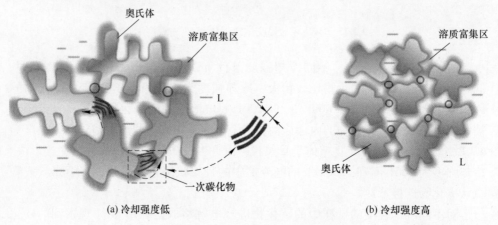
(a) 冷却强度低　　　　　　　　　　　　　　　　(b) 冷却强度高

图 2-19　一次碳化物生长的示意图

浓度梯度，率先形核的共晶生长方向会从一个晶粒边缘向邻近的一个晶粒或多个晶粒边缘生长，如图 2-19（a）中虚线箭头所示，这就是冷却强度为 600L/h 的电渣锭中碳化物呈方向性生长的原因。然而有些区域，溶质的浓度梯度较小，所以共晶生长没有固定的方向，如图 2-19（b）中圆圈位置所示。1000L/h 冷却强度大，电渣锭晶粒细小且间距较短，溶质的浓度梯度小的区域较多，并且由于晶界更多，会造成共晶生长失去固定的方向。

除碳化物整体形貌外，不同冷却强度下共晶结构的纤维致密程度也不同。当液相发生共晶反应时，溶质原子（C，Cr，Mo）从液相中排出，转变为另一相 M_7C_3。沿着固液界面垂直于共晶纤维的径向扩散起主要作用，可以有效降低两相凝固前沿的溶质原子浓度，导致碳化物共晶结构内的纤维间距（λ）减小，其中 $\lambda = 7.94R^{-0.19}$，显然 λ 随着凝固速率（R）的增加而减小。提高凝固速率（增加冷却强度），溶质原子偏析得到改善，液相中溶质原子浓度相对降低，这与径向扩散的效果相同。因此，λ 随凝固速率提高而减小，碳化物共晶结构内的纤维更加致密。

2.1.3.2 H13 热作模具钢

由于 H13 钢的合金元素含量可达到 8% 左右，而且它属于过共析钢，在晶界或枝晶区域有碳和一些合金元素，如 V、Mo、Cr 的富集现象，引起碳化物的富集析出。在 400L/h、800L/h、1200L/h 不同冷却强度下，电渣锭中碳化物的透射电镜照片如图 2-20 所示。由图 2-20（a）可以看出在冷却强度较小时，钢中有大量的碳化物析出，碳化物多为片状和条状，而且碳化物多聚集析出。这表明在低冷却制度时碳和合金元素偏析严重而且形成的碳化物较为粗大。随着冷却强度增加，碳化物偏析状况明显改善而且分布更加均匀，碳化物的尺寸也相应减小，如图 2-20（c）所示。因此，提高冷却强度可以减轻碳偏析，且促进碳化物在钢中均匀分布。这是由于当冷却强度增加时，钢液凝固过程中的过冷度也会相应增

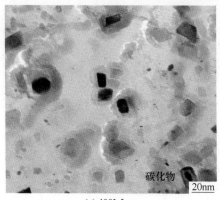

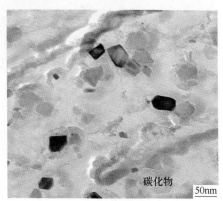

(a) 400L/h　　　　　　　　　　　　　　(b) 800L/h

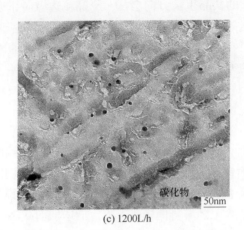

(c) 1200L/h

图 2-20　不同冷却强度生产的电渣锭中碳化物的透射电镜照片

大。在凝固过程中，碳化物会沿着冷却方向呈现规律性分布，并且具有方向性。

研究发现 H13 钢电渣锭中主要析出的碳化物为 V_8C_7 及 Fe_3Mo_3C，退火后析出的碳化物类型为方形和球形的 VC 和 Mo_6C 以及 $Cr_{23}C_6$，即退火后会析出大量的 $Cr_{23}C_6$ 型二次碳化物，电渣锭中多数为一次碳化物富集析出。利用扫描电镜对电渣锭金相试样网状偏析区中的碳化物进行观察，发现碳化物大多数沿晶界析出，以富 V 的方形及长条形碳化物居多，大多为 5μm 左右；还有部分含 Mo 的碳化物析出，尺寸和数量都较小；富 V 和富 Mo 的碳化物也会析出，尺寸达到 8μm 左右。如图 2-21 中 EDS 能谱所示，每种碳化物中都含有 V、Cr、Mo 三种合金元素，不同类型的碳化物所含有的合金元素质量分数不同。

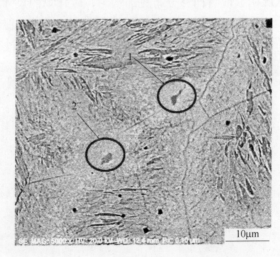

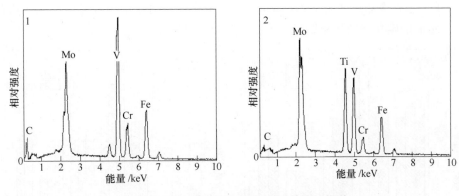

图 2-21 电渣锭中碳化物 SEM 形貌图及能谱

电解后提取不同冷却制度电渣锭中的碳化物进行 EDS 分析，如图 2-22 所示。

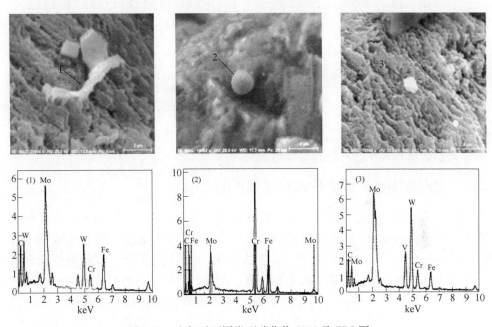

图 2-22 电解后不同类型碳化物 SEM 及 EDS 图

图 2-22（a）中的碳化物为长条状富 V 含 Mo、Cr 的碳化物。图 2-22（b）中的碳化物为球状富 Cr 碳化物。图 2-22（c）中的碳化物为颗粒状的富 Mo 的碳化物。富 V 的碳化物尺寸较大，而富 Cr 和富 Mo 的碳化物的尺寸较小。

不同冷却强度碳化物的分布如图 2-23 所示。由图 2-23 可知，碳化物尺寸多分布于 1~2μm 之间，中心部位的碳化物尺寸大多数在 0.5μm 以上，边部的碳化物尺寸有少量的在 0.5μm 以下，这是由于电渣锭中心温度梯度小，影响碳化物的析出。随着冷却强度的增加，中心部位 1μm 左右的碳化物数量增加，而边部 0.5~1μm 的碳化物数量也明显增加，碳化物尺寸减小。

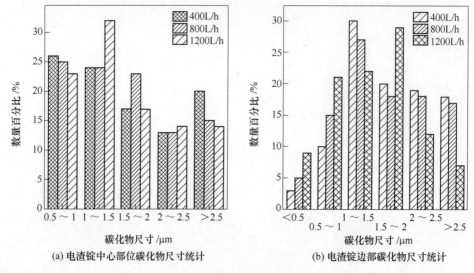

(a) 电渣锭中心部位碳化物尺寸统计　　　　(b) 电渣锭边部碳化物尺寸统计

图 2-23　H13 钢中碳化物尺寸分布

以上研究结果表明，电渣重熔过程中提高冷却强度可以缩短局部凝固时间，阻止二次枝晶长大，细化晶粒，起到减少元素偏析的效果，有助于降低钢中一次碳化物的数量和尺寸，并使其分布更加均匀。

2.2　定向凝固电渣重熔技术对碳偏析的影响

电渣铸锭组织通常以获得精细的柱状晶组织为目标，然而，由于电渣重熔过程中凝固条件的限制，不可避免地在心部存在一定量的等轴晶，导致电渣锭中心轴线处偏析相对严重。电渣锭中一次枝晶间距、二次枝晶间距、柱状晶生长方向和枝晶生长形貌是影响碳偏析的重要因素。电渣锭中枝晶的形貌、枝晶间的距离和枝晶的生长方向通常由电渣锭凝固过程中固液界面前沿的温度梯度、浓度梯度、冷却速率和枝晶的生长速率等因素共同决定[19,20]。为改善中心偏析行为，有必要采用定向凝固电渣重熔工艺。

2.2.1　定向凝固电渣重熔对枝晶间距的影响

定向凝固电渣重熔工艺与传统电渣工艺生产电渣锭的工艺比较如图 2-24 所示。

图 2-24 (a) 所示传统电渣重熔工艺采用的是电流单回路固定式结晶器，而图 2-24 (b) 所示的连续定向凝固电渣重熔工艺采用了双回路抽锭式导电结晶器，并在铸锭抽出结晶器下端后进行二次水雾喷射强制冷却。连续定向凝固电渣

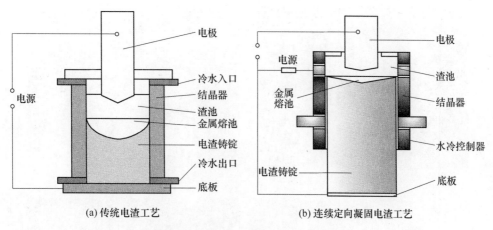

(a) 传统电渣工艺 (b) 连续定向凝固电渣工艺

图 2-24 两种电渣重熔工艺原理示意图

重熔的工艺原理主要是通过改变传统电渣重熔的凝固条件，达到改善重熔过程中金属熔池形状、增大轴向的温度梯度、减轻凝固过程中溶质原子偏析程度的目的。

采用传统电渣重熔和定向凝固电渣重熔冶炼奥氏体热作模具钢，横截面和纵截面的显微组织分别如图 2-25 和图 2-26 所示。

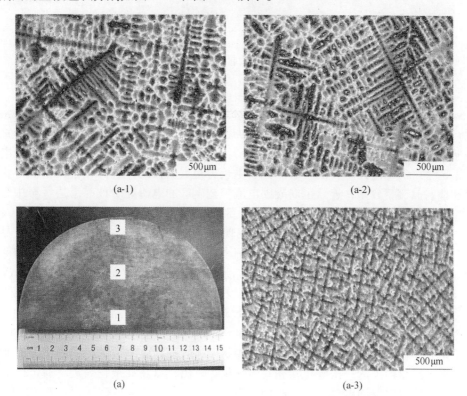

(a-1) (a-2)

(a) (a-3)

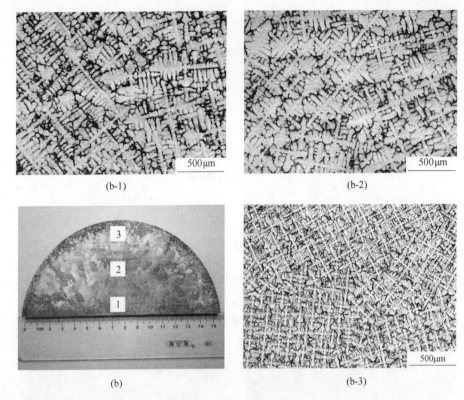

图 2-25　电渣铸锭横截面光镜显微组织（OM）

(a) 传统电渣铸锭组织；(b) 连续定向凝固电渣铸锭组织

　　图 2-25（a）和图 2-26（a）所示为传统电渣重熔工艺冶炼电渣锭的显微组织，图 2-25（b）和图 2-26（b）所示为连续定向凝固电渣重熔工艺冶炼电渣锭的显微组织。图 2-25（a）和图 2-25（b）横截面枝晶组织的对比发现，传统电渣工艺生产的电渣锭中枝晶在心部完全生长为粗大的枝晶，且存在着大量的等轴晶和柱状晶交替分布；连续定向凝固电渣工艺生产的电渣锭中枝晶由边缘至中心处枝晶分布均匀且细小，1/2 半径处和心部的枝晶形貌和尺寸相似。图 2-26（a）和图 2-26（b）纵截面枝晶组织的对比发现，传统电渣工艺生产的电渣锭中枝晶组织由铸锭边缘处至 1/2 半径处呈现为细小柱状晶逐渐转变为粗大的柱状晶和部分等轴晶，直至最后心部为混乱的等轴晶组织，如图 2-26（a）中（a-1）（a-2）（a-3）所示。然而，连续定向凝固电渣工艺生产的电渣锭中的枝晶组织由铸锭边缘至心部为均匀分布的柱状晶组织，且 1/2 半径处和心部枝晶组织形貌相似，如图 2-26（b）中（b-1）（b-2）（b-3）所示。因此，传统电渣重熔工艺冶炼的电渣锭在心部存在柱状晶和等轴晶的凝固糊状区，容易在电渣锭轴向中心区形成元素偏析，导致粗大的一次碳化物和共晶碳化物析出，以及夹杂物聚集。通过以上分析，连续定向凝固电渣重熔生产的电渣锭中枝晶形貌均为近似平行于铸锭轴向

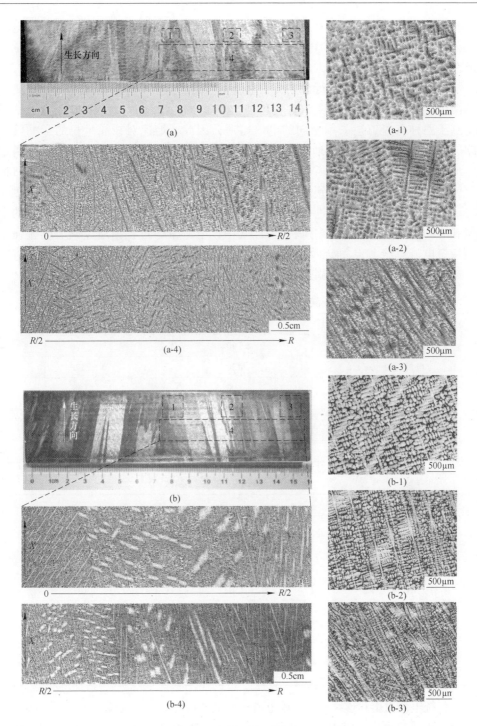

图 2-26　电渣铸锭纵截面光镜显微组织（OM）

（a）传统电渣铸锭组织；（b）连续定向凝固电渣铸锭组织

生长的柱状晶，且 1/2 半径处至心部枝晶形貌相似，枝晶间距相近；而传统电渣工艺生产的电渣锭中枝晶形貌由边缘至心部逐渐从柱状晶转变为柱状晶和等轴晶的混晶形貌，且枝晶生长方向混乱。

电渣锭中枝晶的生长行为主要受电渣重熔凝固过程中金属熔池形状、金属熔池深度、电渣熔速、局部凝固时间和温度梯度分布等几个方面的影响。以上分析是基于两种电渣工艺采用相同的电渣熔速，因此，熔速对枝晶生长的影响可忽略。已有研究表明[21,22]，通过结晶器旋转或自耗电极旋转均可获得浅平金属熔池形状，提高电渣锭质量。连续抽锭电渣重熔冶炼的高温合金可通过控制电渣过程中浅平的金属熔池，达到控制枝晶沿铸锭轴向生长的条件[23]。

对电渣重熔凝固过程进行模拟计算，电渣重熔工艺参数和模拟计算所需的金属和渣的物性参数见表 2-6 和表 2-7。其中，电渣重熔过程中通过调节电流强度使传统电渣重熔 ESR 和连续定向凝固电渣重熔 ESR-CDS 的熔速相近，以进行同一熔速条件下电渣重熔凝固过程中物理场的对比。

表 2-6　电渣重熔工艺参数（ESR 和 ESR-CDS）

参　数	ESR	ESR-CDS
结晶器直径/mm	160	160
电机直径/mm	120	120
电压/V	38	38
电流/A	2400	2100
渣量/kg	6	5
熔速/kg·min^{-1}	1.65	1.6

表 2-7　金属和渣的物性参数

物性参数	金　属	渣
液相密度/kg·m^{-3}	7500	2626
固相密度/kg·m^{-3}	8146	2790
液相温度/K	1653	1723
固相温度/K	1503	1618
液相热扩散系数/K^{-1}	1.5×10^{-4}	9.0×10^{-5}
液相热导率/W·(m·K)$^{-1}$	30.52	0.5
固相热导率/W·(m·K)$^{-1}$	(773K) 16.72	(773K) 7.8
电导率/Ω^{-1}·m^{-1}	7.6×10^5	239

传统电渣重熔和连续定向凝固电渣重熔电渣铸锭中的一次枝晶间距和二次枝晶间距如图 2-27 和图 2-28 所示。由图 2-27 和图 2-28 可知，与传统电渣重熔锭中枝晶尺寸相比，连续定向凝固电渣铸锭中的一次枝晶间距和二次枝晶间距均较小。

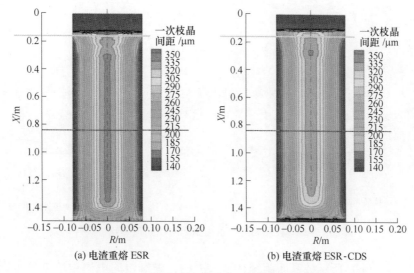

图 2-27 电渣重熔过程中一次枝晶间距图

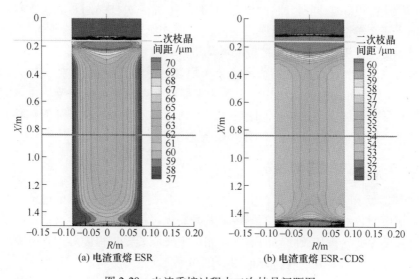

图 2-28 电渣重熔过程中二次枝晶间距图

　　为了进一步研究连续定向凝固电渣重熔工艺对电渣铸锭枝晶组织的影响，利用图像处理软件 IPP 进行铸锭纵截面枝晶间距的测量，以明确电渣工艺对铸锭一次枝晶间距和二次枝晶间距的影响。枝晶间距的测量采取随机方式进行，且每个位置取 15 次测量值的平均值以减小误差，其中，枝晶间距的测量方式和枝晶间距的统计结果如图 2-29 所示。图中 S1 为传统电渣重熔生产的电渣锭，S2 为连续定向凝固电渣重熔生产的电渣锭。

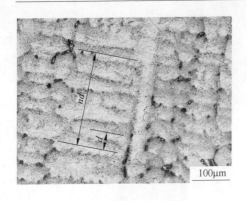

(a) 枝晶间距的测量示意图

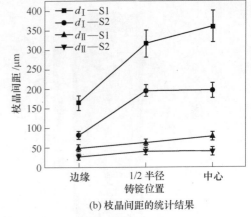

(b) 枝晶间距的统计结果

图 2-29　枝晶间距测量方式和枝晶间距统计结果

　　图 2-29（b）所示枝晶间距统计结果表明，连续定向电渣重熔工艺可以将传统电渣锭 S1 心部最大的一次枝晶间距从 360μm 减小至 197μm，二次枝晶间距从 78μm 减小至 40μm。同时，传统电渣重熔锭 S1 的一次枝晶间距和二次枝晶间距由铸锭边缘至铸锭心部均呈现递增的趋势，而连续定向凝固电渣重熔锭 S2 中的枝晶间距由铸锭 1/2 半径处至铸锭心部均呈现一致性，表明连续定向凝固重熔电渣工艺可以获得枝晶组织更加致密且分布均匀的电渣铸锭。同时，电渣锭 S2 的 1/2 半径处与心部的枝晶组织相似也在一定程度上表明连续定向凝固电渣过程中金属熔池形状更加浅平。枝晶间距的大小与铸锭的宏观偏析和枝晶间偏析具有定量的关系。枝晶间距越小，其组织和成分越均匀。

2.2.2　电渣锭枝晶生长形貌分析

　　由图 2-25 和 图 2-26 可以看出，经过不同电渣重熔工艺冶炼的电渣锭枝晶形貌存在很大的差别。枝晶生长的形貌主要受凝固过程中枝晶的生长速率、液固界面前沿温度梯度分布和液固界面前沿液相中溶质原子聚集程度等因素的影响。凝固过程中液固界面前沿过冷度分布如图 2-30 所示。

　　由图 2-30 可知，凝固过程中随着液固界面不断地向前推进，溶质原子不断在液固界面前沿富集，使得凝固末期溶质浓度聚集增加，从而引起成分过冷度的不断增大。过冷度既可作为等轴晶形核的驱动力，也可以作为柱状晶生长的驱动力。当液固界面前沿的等轴晶比例足够阻断柱状晶尖端生长时，则等轴晶的形核和长大占优势。传统电渣重熔锭的中心部位，由于热量传递方向的限制，使得心部热量传递较慢且无方向性，从而抑制了柱状晶尖端的继续推进，为等轴晶的形核和长大创造了条件；而定向凝固能够控制柱状晶生长液固界面前沿的温度梯度及其传递方向，使电渣铸锭获得沿轴向生长的柱状晶组织。

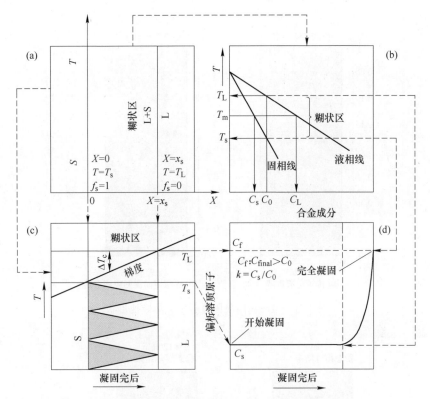

图 2-30 凝固过程中液固界面前沿凝固条件分布示意图

（a）凝固的边界条件；（b）两相平衡相图中元素偏析行为；
（c）液固界面前沿温度梯度和成分过冷度；（d）凝固完成后偏析元素浓度分布

2.2.3 电渣定向凝固对碳偏析的影响

连续定向凝固电渣重熔技术[24-27]（ESR-CDS）通过控制凝固时固液界面前沿温度梯度、局部凝固时间以及冷却速率，获得浅平的金属熔池，可得到近似轴向生长的柱状晶组织，消除中心凝固糊状区，改善电渣铸锭中元素偏析程度，控制枝晶间析出物的数量、尺寸及分布，并能提高合金铸锭热加工性能。

电渣重熔凝固过程中，金属熔池的由下而上的顺序凝固形成了均匀而细小的枝晶组织。铸锭中的枝晶组织主要受冷却速率、凝固前沿温度梯度分布和枝晶间热流强度的影响。利用 MeltFlow 软件模拟了传统电渣和连续定向凝固电渣凝固过程中的固液两相区宽度、金属熔池形状和凝固前沿温度梯度分布。图 2-31 和图 2-32 所示分别为 MeltFlow 软件模拟计算的电渣重熔凝固过程中的金属熔池形状和温度梯度分布对比图。

由图 2-31 可以明显看出金属熔池形状、两相区宽度和铸锭区域的边界。图 2-31（a）显示的传统电渣重熔金属熔池液相线和固相线的深度分别为 67mm 和

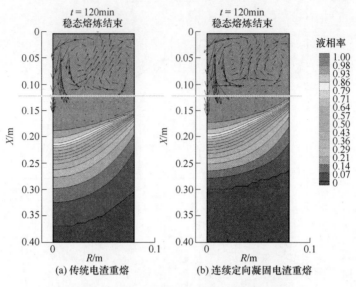

图 2-31　电渣重熔凝固过程中金属熔池形状

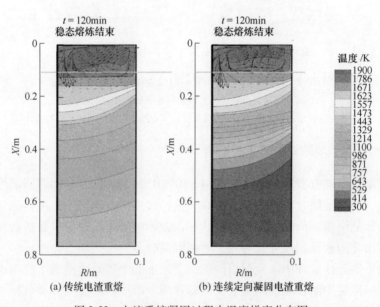

图 2-32　电渣重熔凝固过程中温度梯度分布图

250mm；连续定向凝固电渣重熔金属熔池液相线和固相线的深度分别为 50mm 和 180mm，与传统电渣重熔相比较，分别减小了 25.4% 和 28.0%。因此，通过电渣重熔金属熔池固液相线深度的对比可知，连续定向凝固电渣重熔工艺可以获得更为浅平的金属熔池，这种浅平的金属熔池主要受电渣重熔过程中的热流方向、凝固前沿温度梯度分布和铸锭凝固速度的共同作用。

由图 2-32 可以看出，连续定向凝固电渣重熔凝固过程中的温度梯度明显大于传统电渣重熔凝固过程中的温度梯度，且分布较为平缓，这主要是受强制二次水雾冷却的影响，改变了热流的传递方向，从而使电渣铸锭中枝晶的生长方向平行于铸锭中心轴线，并细化了枝晶组织。

传统电渣重熔和连续定向凝固电渣重熔的电渣铸锭中碳元素偏析程度对比如图 2-33 所示。由图 2-33 可以明显地看出，连续定向凝固电渣重熔工艺减轻了铸锭中碳元素的偏析程度。这主要是因为连续定向凝固电渣铸锭中枝晶的生长形貌影响了电渣锭中碳分布情况，降低了溶质元素碳的偏聚程度。

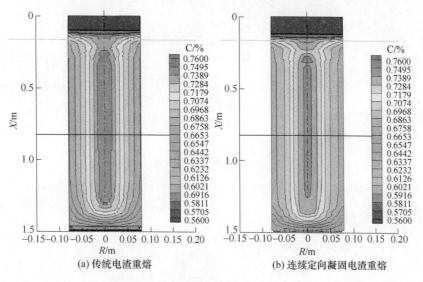

(a) 传统电渣重熔　　　　　　　(b) 连续定向凝固电渣重熔

图 2-33　电渣重熔过程中碳元素偏析图

电渣锭元素偏析主要分为宏观偏析和枝晶间隙微观偏析。在凝固过程中，由于枝晶生长方向不同，溶质原子在液固界面液相区不断聚集，随着凝固的进行，溶质原子被不断地推向最后凝固区域，从而形成电渣锭的宏观偏析现象。同时，元素偏析还存在于枝晶干和枝晶间隙之间，即溶质原子在先凝固的枝晶干内分布贫瘠，在凝固末期的枝晶间隙处分布富集，从而形成电渣锭的枝晶间隙微观偏析现象。通过金属原位分析仪（OPA）和电子探针（EPMA）分析了定向凝固电渣重熔工艺对元素偏析行为的影响。

2.2.3.1　宏观偏析

不同电渣重熔工艺生产的电渣锭在横截面上主要碳化物形成元素的宏观偏析分布对比如图 2-34 ~ 图 2-37 所示。

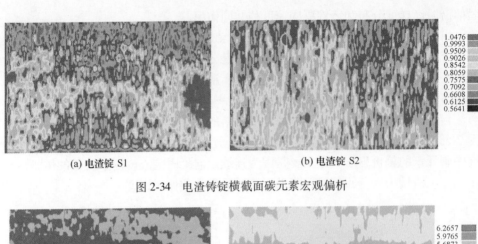

　　　　(a) 电渣锭 S1　　　　　　　　　　　(b) 电渣锭 S2

图 2-34　电渣铸锭横截面碳元素宏观偏析

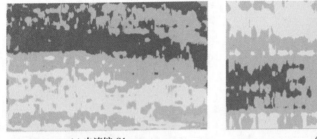

　　　　(a) 电渣锭 S1　　　　　　　　　　　(b) 电渣锭 S2

图 2-35　电渣铸锭横截面铬元素宏观偏析

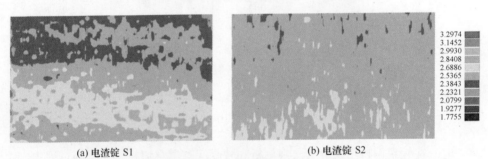

　　　　(a) 电渣锭 S1　　　　　　　　　　　(b) 电渣锭 S2

图 2-36　电渣铸锭横截面钼元素宏观偏析

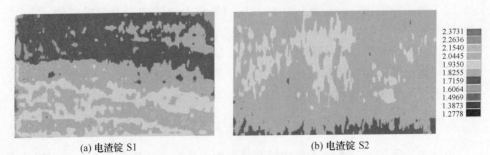

　　　　(a) 电渣锭 S1　　　　　　　　　　　(b) 电渣锭 S2

图 2-37　电渣铸锭横截面钒元素宏观偏析

图 2-34 中碳浓度分布程度以不同颜色进行表征，其中红色区域代表碳元素聚集区。图 2-34（a）显示传统电渣锭 S1 中存在多处碳元素聚集区，其中在心部碳元素的聚集区较大，而图 2-34（b）显示的连续定向凝固电渣锭 S2 中深红色区域明显小于电渣铸锭 S1 中的，且表征碳浓度分布的颜色分布均匀。因此，连续定向凝固电渣重熔工艺可以有效地减轻碳元素偏析，使得碳元素在电渣锭大截面宏观上分布均匀。由图 2-35~图 2-37 显示的碳化物形成元素 Cr、Mo 和 V 的偏析分布图可知，经连续定向凝固电渣重熔工艺冶炼后元素偏析明显减轻。因此，连续定向凝固电渣重熔可以有效提高电渣锭成分均匀性，减轻碳化物形成元素的偏析。

2.2.3.2　枝晶间偏析

利用 EPMA 对比分析传统电渣重熔工艺生产的电渣锭 S1 和连续定向凝固电渣重熔工艺生产的电渣锭 S2 中碳化物形成元素在枝晶间隙处的偏析行为，如图 2-38 所示。

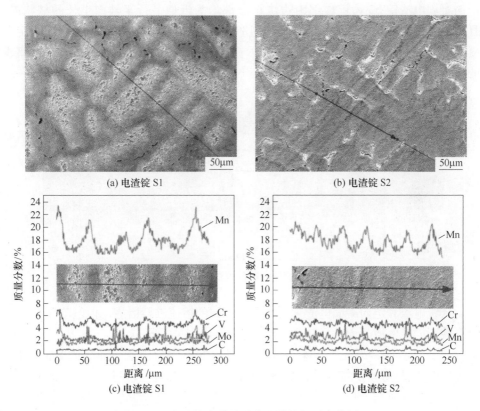

图 2-38　电渣锭中枝晶形貌和枝晶间元素偏析

　　由图 2-38（c）和（d）中碳化物形成元素在枝晶间隙处偏析行为的对比发现，碳化物形成元素 Cr、Mo 和 V 在电渣锭 S2 中的偏析均小于电渣锭 S1 中的偏析，即定向凝固电渣重熔工艺明显地减轻了合金元素的偏析，使得电渣锭成分更加均匀。

　　凝固过程中，溶质原子一般在凝固末期的枝晶间隙处富集，而在先凝固的枝晶干区域内溶质原子贫瘠。因此，通过 EPMA 线扫描曲线的波动振荡次数，可以表征枝晶间距的大小。对比图 2-38（c）和（d）中碳元素线扫描曲线波动振荡次数，发现电渣锭 S2 中枝晶间距明显小于电渣锭 S1，即连续定向凝固电渣重熔工艺可以明显细化电渣铸锭中的枝晶组织。

　　连续定向凝固电渣重熔工艺不仅可以有效地减轻铸锭中合金元素的偏析行为，而且可以明显地细化电渣铸锭中的枝晶组织。

　　通过传统电渣重熔和连续定向凝固电渣重熔工艺生产的电渣锭中枝晶组织的对比分析可知，传统电渣锭 S1 心部枝晶组织呈现为混乱的枝晶形貌，枝晶生长方向错乱，存在明显的等轴晶和柱状晶交叉区域，且二次枝晶间距达到 80μm；定向凝固电渣锭 S2 铸锭内部由边缘至心部均为近似平行于轴向生长的柱状晶，且枝晶生长方向与铸锭轴向夹角小于 13°，二次枝晶间距小于 40μm。连续定向凝固电渣锭枝晶生长方向如图 2-39 所示，电渣锭 S1 和电渣锭 S2 在心部枝晶组织的电镜组织对比如图 2-40 所示。

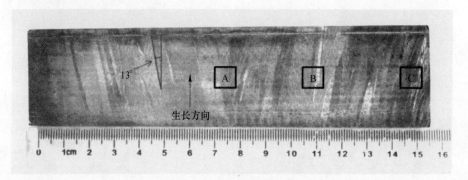

图 2-39　连续定向凝固电渣锭枝晶生长方向

　　传统电渣和定向凝固电渣重熔均采用相同的熔速进行冶炼，但电渣锭枝晶组织形貌不同。电渣凝固过程枝晶生长示意图如图 2-41 所示。

　　（1）电渣重熔凝固过程中金属熔池形状的不同，导致局部凝固时间不同，即传统电渣凝固过程中金属熔池形状呈深 V 形，局部凝固时间分布不均匀且心部位置局部凝固时间最长；连续定向凝固电渣重熔凝固过程中金属熔池形状呈浅平 U 形，局部凝固时间分布均匀且熔池深度小于传统电渣重熔金属熔池深度。

　　（2）电渣重熔凝固过程中冷却强度不同，即连续定向凝固电渣重熔凝固过

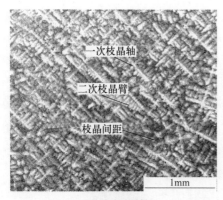

(a) 传统电渣铸锭 S1 　　　　　　(b) 连续定向凝固电渣锭 S2

图 2-40　电渣锭心部枝晶组织对比图（SEM）

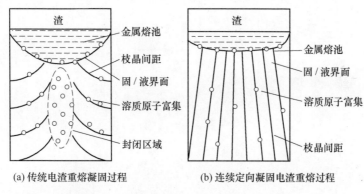

(a) 传统电渣重熔凝固过程　　　　(b) 连续定向凝固电渣重熔过程

图 2-41　电渣重熔凝固过程中枝晶生长行为

程中采用喷射水雾进行强制二次冷却，其冷却强度大于传统电渣重熔凝固过程的冷却强度。

（3）电渣重熔凝固过程中液固界面前沿浓度梯度不同，即传统电渣重熔凝固过程中枝晶生长方向与电渣锭轴向夹角较大，指向心部生长，最终在心部区域形成糊状区，形成溶质原子大量富集区域；连续定向凝固电渣重熔凝固过程中，枝晶生长沿近似平行于电渣锭轴向生长，溶质原子不断地推向金属熔池液固界面处，从而避免了铸锭心部凝固过程中固液两相糊状区的形成，有效地减轻了宏观偏析，且细小的枝晶间距也减轻了枝晶间微观偏析现象。

2.3　定向凝固电渣重熔技术控制钢中碳化物

2.3.1　定向凝固对碳化物尺寸和数量的影响

二次枝晶间距对铸锭枝晶间隙区域形成的碳化物的尺寸、数量和分布具有重要的影响。Flemings 等[28]研究表明局部凝固时间 T 和枝晶间距 d 具有以下关系：

$$\log d = k_1 + k_2 \log T \tag{2-1}$$

式中，d 为枝晶间距，μm；k_1、k_2 为常数，由合金元素含量决定；T 为局部凝固时间。

　　由式（2-1）可知，枝晶间距越小，局部凝固时间越短。结合 2.2 节有关电渣锭 S1 和 S2 的枝晶间距的测量，在一定程度上验证了连续定向凝固电渣重熔工艺相对于传统电渣重熔工艺，可以缩短凝固过程中的局部凝固时间，减轻元素的偏析。凝固过程中一次碳化物或共晶碳化物的形成主要取决于元素的偏析，因此，研究连续定向凝固电渣重熔工艺对碳化物析出行为的影响。

　　不同电渣重熔工艺生产的电渣锭组织和形成的碳化物三维形貌如图 2-42 所示，其中图 2-42（a）和（b）为图 2-40 的枝晶组织中碳化物的背散射照片（SEM-BSED）。

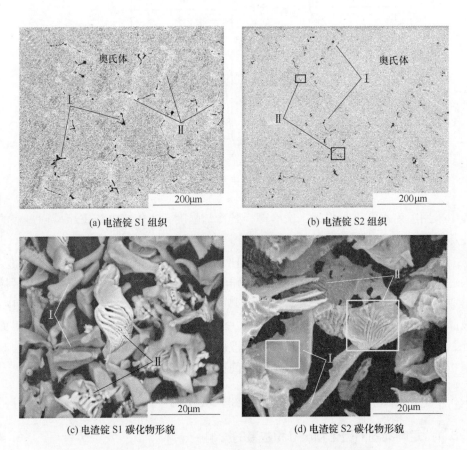

(a) 电渣锭 S1 组织　　　　　　　　　　　(b) 电渣锭 S2 组织

(c) 电渣锭 S1 碳化物形貌　　　　　　　　(d) 电渣锭 S2 碳化物形貌

图 2-42　不同电渣工艺生产的电渣锭组织和碳化物三维形貌的对比（SEM）

图 2-42（a）显示碳化物沿等轴晶界分布，分布较为集中，具有团簇性，尺寸较大；图 2-42（b）显示碳化物沿柱状晶界分布，且分布均匀，具有弥散性，尺寸细小。

采用图像处理软件（IPP）对电渣铸锭显微组织照片中的碳化物基本参数进行统计分析。在同一倍数下分别统计 20 张照片中的碳化物基本参数并取其平均值。结果如表 2-8 和图 2-43 所示。

表 2-8　碳化物的特征统计结果

试样号	定量金相基本参数							碳化物特征参数	
	碳化物统计参数					照片尺寸			
	N	$A/\mu m$	$\bar{D}/\mu m$	$l/\mu m$	$w/\mu m$	$L/\mu m$	$W/\mu m$	$V_v/\%$	N_v
S1	527	12226.43	5.85	9.35	3.65	595.92	507.29	4.04	0.035
S2	521	5517.55	3.94	5.65	2.44	595.92	507.29	1.83	0.016

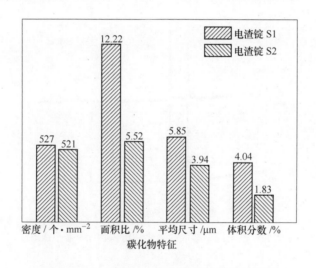

图 2-43　电渣铸锭中碳化物特征参数统计结果

由图 2-43 可以发现，与传统电渣重熔工艺冶炼的电渣锭 S1 中的碳化物特征相比，连续定向凝固电渣重熔工艺冶炼的电渣锭 S2 的单位体积内碳化物数量明显减小，碳化物所占面积率降低，碳化物的等效平均尺寸减小，碳化物的总量稍有减小。因此，与传统电渣重熔工艺相比，连续定向凝固电渣重熔工艺可以有效地减小碳化物的尺寸及析出数量，并改善碳化物在铸锭中的分布情况。

图 2-42（c）、（d）为利用阳极电解的方法萃取的电渣重熔铸锭中碳化物，利用 EDS 对碳化物的成分进行分析，结果见表 2-9。

表 2-9　电渣锭 S1 和 S2 中碳化物的化学成分　　　　　　（%）

元素	析出相	C	Fe	Mo	Mn	Cr	V
S1	位置 I	15.27	4.39	10.72	1.95	2.36	65.31
	位置 II	13.68	25.24	30.33	10.93	10.02	9.80
S2	位置 I	13.61	3.80	19.16	1.67	6.47	55.28
	位置 II	14.82	12.27	33.90	10.78	13.57	12.19

由表 2-9 可知，碳化物主要分为两类：第一类 MC 型碳化物，为图中灰色的富含 V 元素并且包含部分 Cr 和 Mo 元素的钒类碳化物，即图中标记的“I”类碳化物；第二类 M_2C 型碳化物，为图中亮白色的富含 Mo 元素并且包含部分 Mn、Cr 和 V 元素的钼类碳化物，即图中标记的“II”类碳化物。

为进一步确定电渣重熔凝固过程中形成的碳化物类型，利用 X 射线衍射分析仪（XRD）分别对电渣锭 S1 和电渣锭 S2 中萃取的碳化物粉末进行物相鉴定分析，结果如图 2-44 所示。

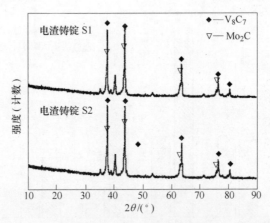

图 2-44　电渣锭中萃取的碳化物粉末物相分析（XRD）

由图 2-44 中 XRD 衍射图分析可知，两种电渣锭 S1 和 S2 中萃取出来的碳化物衍射峰位置相同，即电渣锭 S1 和电渣锭 S2 中的碳化物类型相同，表明连续定向凝固电渣重熔工艺不改变凝固过程中形成的碳化物类型。其中，碳化物分别为 V_8C_7（“I”类）和 Mo_2C（“II”类）。

图 2-42（a）显示传统电渣重熔工艺冶炼的电渣锭 S1 中的“I”类碳化物三维形貌主要为短棒状，连续定向凝固电渣重熔工艺冶炼的电渣锭 S2 中的“I”类碳化物主要为多角碟片状或层片状。电渣锭 S1 中的“II”类碳化物形貌和电渣锭中的“II”类三维形貌相似，均为骨架状，具有明显的共晶形貌。碳化物形貌的区别可由凝固过程中枝晶生长解释，凝固过程中枝晶生长模

式示意如图 2-45 所示。

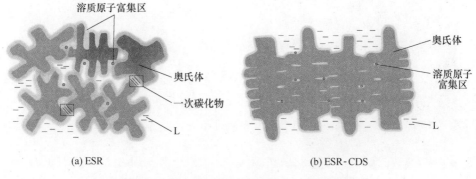

(a) ESR (b) ESR-CDS

图 2-45 电渣凝固过程中枝晶生长方向示意图

图 2-45（a）所示为传统电渣重熔凝固过程中的枝晶生长示意图。其中，一次枝晶臂生长方向混乱，且一次枝晶间距和二次枝晶间距分布分散。图 2-45（b）所示为连续定向凝固电渣重熔凝固过程中枝晶生长示意图，其中，一次枝晶臂的生长方向相互平行，且一次枝晶和二次枝晶均分布致密。图中灰色圆点代表富集溶质原子，一次碳化物或共晶碳化物一般在溶质原子偏聚区域形核并长大，但由于一次枝晶臂的限制，碳化物析出后需沿已凝固枝晶臂进行生长。碳化物受溶质原子浓度分布梯度的影响，由形核处的晶界位置向下一个即将形成晶界位置方向进行生长，即碳化物生长的驱动力方向是沿晶界分布的。传统电渣重熔凝固过程中，枝晶生长方向是不规则的，即沿晶界分布的驱动力是无方向性的，且枝晶间距较大，导致其相应的碳化物在形核后长大过程中仅沿晶界方向生长，而不受其他方向限制。因此，传统电渣重熔电渣铸锭 S1 中一次碳化物的三维形貌为短棒状。连续定向凝固电渣重熔凝固过程中，枝晶生长方向是互相平行的，且枝晶间距较小，沿<001>方向顺序结晶生长，即碳化物生长驱动力是沿<001>方向，导致其相应的碳化物在形核后长大过程中沿<001>方向生长。因此，连续定向凝固电渣重熔电渣铸锭 S2 中一次碳化物的三维形貌为碟片状或层片状。

综上所述，与传统电渣重熔工艺相比，连续定向凝固电渣重熔工艺不仅可以降低一次碳化物和共晶碳化物形成尺寸，减少碳化物形成数量，改善碳化物在电渣锭中的分布，还可以改变一次碳化物的形貌，使其由短棒状转变为碟片状，但不能改变凝固过程中形成的一次碳化物的类型。

2.3.2 定向凝固对碳化物三维形貌的影响

两种电渣重熔工艺冶炼的电渣锭中碳化物三维形貌图分别如图 2-46 ~ 图 2-48 所示。其中，图 2-46 为 MC 型碳化物三维形貌对比图，图 2-47 为 M_2C 型碳化物三维形貌对比图，图 2-48 为 MC 和 M_2C 型共生碳化物三维形貌。

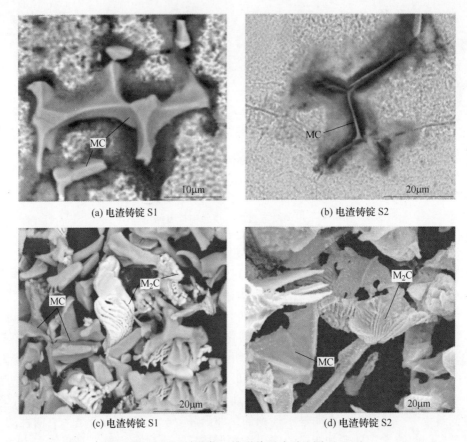

(a) 电渣铸锭 S1　　　　　　　　　　　　(b) 电渣铸锭 S2

(c) 电渣铸锭 S1　　　　　　　　　　　　(d) 电渣铸锭 S2

图 2-46　MC 型碳化物三维形貌照片对比图（SEM）

　　图 2-46（a）和（c）为传统电渣锭 S1 中 MC 型碳化物的三维形貌，形状为短棒状；图 2-46（b）和（d）为连续定向凝固电渣锭 S2 中 MC 型碳化物的三维形貌，形状为碟片状或层片状。一次碳化物 MC 型碳化物形貌主要受凝固速率、局部溶质浓度和已凝固的枝晶臂边界分布的影响[29]。传统电渣重熔锭中枝晶生长方向是无序，而连续定向凝固电渣重熔锭中枝晶生长方向是平行于<001>方向的，且凝固过程中溶质原子不断地被排挤至枝晶间隙处的残余液相中，因此，传统电渣重熔凝固过程中残余液相中的溶质浓度梯度是无序的，而连续定向凝固电渣重熔凝固过程中残余液相中的溶质浓度梯度是平行于<001>方向的，导致不同电渣重熔工艺下铸锭中 MC 型碳化物的三维形貌发生改变。虽然两种电渣重熔工艺下 MC 型碳化物的三维形貌有所不同，但其生长方式都呈现为树枝干的结构。

　　图 2-47（a）和（c）所示为传统电渣锭 S1 中 M_2C 型碳化物的三维形貌，图 2-47（b）和（d）所示为连续定向凝固电渣锭 S2 中 M_2C 型碳化物的三维形貌。通过对比发现，两种不同电渣重熔工艺冶炼的电渣锭中 M_2C 型碳化物的三维形

图 2-42（a）显示碳化物沿等轴晶界分布，分布较为集中，具有团簇性，尺寸较大；图 2-42（b）显示碳化物沿柱状晶界分布，且分布均匀，具有弥散性，尺寸细小。

采用图像处理软件（IPP）对电渣铸锭显微组织照片中的碳化物基本参数进行统计分析。在同一倍数下分别统计 20 张照片中的碳化物基本参数并取其平均值。结果如表 2-8 和图 2-43 所示。

表 2-8　碳化物的特征统计结果

试样号	定量金相基本参数							碳化物特征参数	
	碳化物统计参数					照片尺寸			
	N	$A/\mu m$	$\bar{D}/\mu m$	$l/\mu m$	$w/\mu m$	$L/\mu m$	$W/\mu m$	$V_v/\%$	N_v
S1	527	12226.43	5.85	9.35	3.65	595.92	507.29	4.04	0.035
S2	521	5517.55	3.94	5.65	2.44	595.92	507.29	1.83	0.016

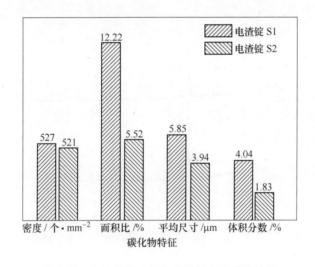

图 2-43　电渣铸锭中碳化物特征参数统计结果

由图 2-43 可以发现，与传统电渣重熔工艺冶炼的电渣锭 S1 中的碳化物特征相比，连续定向凝固电渣重熔工艺冶炼的电渣锭 S2 的单位体积内碳化物数量明显减小，碳化物所占面积率降低，碳化物的等效平均尺寸减小，碳化物的总量稍有减小。因此，与传统电渣重熔工艺相比，连续定向凝固电渣重熔工艺可以有效地减小碳化物的尺寸及析出数量，并改善碳化物在铸锭中的分布情况。

图 2-42（c）、（d）为利用阳极电解的方法萃取的电渣重熔铸锭中碳化物，利用 EDS 对碳化物的成分进行分析，结果见表 2-9。

表 2-9　电渣锭 S1 和 S2 中碳化物的化学成分　　　　　（%）

元素	析出相	C	Fe	Mo	Mn	Cr	V
S1	位置 I	15. 27	4. 39	10. 72	1. 95	2. 36	65. 31
	位置 II	13. 68	25. 24	30. 33	10. 93	10. 02	9. 80
S2	位置 I	13. 61	3. 80	19. 16	1. 67	6. 47	55. 28
	位置 II	14. 82	12. 27	33. 90	10. 78	13. 57	12. 19

由表 2-9 可知，碳化物主要分为两类：第一类 MC 型碳化物，为图中灰色的富含 V 元素并且包含部分 Cr 和 Mo 元素的钒类碳化物，即图中标记的 "I" 类碳化物；第二类 M_2C 型碳化物，为图中亮白色的富含 Mo 元素并且包含部分 Mn、Cr 和 V 元素的钼类碳化物，即图中标记的 "II" 类碳化物。

为进一步确定电渣重熔凝固过程中形成的碳化物类型，利用 X 射线衍射分析仪（XRD）分别对电渣锭 S1 和电渣锭 S2 中萃取的碳化物粉末进行物相鉴定分析，结果如图 2-44 所示。

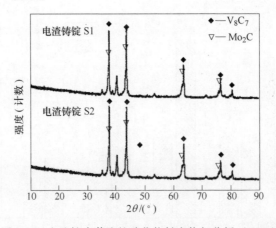

图 2-44　电渣锭中萃取的碳化物粉末物相分析（XRD）

由图 2-44 中 XRD 衍射图分析可知，两种电渣锭 S1 和 S2 中萃取出来的碳化物衍射峰位置相同，即电渣锭 S1 和电渣锭 S2 中的碳化物类型相同，表明连续定向凝固电渣重熔工艺不改变凝固过程中形成的碳化物类型。其中，碳化物分别为 V_8C_7（"I" 类）和 Mo_2C（"II" 类）。

图 2-42（a）显示传统电渣重熔工艺冶炼的电渣锭 S1 中的 "I" 类碳化物三维形貌主要为短棒状，连续定向凝固电渣重熔工艺冶炼的电渣锭 S2 中的 "I" 类碳化物主要为多角碟片状或层片状。电渣锭 S1 中的 "II" 类碳化物形貌和电渣锭中的 "II" 类三维形貌相似，均为骨架状，具有明显的共晶形貌。碳化物形貌的区别可由凝固过程中枝晶生长解释，凝固过程中枝晶生长模

式示意如图 2-45 所示。

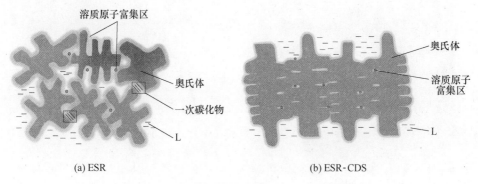

图 2-45　电渣凝固过程中枝晶生长方向示意图

图 2-45（a）所示为传统电渣重熔凝固过程中的枝晶生长示意图。其中，一次枝晶臂生长方向混乱，且一次枝晶间距和二次枝晶间距分布分散。图 2-45（b）所示为连续定向凝固电渣重熔凝固过程中枝晶生长示意图，其中，一次枝晶臂的生长方向相互平行，且一次枝晶和二次枝晶均分布致密。图中灰色圆点代表富集溶质原子，一次碳化物或共晶碳化物一般在溶质原子偏聚区域形核并长大，但由于一次枝晶臂的限制，碳化物析出后需沿已凝固枝晶臂进行生长。碳化物受溶质原子浓度分布梯度的影响，由形核处的晶界位置向下一个即将形成晶界位置方向进行生长，即碳化物生长的驱动力方向是沿晶界分布的。传统电渣重熔凝固过程中，枝晶生长方向是不规则的，即沿晶界分布的驱动力是无方向性的，且枝晶间距较大，导致其相应的碳化物在形核后长大过程中仅沿晶界方向生长，而不受其他方向限制。因此，传统电渣重熔电渣铸锭 S1 中一次碳化物的三维形貌为短棒状。连续定向凝固电渣重熔凝固过程中，枝晶生长方向是互相平行的，且枝晶间距较小，沿<001>方向顺序结晶生长，即碳化物生长驱动力是沿<001>方向，导致其相应的碳化物在形核后长大过程中沿<001>方向生长。因此，连续定向凝固电渣重熔电渣铸锭 S2 中一次碳化物的三维形貌为碟片状或层片状。

综上所述，与传统电渣重熔工艺相比，连续定向凝固电渣重熔工艺不仅可以降低一次碳化物和共晶碳化物形成尺寸，减少碳化物形成数量，改善碳化物在电渣锭中的分布，还可以改变一次碳化物的形貌，使其由短棒状转变为碟片状，但不能改变凝固过程中形成的一次碳化物的类型。

2.3.2　定向凝固对碳化物三维形貌的影响

两种电渣重熔工艺冶炼的电渣锭中碳化物三维形貌图分别如图 2-46～图 2-48 所示。其中，图 2-46 为 MC 型碳化物三维形貌对比图，图 2-47 为 M_2C 型碳化物三维形貌对比图，图 2-48 为 MC 和 M_2C 型共生碳化物三维形貌。

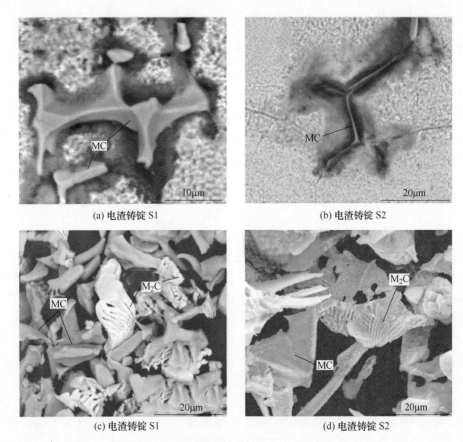

(a) 电渣铸锭 S1　　　　　　　　(b) 电渣铸锭 S2

(c) 电渣铸锭 S1　　　　　　　　(d) 电渣铸锭 S2

图 2-46　MC 型碳化物三维形貌照片对比图（SEM）

　　图 2-46（a）和（c）为传统电渣锭 S1 中 MC 型碳化物的三维形貌，形状为短棒状；图 2-46（b）和（d）为连续定向凝固电渣锭 S2 中 MC 型碳化物的三维形貌，形状为碟片状或层片状。一次碳化物 MC 型碳化物形貌主要受凝固速率、局部溶质浓度和已凝固的枝晶臂边界分布的影响[29]。传统电渣重熔锭中枝晶生长方向是无序，而连续定向凝固电渣重熔锭中枝晶生长方向是平行于<001>方向的，且凝固过程中溶质原子不断地被排挤至枝晶间隙处的残余液相中，因此，传统电渣重熔凝固过程中残余液相中的溶质浓度梯度是无序的，而连续定向凝固电渣重熔凝固过程中残余液相中的溶质浓度梯度是平行于<001>方向的，导致不同电渣重熔工艺下铸锭中 MC 型碳化物的三维形貌发生改变。虽然两种电渣重熔工艺下 MC 型碳化物的三维形貌有所不同，但其生长方式都呈现为树枝干的结构。

　　图 2-47（a）和（c）所示为传统电渣锭 S1 中 M_2C 型碳化物的三维形貌，图 2-47（b）和（d）所示为连续定向凝固电渣锭 S2 中 M_2C 型碳化物的三维形貌。通过对比发现，两种不同电渣重熔工艺冶炼的电渣锭中 M_2C 型碳化物的三维形

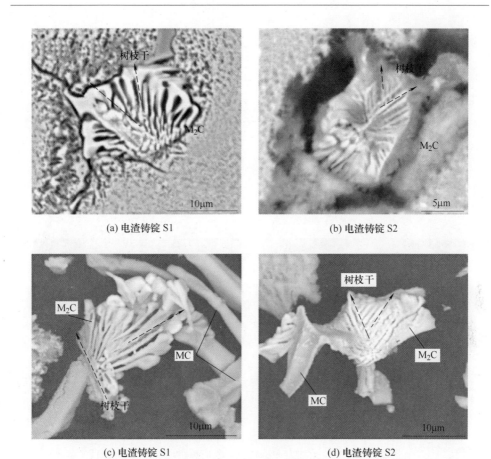

图 2-47　M_2C 型碳化物三维形貌照片对比图（SEM）

貌相似，均呈现为骨架状或纤维状，其生长方式均表现为树叶枝干发散的结构，并在 M_2C 型碳化物三维结构内部均存在平行分布的内腔主枝干。M_2C 型碳化物的树叶枝干结构形貌的形成是因为在凝固过程中 M_2C 型碳化物形成时电渣锭中局部温度梯度不同造成的。M_2C 型碳化物内腔主枝干首先形成并沿热流方向生长，然后一部分分枝干开始向周围区域生长，当分枝干长大至彼此相遇或与奥氏体基体相遇，又或是与 MC 型碳化物枝干相遇时就终止生长（图 2-48），从而形成树叶枝干状的三维形貌。

图 2-48（a）和（c）所示为传统电渣锭 S1 中 MC 和 M_2C 型共生碳化物的三维形貌，其中，MC 型碳化物呈短棒状，M_2C 型碳化物呈骨架状。图 2-48（b）和（d）所示为连续定向凝固电渣锭 S2 中 MC 和 M_2C 型共生碳化物的三维形貌，其中，MC 型碳化物呈层片状，M_2C 型碳化物呈骨架状。通过对比分析可以明显

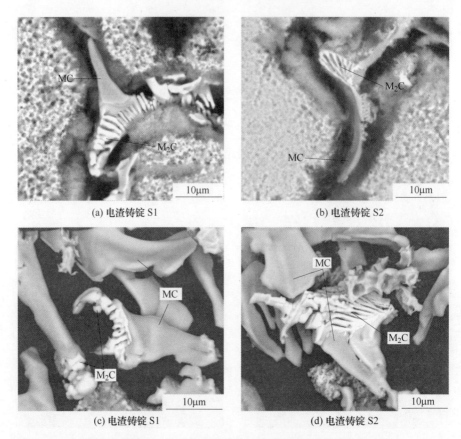

(a) 电渣铸锭 S1　　　　　　　(b) 电渣铸锭 S2

(c) 电渣铸锭 S1　　　　　　　(d) 电渣铸锭 S2

图 2-48　MC 和 M_2C 型共生碳化物三维形貌照片对比图（SEM）

地看出，两种不同电渣重熔工艺冶炼的电渣锭中的 MC 型碳化物和 M_2C 型碳化物都存在共生生长行为。这种共生生长行为可解释如下：在电渣重熔凝固过程中，当共晶反应发生时，溶质原子由共晶反应中的一相被排挤到液相或通过扩散行为远离液固界面，最终沉积到共晶反应中的另一相中，如 MC 型碳化物需要消耗大量的元素 V 溶质原子以确保其进一步的长大，因此，在 MC 型碳化物周围区域的元素 V 溶质原子就迁移至 MC 型碳化物位置以提供其形核长大所需的溶质原子，在 MC 型碳化物形核长大的相应位置附近，元素 Mo 和 Cr 的溶质原子就被滞留下来。同时，参与共晶反应的 M_2C 型碳化物需要大量的元素 Mo 和 Cr 溶质原子以确保其进一步的长大，并且元素 V 的溶质原子被滞留在 M_2C 型碳化物附近。MC 型碳化物附近富集的合金元素 Mo 和 Cr 被 M_2C 型碳化物的形核和生长所消耗，同样，M_2C 型碳化物附近富集的合金元素不断地迁移至 MC 型碳化物形核和长大的位置。因此，两类不同的共晶碳化物相互混合在了一起，发生了共生生长行为。

MC 型共晶碳化物的形貌通常被研究者所关注，然而碳化物的生长模式却很少被报道。为此，结合碳化物形貌和碳化物析出热力学计算相图，分析碳化物在凝固过程中的生长行为，并探讨碳化物的生长机制。

由平衡凝固模拟计算热力学相图分析可知，奥氏体热作模具钢在平衡凝固过程中，碳化物 MC、M_2C、M_7C_3、$M_{23}C_6$ 的形成温度分别为 1210℃、920℃、835℃和 660℃。实际凝固过程中，不可避免地存在合金元素的偏析行为和温度过冷现象，导致凝固过程碳化物的析出温度与平衡计算有一定偏差。由非平衡凝固模拟计算热力学相图分析可知，1210℃时发生二元共晶反应 $L \rightarrow \gamma + MC$，对应固相率 f_s 为 0.86；1160℃时发生三元共晶反应 $L \rightarrow \gamma + MC + M_2C$，对应固相率 f_s 为 0.95。然而，在电渣锭中碳化物形貌观察和碳化物物相鉴定时，并没有发现 M_7C_3 和 $M_{23}C_6$ 型碳化物，这有可能是因为电渣过程中冷却速率较快，M_7C_3 和 $M_{23}C_6$ 型碳化物形成温度较低，来不及从奥氏体相中析出，因此，没有在电渣锭中发现 M_7C_3 和 $M_{23}C_6$ 型碳化物。

MC 型碳化物和 M_2C 型碳化物的形成温度不同，在一定程度上表明连续定向凝固电渣重熔工艺可以对 MC 型碳化物形貌产生影响，而对 M_2C 型碳化物形貌没有影响。MC 型碳化物的形成温度明显高于 M_2C 型碳化物的形成温度，凝固过程中高温时的溶质浓度分布和局部冷却强度受电渣重熔工艺的影响比较大，导致由局部溶质原子浓度和局部冷却速率对 MC 型碳化物形貌的影响明显大于对 M_2C 型碳化物形貌的影响。因此，受连续定向凝固电渣重熔工艺影响，电渣锭 S2 中的 MC 型碳化物形貌与电渣锭 S1 中的相比发生了改变，而 M_2C 型碳化物形貌与传统电渣锭 S1 中的相似。同时，凝固过程中碳化物的共晶反应也与碳化物形成过程中溶质原子迁移的解释相一致[30]。

MC 型钒类碳化物一般为面心立方结构（FCC），具有稳定的 {111} 密排晶面，因此，由 {111} 面构成的八面体结构是平衡条件下的稳定结构。MC 型碳化物的生长方式呈现为树枝晶形貌，如图 2-49 所示。通过对比发现，电渣锭 S1 中的 MC 型碳化物呈短棒状向周围伸展生长，而电渣锭 S2 中的 MC 型碳化物呈片层状向周围伸展生长。碳化物枝晶生长方式存在两种模式，分别为二次枝晶臂生长模式和三次枝晶臂生长模式，其具体生长模式示意如图 2-50 所示。

M_2C 型碳化物为凝固末期参与共晶反应形成的析出物，三维形貌为迷宫状或骨架状，其形成示意如图 2-51 所示。

凝固过程中，随着温度的降低和柱状晶的生长，溶质原子不断地在液固界面前沿液相中聚集，当溶质浓度达到共晶成分点时，开始发生共晶反应。在凝固末期理论计算固相率为 $f_s = 0.95$ 时，发生二元共晶反应 $L \rightarrow \gamma + M_2C$ 或三元共晶反应 $L \rightarrow \gamma + MC + M_2C$，形成 M_2C 型碳化物。M_2C 型碳化物分布在枝晶间隙处，

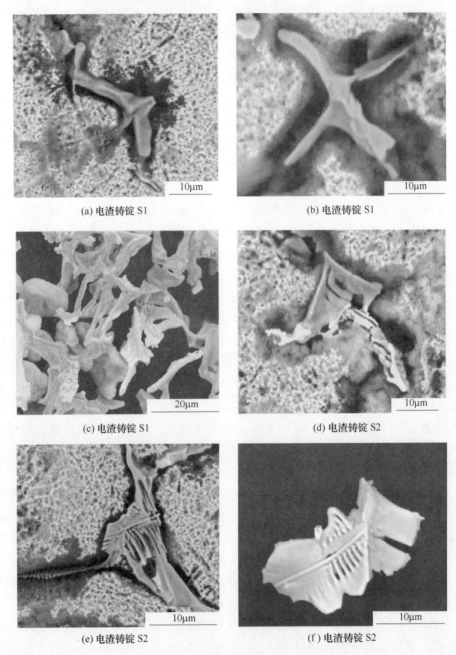

(a) 电渣铸锭 S1

(b) 电渣铸锭 S1

(c) 电渣铸锭 S1

(d) 电渣铸锭 S2

(e) 电渣铸锭 S2

(f) 电渣铸锭 S2

图 2-49　MC 型碳化物的树枝晶状生长行为的三维形貌照片（SEM）

其三维结构中的枝晶主干沿热流方向先生成，然后由主干向周围分散生长，形成迷宫状或骨架状三维结构。

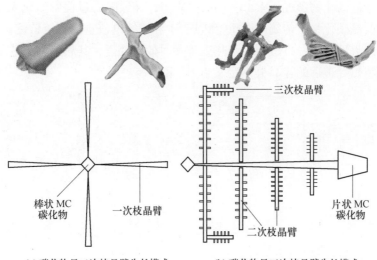

图 2-50 MC 型碳化物生长模式示意图

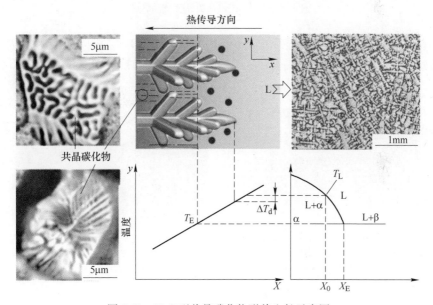

图 2-51 M_2C 型共晶碳化物形貌生长示意图

2.3.3 定向凝固电渣重熔电渣锭性能分析

奥氏体热作模具钢由于基体硬度较低，需采用合金元素进行固溶强化，利用时效析出尺寸细小、分布弥散的二次碳化物进行沉淀强化。奥氏体热作模具钢成分包含大量的碳化物形成元素 Cr、Mo 和 V 等，导致凝固过程中形成大量的一次碳化物或共晶碳化物。传统电渣重熔铸锭 S1 和连续电渣重熔电渣铸锭 S2 经相同的锻造和退火处理后，再进行固溶热处理和时效热处理，其热处理工艺如图 2-52 所示，并将热处理后的样品分别定义为 H1 和 H2。

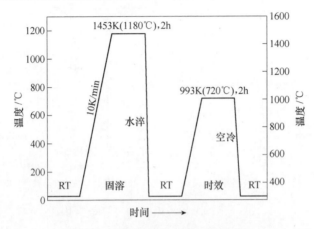

图 2-52　固溶时效热处理工艺示意图

传统电渣锭试样 H1 和连续定向凝固电渣锭试样 H2 经相同固溶时效热处理后组织如图 2-53 所示。

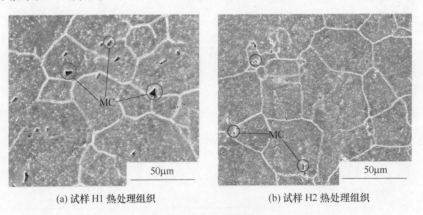

(a) 试样 H1 热处理组织　　　　　　(b) 试样 H2 热处理组织

图 2-53　热处理后组织

奥氏体热作模具钢热处理后，组织由奥氏体基体+残留的未分解的一次碳化物+析出的二次碳化物组成。其中，H1 中存在大量的未分解的一次碳化物，且尺寸较为粗大，而 H2 中的一次碳化物分解的比较充分，残留的一次碳化物尺寸细小。同时，H2 中析出的二次碳化物尺寸比 H1 中析出二次碳化物尺寸细小，数量更多，分布更加弥散。试样 H1 和 H2 热处理后均未发现 M_2C 型碳化物，主要是因为热加工及热处理过程中 M$_2$C 型碳化物完全分解。

试样 H1 和试样 H2 热处理组织的差别主要是因为电渣铸锭中 MC 型碳化物形貌不同，导致其在热处理过程中的分解程度不同，即电渣铸锭 S2 中碟片状或层片状的 MC 型碳化物相对于电渣铸锭 S1 中短棒状的 MC 型碳化物更加容易被分解或被消除，导致热处理后试样 H2 中未分解一次碳化物尺寸更加细小、数量更少。同时，由于碳和合金元素更加均匀地固溶于奥氏体基体中，导致析出的二次碳化物分布更加弥散。图 2-54 所示为试样 H1 和试样 H2 经相同固溶时效热处理后，硬度和冲击功值对比。

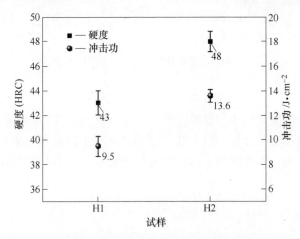

图 2-54 热处理后样品的硬度和冲击功对比

由图 2-54 可知，经过相同热处理后的试样 H2 的硬度和冲击功值均高于试样 H1 的硬度和冲击功值，即经过相同热处理后，连续定向凝固电渣重熔工艺冶炼的电渣锭 S2 硬度和冲击功均高于传统电渣重熔工艺冶炼的电渣锭 S1 的硬度和冲击功。结合图 2-54 中硬度值和图 2-53 的组织分析可知，试样 H2 的硬度高于试样 H1 的硬度，主要因为试样 H2 中一次碳化物分解得更加完全，导致碳和合金元素更多的固溶于奥氏体基体，起到了固溶强化效果。同时，经过时效处理后，试样 H2 中析出了尺寸更小、分布更弥散、数量更多的二次碳化物，进行了沉淀强化。试样 H1 和试样 H2 冲击断口形貌如图 2-55 所示。

由图 2-55 可知，试样 H1 和 H2 的冲击断口形貌均为准解理断裂，但试样 H2 的冲击断口形貌比 H1 的冲击断口形貌存在更多的细小韧窝，韧窝深处均有碳化物存在，且 H1 断口中的碳化物尺寸要明显大于 H2 断口中的碳化物尺寸，碳化物与基体之间的断裂是冲击断裂的主要原因，H1 中较为粗大的碳化物是导致其冲击功较低的主要原因。

综上所述，连续定向凝固电渣重熔工艺相比于传统电渣重熔工艺冶炼，电渣

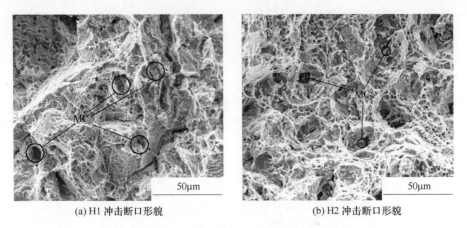

(a) H1 冲击断口形貌　　　　　　　　(b) H2 冲击断口形貌

图 2-55　热处理后样品冲击断口对比

铸锭组织更加致密、枝晶间隙更加细小、成分更加均匀；同时，还可以减小凝固过程中形成的碳化物的尺寸和数量，改善一次 MC 型碳化物的形貌，使其在后期热处理过程中更容易被分解。以上几个方面是连续定向凝固电渣重熔工艺相对于传统电渣重熔工艺，生产的奥氏体热作模具钢硬度和冲击韧性值高的主要原因。

参 考 文 献

[1] Zhu Q T, Li J, Shi C B, et al. Precipitation behavior of carbides in high-carbon martensitic stainless steel [J]. International Journal of Materials Research, 2017, 108：20-28.

[2] Suh S H, Choi J. Effect of melting rate on the carbide cell size in an electroslag remelting high speed steel ingot [J]. ISIJ international, 1986, 26 (4)：305-309.

[3] Chen X, Jiang Z H, Liu F B, et al. Effect of melt rate on surface quality and solidification structure of Mn18Cr18N hollow ingot during electroslag remelting process [J]. Steel Research International, 2017, 88 (2)：1600186.

[4] Wang Q, Li B K. Numerical investigation on the effect of fill ratio on macrosegregation in electroslag remelting ingot [J]. Applied Thermal Engineering, 2015, 91：116-125.

[5] Kharicha A, Ludwig A, Wu M. Shape and stability of the slag/melt interface in a small DC ESR process [J]. Materials Science and Engineering A, 2005, 413-414：129-134.

[6] Wang Q, Cai H, Pan L P, et al. Numerical investigation of influence of electrode immerse depth on heat transfer and fluid flow in electroslag remelting process [J]. JOM, 2016, 68 (12)：1343-1349.

[7] Mitchell A, Hernandez-morales B. Electromagnetic stirring with alternating current during electroslag remelting [J]. Metallurgical Transactions B, 1990, 21 (4)：723-731.

［8］ Fezi K, Yanke J, Krane M J M. Macrosegregation during electroslag remelting of alloy 625 ［J］. Metallurgical and Materials Transactions B, 2015, 46 (2): 766-779.

［9］ Ridder S D, Reyes F C, Chakravorty S, et al. Steady state segregation and heat flow in ESR ［J］. Metallurgical Transaction B, 1978, 9 (3): 415-425.

［10］ Kelkar K M, Patankar S V, Srivatsa S K, et al. Computational modeling of electroslag remelting (ESR) process used for the production of high-performance alloys ［C］. Proceedings of the 2013 International Symposium on Liquid Metal Processing & Casting, USA, 2013: 3-12.

［11］ 梁强, 陈希春, 付锐, 等. 电渣重熔过程模拟软件 MeltFlow-ESR 理论基础简介及其应用 ［J］. 材料与冶金学报, 2011, 10 (S1): 106-111.

［12］ Corey J O C, John J D, David G E, et al. Industrial-scale validation of a transient computational model for electro-slag remelting ［C］. Liquid Metal Processing and Casting, Pennsylvania, USA, 2017: 93-102.

［13］ Mitchell A, Joshi S. The densities of melts in the systems $CaF_2 + CaO$ and $CaF_2 + Al_2O_3$ ［J］. Metallurgical transaction B, 1972, 3 (8): 2306-2307.

［14］ Dong Y W, Jiang Z H, Liu F B, et al. Simulation of multi-electrode ESR process for manufacturing large ingot ［J］. ISIJ International, 2012, 52 (12): 2226-2234.

［15］ Mills K C, Keene B J. Physicochemical properties of molten CaF_2-based slags ［J］. International Metals Reviews, 1981, 26 (1): 21-26.

［16］ Karimi-sibaki E, Kharicha A, Bohacek J, et al. A dynamic mesh-based approach to model melting and shape of an ESR electrode ［J］. Metallurgical and Materials Transactions B, 2015, 46 (5): 2049-2061.

［17］ 姜周华, 董艳伍, 耿鑫, 等. 电渣冶金学 ［M］. 北京: 科学出版社, 2015.

［18］ Weber V, Jardy A, Dussoubs B, et al. A comprehensive model of the electroslag remelting process: description and validation ［J］. Metallurgical and Materials Transactions B, 2009, 40 (3): 271-280.

［19］ Qi Y F, Li J, Shi C B, et al. Effect of directional solidification in electroslag remelting on the microstructure and cleanliness of an austenitic hot-work die steel ［J］. ISIJ International, 2018, 58 (7): 1275-1284.

［20］ Qi Y F, Li J, Shi C B, et al. Effect of directional solidification of electroslag remelting on the microstructure and primary carbides in an austenitic hot-work die steel ［J］. Journal of Materials Processing Technology, 2017, 249: 32-38.

［21］ Shi X F, Chang L Z, Wang J J. Effect of mold rotation on the bifilar electroslag remelting process ［J］. International Journal of Minerals, Metallurgy and Materials, 2015, 22 (10): 1033-1042.

［22］ Chumanov V I, Chumanov I V. Increasing the efficiency of the electroslag process and improving the metal quality by rotating a consumable electrode: Part 1 ［J］. Russian Metallurgy, 2010 (6): 499-504.

［23］Fu R, Li F B, Yin F J, et al. Microstructure evolution and deformation mechanisms of the electroslag refined-continuous directionally solidified（ESR-CDS®）superalloy Rene88DT during isothermal compression［J］. Materials Science and Engineering：A, 2015, 638：152-164.

［24］Dong Y W, Jiang Z H, Li Z B. Segregation of niobium during electroslag remelting process ［J］. Journal of Iron and Steel Research, International, 2009, 16（1）：7-11.

［25］陈希春, 付锐, 任昊, 等. 电渣重熔连续定向凝固 FGH96 合金非金属夹杂物研究 ［J］. 中国新技术新产品, 2011（10）：1-2.

［26］占礼春, 迟宏宵, 马党参, 等. 电渣重熔连续定向凝固 M2 高速钢铸态组织的研究 ［J］. 材料工程, 2013（7）：29-34.

［27］付锐, 陈希春, 任昊, 等. 电渣重熔连续定向凝固 René88DT 合金的组织与热变形行为 ［J］. 航空材料学报, 2011, 31（6）：8-13.

［28］Flemings M C. 凝固过程 ［M］. 北京：冶金工业出版社, 1981.

［29］Li X W, Wang L, Dong J S, et al. Effect of solidification condition and carbon content on the morphology of MC carbide in directionally solidified nickel-base superalloys［J］. Journal of Materials Science & Technology, 2014, 30（12）, 1296-1300.

［30］Qi Y F, Li J, Shi C B. Characterization on microstructure and carbides in an austenitic hotwork die steel during ESR solidification process［J］. ISIJ International, 2018, 58（11）：2079-2087.

3　轧制工艺中碳化物的控制

对于高碳合金工模具钢，采用定向凝固电渣重熔工艺或通过降低电渣重熔熔速和增加充填比等方法可以有效减少钢中一次碳化物含量[1,2]，但在电渣重熔过程中完全避免一次碳化物的生成是很难实现的[3-8]，因此需要在后续的加工工序中进一步控制一次碳化物。一般先通过锻造和热轧这两种方法进行开坯，将共晶碳化物打碎并分散到初生奥氏体周围，锻造和热轧开坯对电渣锭组织的影响如图3-1所示。

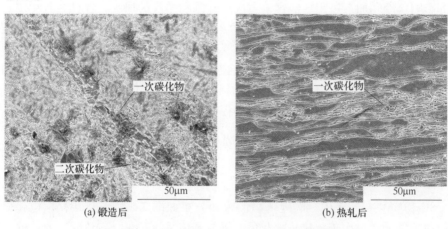

(a) 锻造后　　　　　　　　　　　　　　(b) 热轧后

图 3-1　电渣锭分别在锻造、热轧后的显微组织

铸锭锻造后的显微组织如图3-1（a）所示，锻造后一次碳化物在锻造压力的作用下被破碎，沿着一定的方向分布；而且在一次碳化物附近的位置有一定量的二次碳化物析出。由于加热过程中一次碳化物会有少量溶解在周围基体中，故而造成一次碳化物周围合金元素浓度升高，这些合金元素在冷却过程中以二次碳化物的形式析出。热轧后的显微组织如图3-1（b）所示，晶粒被沿着轧制方向拉长，一次碳化物被进一步破碎，尺寸变小。由于轧制为薄板后冷却速度较快，组织中二次碳化物析出不明显。锻造和开坯后进行高温扩散退火，能够促进一次碳化物溶解。高温扩散退火工艺在改善元素偏析、促进一次碳化物溶解方面具有重要作用[9,10]。

以生产 8Cr13MoV 高碳马氏体钢冷轧薄板为例，其热轧制工艺为：（1）开坯工艺。电渣锭在步进式加热炉中加热到1200℃并保温2h后出炉轧制，开轧温度为900℃左右。经过 7 道次轧制后，将边长为 210mm 的方形电渣锭轧成 30mm 厚的初轧板。（2）精轧工艺。将厚度为 30mm 的初轧板加热到 1180℃保温 30min 后出炉轧制，开轧温度为 900℃左右，经过 7 道次轧成厚度为 3.5mm 的精轧板。冷轧所采工艺为：轧制时来料厚度 3.0mm，出口厚度 2.0mm，板卷退火温度为 860~880℃；第二次轧制时来料厚度 2.0mm，出口厚度 1.5mm。冷轧 2 号轧机为 4 辊不可逆冷轧机。来料厚度为 1.5mm，每次以 0.2mm 的压下量轧制，3~4 道次后退火一次，退火温度 860~880℃，冷轧成品薄带厚度为 2.5mm、2mm、1.5mm、0.9mm、0.7mm。

　　电渣锭热轧开坯之前的加热和保温阶段，以及精轧之前的加热和保温阶段对一次碳化物的溶解具有明显的作用。热轧工艺借助外力作用使一次碳化物进一步破碎。研究电渣锭和热轧板高温扩散退火工艺，以及热轧工艺对一次碳化物的影响，有助于降低钢中一次碳化物含量，减少一次碳化物对钢材加工性能和使用性能的影响。冷轧加工过程要经过多道次的轧制和多次的退火，在此过程中材料的组织，碳化物的数量、大小、分布和形状不断发生变化，目前对其变化的因素及机理鲜有报道。

　　因此，在对热轧薄带中组织和碳化物研究和控制的基础上，进一步对多道次的冷轧加工过程中材料组织、碳化物的演变过程以及其对性能的影响进行研究，可以为最终冷轧板材中组织和碳化物的控制提供指导。

3.1　开坯及高温扩散退火工艺对碳化物的影响

3.1.1　开坯工艺对一次碳化物的影响

　　8Cr13MoV 初轧板中一次碳化物形貌和分布如图 3-2 所示。在扫描电镜背散射衍射条件下，一次碳化物呈深灰色，钢材基体呈浅灰色。电渣锭中原始的一次

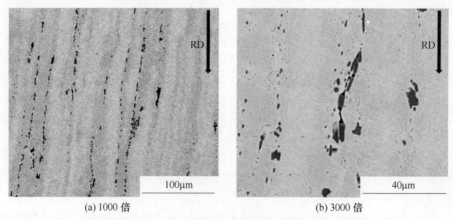

（a）1000 倍　　　　　　　　　　　　（b）3000 倍

图 3-2　热轧开坯后一次碳化物

（RD 代表轧制方向）

碳化物多为聚集的棒状，经过热轧开坯后，一次碳化物被明显地打碎并分散开来，沿轧制方向呈断续的线形排列。

在初轧板试样中随机选取 10 个 $1mm^2$ 的视场，利用 Image-Pro Plus 图像分析软件（IPP）统计试样中一次碳化物的面积分数，结果见表 3-1。

表 3-1 初轧板中一次碳化物面积分数统计

视场编号	1	2	3	4	5	6	7	8	9	10
面积分数/%	2.52	2.15	2.19	2.94	2.70	2.24	2.61	2.10	2.23	2.01

一次碳化物产生于钢液凝固过程，热轧开坯过程中不可能有新的一次碳化物生成。由表 3-1 可见，初轧板中的一次碳化物平均面积分数为 2.37%，而电渣锭中一次碳化物平均面积分数为 1.37%，热轧开坯后一次碳化物面积分数增加。这是因为电渣锭中的一次碳化物多为聚集状态，初轧过程一次碳化物被打碎、延伸和分散。

精轧板中的一次碳化物形貌和分布如图 3-3 所示，其中图 3-3（a）、（c）分别是在扫描电镜背散射衍射条件下 500 倍和 1000 倍的照片，深灰色的区域为一次碳化物。利用图像分析软件识别并反向显示的图 3-3（a）、（c）中的一次碳化物分别如图 3-3（b）、（d）所示，其中一次碳化物被标记成亮白色。

由图 3-3 可知，图 3-3（a）和（b）、图 3-3（c）和（d）中一次碳化物识别匹配度很高。由图 3-3（b）、（d）可以更清楚地辨别一次碳化物的数量、分布和形貌等特征参数。相比于初轧板，精轧后钢中一次碳化物分布更加离散化，沿轧制方向分布的特点已基本消失。

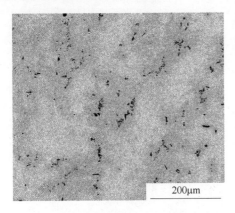

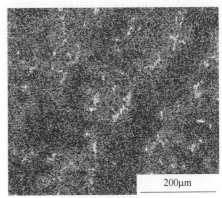

(a) 500 倍视场下的一次碳化物　　　　(b) 利用图像处理软件识别并反向显示的 (a) 中一次碳化物

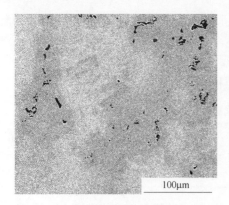

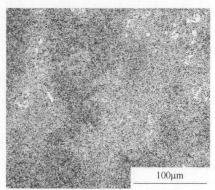

(c) 1000 倍视场下的一次碳化物

(d) 利用图像处理软件识别
并反向显示的 (c) 中一次碳化物

图 3-3　热轧精轧过程中的一次碳化物

3.1.2　电渣锭高温扩散退火对一次碳化物的影响

在 8Cr13MoV 电渣锭（熔速为 150kg/h、电极直径 110mm、充填比为 0.23）头部中心位置、1/2 半径处、边缘处取样，取样方案如图 3-4 所示。

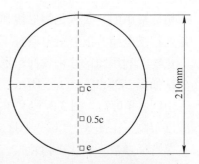

图 3-4　电渣锭高温扩散
退火工艺取样方案

将试样以 10℃/min 的升温速度加热到 1180℃保温 2h 后随炉冷却，对试样进行磨抛和侵蚀处理。对高温扩散退火前后电渣锭 1/2 半径处一次碳化物形貌进行观察，结果如图 3-5 所示。电渣锭出炉后埋入沙坑中进行退火，其基体上已经析出许多二次碳化物。由

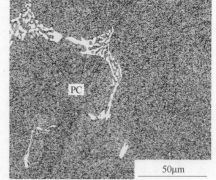

(a) 退火前

(b) 退火后

图 3-5　高温扩散退火对电渣锭 1/2 半径处一次碳化物形貌的影响

PC——次碳化物

于沙坑退火温度相对较低，电渣锭中的一次碳化物基本保存了其原有的形貌，呈粗大的棒状或块状，而且连续性较强。经过高温扩散退火后，一次碳化物之间的连续性大幅度减弱，大量棒状结构的一次碳化物被溶解而分断，形成球状或颗粒状的一次碳化物，而块状结构基本保持不变。根据一次碳化物形成和长大机理可知，棒状结构的一次碳化物主要是钢液达到共晶成分时析出的共晶碳化物；块状结构的一次碳化物则是在偏析最严重的区域，钢液成分达到过共晶成分时析出的先共晶碳化物。相比于普通共晶碳化物，这类块状碳化物具有更高的溶解温度。

利用扫描电镜观察了高温扩散退火对电渣锭不同位置一次碳化物的溶解情况，利用 IPP 图像分析软件统计了电渣锭不同位置一次碳化物含量及溶解率，观察结果和统计结果分别如图 3-6 和图 3-7 所示。

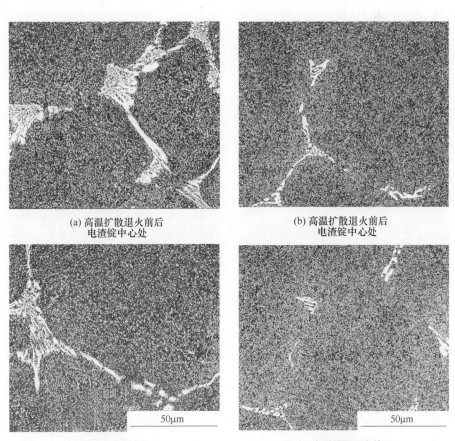

(a) 高温扩散退火前后
电渣锭中心处

(b) 高温扩散退火前后
电渣锭中心处

(c) 高温扩散退火前后
电渣锭 1/2 半径处

(d) 高温扩散退火前后
电渣锭 1/2 半径处

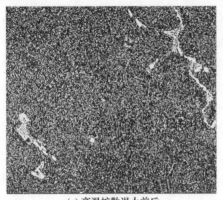 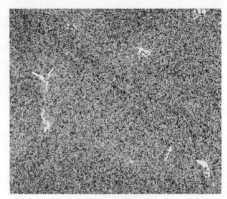

(e) 高温扩散退火前后　　　　　　　　　(f) 高温扩散退火前后
电渣锭边缘处　　　　　　　　　　　　电渣锭边缘处

图 3-6　高温扩散退火对电渣锭不同位置一次碳化物溶解情况的影响

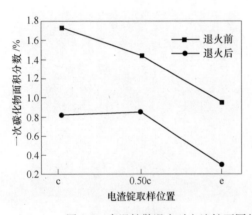 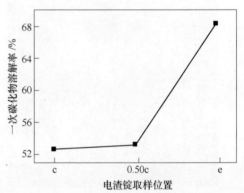

图 3-7　高温扩散退火对电渣锭不同位置一次碳化物含量及溶解率的影响

综合图 3-6 和图 3-7 分析可知，1180℃ 高温扩散退火 2h 可以使电渣锭中一次碳化物得到有效地溶解，棒状的共晶碳化物被溶解分断，各部位一次碳化物溶解率均在 50% 以上。由于电渣锭中心处和 1/2 半径处原始一次碳化物形貌较为粗大，高温扩散退火对其溶解效率较低；而电渣锭边缘部位，一次碳化物原始形貌比较纤细，而且呈棒状结构的较多、块状结构的较少，高温扩散退火对一次碳化物溶解率高达 68%。

电渣锭经过高温扩散退火后，一次碳化物平均含量由 1.37% 降低到 0.66%。一次碳化物结构纤细化可以使其在高温扩散退火中更好地溶解，因此在电渣重熔工艺中减小金属熔池深度、缩短局部凝固时间、减小二次枝晶间距，使一次碳化物纤细化，是促进一次碳化物在后续热轧工艺中溶解的有效方法。

3.1.3 热轧板高温扩散退火对一次碳化物的影响

对热轧开坯后 30mm 厚的热轧板进行高温扩散退火。在热轧板中随机取 4 个 15mm×15mm×30mm 的立方体试样，将试样放入加热炉中加热到 1180℃，分别保温 30min、60min、90min、120min 后空冷。8Cr13MoV 热轧板在 1180℃ 保温 30min 空冷后的金相组织及其 XRD 衍射图谱如图 3-8 所示。图中黑白相间的针状组织为马氏体，较为平整的灰黄色组织为残余奥氏体，晶界位置分布着许多已经破碎的一次碳化物。

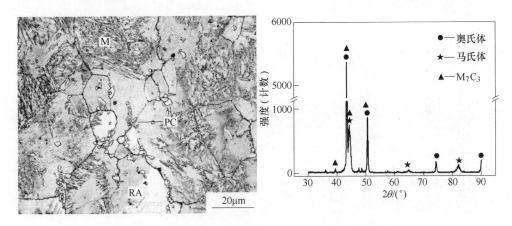

图 3-8 8Cr13MoV 热轧板高温扩散 30min 后金相组织及其 XRD 图谱

（M、RA、PC 分别代表马氏体、残余奥氏体和 M_7C_3 型一次碳化物）

由金相组织和 XRD 衍射图谱均可以看出，高温扩散退火 30min 后热轧板中残余奥氏体含量很高。根据国标 GB 8362—87 中残余奥氏体含量测定方法计算可得，此时残余奥氏体含量为 57.5%。根据本书 1.2.2 节对 8Cr13MoV 钢凝固过程中新生奥氏体中元素含量随温度变化的计算可知，由晶粒中心到边缘，奥氏体中的碳和合金元素含量逐渐升高。碳和合金元素含量的升高可以提高过冷奥氏体的稳定性[11,12]，使 C 曲线右移。因此，残余奥氏体产生的原因主要是靠近晶界区域碳和合金元素富集，导致该区域奥氏体稳定性较高，冷却过程中未发生马氏体转变。钢材高温扩散退火后空冷的过程中，碳元素含量低的区域转变成马氏体，碳含量高的区域形成残余奥氏体保留到室温。

8Cr13MoV 热轧板加热到 1180℃高温扩散退火不同时间后，其金相组织如图 3-9 所示。

由图 3-9 可见，高温扩散退火 30min 和 60min 时，金相组织变化不大，微观组织中残余奥氏体含量较高；当保温时间达到 90min 时，微观组织中残余奥氏体含量明显减少；保温时间为 120min 时，残余奥氏体含量已经降低到 5% 以下。残

(a) 30min

(b) 60min

(c) 90min

(d) 120min

图 3-9　8Cr13MoV 热轧板高温扩散退火后金相组织

余奥氏体含量的降低表明钢中碳和合金元素富集区域减少，碳和合金元素分布趋于均匀化。碳和合金元素均匀化分布，也可以避免碳偏析导致的碳化物偏聚现象，有利于后续球化退火工艺中获得均匀分布的二次碳化物。8Cr13MoV 热轧板在 1180℃高温扩散退火过程中，一次碳化物的溶解进程如图 3-10 所示。

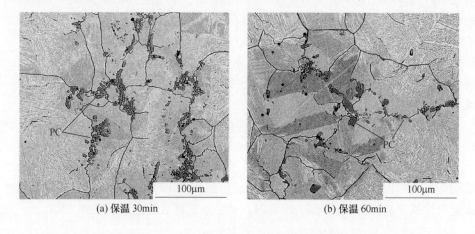

(a) 保温 30min

(b) 保温 60min

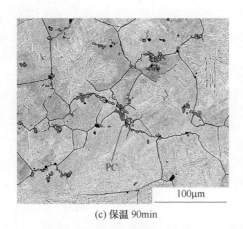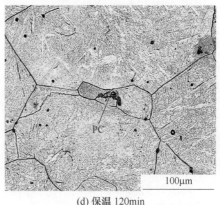

(c) 保温 90min　　　　　　　　　　(d) 保温 120min

图 3-10　8Cr13MoV 热轧板 1180℃高温扩散退火过程中一次碳化物溶解进程
PC——次碳化物

由图 3-10 可知，电渣重熔过程中生成的一次碳化物大多分布在晶界上，热轧开坯过程把位于晶界处呈盘曲、棒状结构的一次碳化物打碎并分散到晶界周围。高温扩散退火保温 30min 时，晶界处的一次碳化物含量仍然较多，一次碳化物呈块状或小颗粒状聚集在晶界周围；保温 60min 时，距离晶界较远的一次碳化物发生大量溶解，晶界位置的一次碳化物无明显变化；保温 90min 时，晶界处一次碳化物发生溶解，尺寸和数量均减小；保温 120min 时，大部分一次碳化物都已溶解，仅在晶界处残留少量一次碳化物。

高温扩散退火过程中距离晶界较远的一次碳化物首先发生溶解。由于钢液凝固过程中，奥氏体形核后逐渐长大，晶界处是最后凝固的区域；晶粒中心位置形成的奥氏体中合金元素含量最低，最后生成的奥氏体中碳、铬等合金元素含量最高，因此，被打碎并分散到远离晶界位置的一次碳化物跟周围基体之间碳、铬等元素浓度梯度更大，高温扩散退火过程中一次碳化物中碳、铬等元素向基体中扩散速度更快。因此，高温扩散退火过程中，远离晶界的一次碳化物优先溶解，随着保温时间的延长，处于晶界位置的一次碳化物才逐渐溶解。

利用图像分析软件统计了高温扩散退火保温时间对钢中一次碳化物含量的影响，结果如图 3-11 所示。

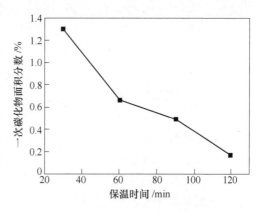

图 3-11　8Cr13MoV 热轧板高温扩散退火保温时间对一次碳化物面积分数的影响

　　由图 3-10 可知，8Cr13MoV 热轧板中一次碳化物面积分数随着高温扩散退火保温时间的延长呈明显的减少趋势。热轧板中原始的一次碳化物面积分数为 2.37%，经过高温扩散退火 120min 后，一次碳化物面积分数减少到 0.17%，一次碳化物降低效率达到 92.8%，可见热轧板高温扩散退火工艺对于一次碳化物的溶解具有重要作用。

　　在 3.1.1 节中，高温扩散退火可以使电渣锭中一次碳化物面积分数降低 52%，而本节中利用相同工艺对热轧板进行高温扩散退火，一次碳化物面积分数降低了 92.8%。因此，对热轧板进行高温扩散退火，一次碳化物的数量降低更多。其原因主要为，电渣锭中一次碳化物存在的原始位置处，碳和合金元素含量较高，高温扩散退火时元素浓度梯度较小，一次碳化物溶解较为缓慢；热轧开坯后一次碳化物被打碎并分布到碳和合金元素含量较低的奥氏体周围，此时一次碳化物与周围基体的元素浓度梯度较大，在加热保温过程中更有利于元素的扩散。

3.1.4　高温扩散退火对高碳钢网状碳化物的影响

　　高碳钢中的网状碳化物是在轧后冷却过程中产生，产生原因是随着温度的降低，碳在奥氏体中的溶解度不断降低，冷却过程中碳会逐渐沿着奥氏体晶粒间界析出。很多学者对网状碳化物的形成规律进行了研究，并形成了较为统一的共识，认为网状碳化物主要来源于铸坯凝固过程产生的中心偏析。连铸铸坯中心偏析不可能完全消除，为了避免高碳钢心部马氏体的产生，在相变后期通常采用缓冷的措施，而根据高碳钢连续冷却曲线特性，缓冷过程又容易析出二次渗碳体相。同时钢材在热轧或退火过程中，因加热温度过高，保温时间太长、造成奥氏体晶粒粗大，碳化物在随后的缓冷过程中沿晶界析出，即会形成网状分布的碳化物。另外，终轧温度较高，在接下来的缓冷过程中也容易形成网状碳化物。网状碳化物的产生与钢的化学成分及钢中原始碳化物偏聚程度密切相关，铸坯中原始碳化物偏聚程度大，在碳化物密集的区域易出现网状碳化物，而后续的热加工工艺制度不当也会加剧网状碳化物的严重程度。研究表明，形变量小、终轧温度高、轧后冷却速度缓慢均会使钢材中网状碳化物趋于粗化和连续。

　　网状碳化物将增大钢中化学成分的不均匀性，在热处理淬火时容易造成较大的组织应力，导致零件的变形及开裂。网状碳化物的存在大大地削弱了基体晶粒间的联系，对钢的力学性能带来不利影响，使钢材的机械性能降低，尤其是冲击性能的降低；而且随着网状碳化物级别的增大，冲击性能则不断降低。网状碳化物对抗弯强度极限和抗拉强度极限也有显著的影响，这类钢材做成的工具模易于在使用中崩刃或开裂，缩短轧件的寿命。另外，随着钢材中网状碳化物级别的增加，接触疲劳强度降低，存在有粗大网状碳化物的纵向试样的接触疲劳强度约降低 30%。网状碳化物级别每增高一级，零件的使用寿命降低约 1/3。严重的网状碳化物在随后的球化退火过程中无法将其消除，只有通过正火工艺才能消除或改善网状碳化物的组织。如果网状碳化物较轻，在球化退火过程中部分的网络可以断开，而且可以被球化，但会造成碳化物的颗粒较大和球化退火组织中的碳化物颗粒不均匀。

以 82B 钢为例，说明铸坯中心碳偏析对铸坯网状碳化物的影响。82B 钢成分见表 3-2。连铸坯中心碳偏析情况见表 3-3。不同中心碳偏析铸坯金相组织如图3-12 所示。

表 3-2 82B 钢成分 （%）

C	Si	Mn	Cr	P	S
0.81~0.83	0.21~0.25	0.73~0.77	0.25~0.27	≤0.017	≤0.012

表 3-3 试验所选取的不同中心碳偏析度试样

试样号	1	2	3	4	5	6	7	8
中心碳偏析度	1.10	1.08	1.07	1.06	1.05	1.03	0.98	0.95

(a) 1 号 (中心碳偏析 1.10)

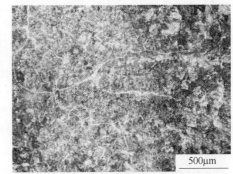

(b) 2 号 (中心碳偏析 1.08)

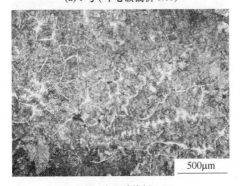

(c) 3 号 (中心碳偏析 1.07)

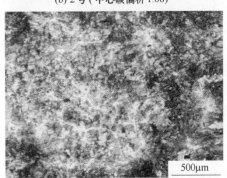

(d) 4 号 (中心碳偏析 1.06)

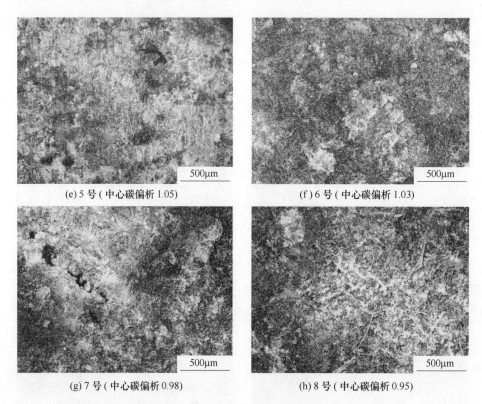

(e) 5 号（中心碳偏析 1.05）　　　　　　　(f) 6 号（中心碳偏析 1.03）

(g) 7 号（中心碳偏析 0.98）　　　　　　　(h) 8 号（中心碳偏析 0.95）

图 3-12　不同中心碳偏析铸坯试样金相组织

从图 3-12 中可以看到，中心碳偏析度在 1.07 以上的铸坯试样上有多个粗大封闭的碳化物网连成一片，形成了很明显的网状碳化物；中心碳偏析度下降至 1.06 和 1.05 时，铸坯上仍能看见少量未形成封闭网的碳化物；当中心碳偏析度降至 1.03 时，基本看不见碳化物；当铸坯中心表现为负偏析时，随着负偏析程度的加剧，网状碳化物的数量也有增加的趋势。

实际生产中，一般通过加热炉的高温扩散退火工艺控制碳偏析，进而控制网状碳化物的形成。加热炉高温退火工艺为：预热段预热时间约为 33min，温度在 910~940℃ 之间；加热段加热时间为 42min，温度在 1130~1150℃ 之间；均热段均热时间为 25min，温度在 1250~1280℃；开轧温度分别约为 1020℃、1060℃、1080℃。对铸坯偏析进行分析，其中取样位置如图 3-13 所示，结果见表 3-4。

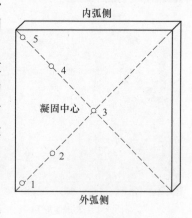

图 3-13　铸坯横截面钻屑位置

表 3-4 经加热炉后铸坯碳偏析情况

编号	参数变动	不同位置碳含量/%					偏析指数
		1	2	3	4	5	
3307934	未进加热炉	0.84	0.88	0.97	0.89	0.83	1.100
1080 号	开轧温度 1080℃	0.81	0.85	0.89	0.86	0.82	1.052
1060 号	开轧温度 1060℃	0.80	0.85	0.88	0.85	0.81	1.050
1020 号	开轧温度 1020℃	0.80	0.83	0.88	0.85	0.79	1.060

由表 3-4 可以看出，铸坯经过加热炉处理后，铸坯中较为严重的中心偏析有了一定程度的改善。三种加热制度下改善效果较为接近，中心碳含量由 0.97% 降到了 0.89% 左右，中心偏析指数也由 1.10 降到了 1.06 以下。开轧温度为 1080℃ 和 1060℃ 与开轧温度为 1020℃ 相比，铸坯碳偏析更低。

开轧温度分别约为 1020℃、1060℃、1080℃。铸坯金相组织如图 3-14、图 3-15 和图 3-16 所示。

图 3-14 铸坯经加热炉后开轧温度为 1080℃ 试样金相组织

图 3-15 铸坯经加热炉后开轧温度为 1020℃ 试样金相组织

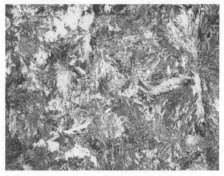

图 3-16　铸坯经加热炉后开轧温度为 1060℃ 试样金相组织

由图 3-14~图 3-16 可知，铸坯经加热炉后开轧温度为 1080℃ 的铸坯金相试样上并未发现网状碳化物，开轧温度为 1020℃ 的铸坯金相试样上发现明显的闭合网状碳化物，开轧温度为 1060℃ 的铸坯金相试样上并未发现网状碳化物。

为了配合较高的开轧温度，在铸坯出炉冷却条件相差不大的情况下，必然要提高加热温度。加热温度提高增大了碳原子的扩散速率，心部的碳原子向边部扩散更充分，减少了中心网状碳化物的形成。

3.2　热轧工艺对碳化物的影响

热轧工艺是高碳马氏体不锈钢生产中的重要一环，在这个工序中，不仅使一次碳化物进一步破碎，有利于在后续的热处理中被溶解，而且热轧工艺还会影响晶粒的大小[13,14]。

3.2.1　热轧变形量对碳化物的影响

采用 8Cr13MoV 粗轧板研究热轧变形量对高碳马氏体不锈钢碳化物的影响，具体参数见表 3-5。

表 3-5　不同热轧变形量参数

试样号	开轧温度/℃	道次	厚度/mm	压下率/%
No. 1	1200	1	20	33.3
No. 2	1200	2	12.5	58.3
No. 3	1200	4	5	83.3

图 3-17 所示为热轧不同变形量试样的显微组织。

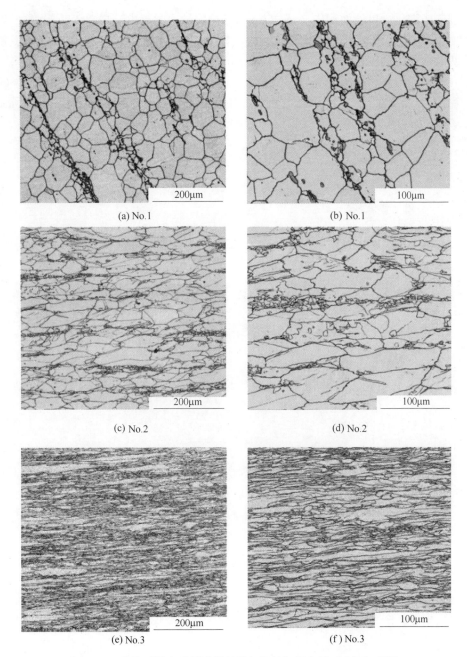

(a) No.1   (b) No.1

(c) No.2   (d) No.2

(e) No.3   (f) No.3

图 3-17　热轧不同变形量试样显微组织的扫描电镜（SEM）照片

　　由图 3-17 可以看出，在开轧温度相同、变形量小的条件下，终轧温度较高，有足够的时间进行再结晶，晶粒为分布均匀的等轴晶。随着变形量的增加，晶粒在外力作用下变形拉长无法回复[15]，并且晶粒在变形过程中受到碳化物的阻碍会进一步细化。单位面积内,试样 No. 3 晶粒数量远远超出试样 No. 1。由图 3-17 (d) 和 (f) 可以看出,变形量最小的试样 No. 1 中碳化物的尺寸要明显大于其他两个试样中的碳化物。

对试样碳化物腐蚀的光学显微组织如图 3-18 所示。经软件统计得到单个碳化物平均面积,从试样 No. 1 到 No. 3 碳化物平均面积依次为 $14.47\mu m^2$、$9.89\mu m^2$ 和 $7.87\mu m^2$。

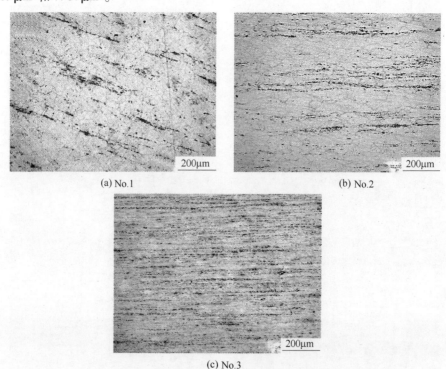

(a) No.1   (b) No.2

(c) No.3

图 3-18 不同变形量试样腐蚀碳化物的照片

以上结果表明,碳化物尺寸随着热轧变形量的增加而降低。较大的压下量显著提高了基体对一次碳化物的挤压程度,并且在压下量增加的同时,变形温度也随之降低。基体对一次碳化物的挤压力度也相应增加。工业生产中热轧的变形量需要根据冷轧产品的要求而制定。尽量增加热轧的变形量,这样可以降低冷轧过程的废品率。

3.2.2 热轧变形温度对碳化物的影响

3.2.2.1 热轧开轧温度对显微组织及碳化物影响

对不同开轧温度进行分组,具体参数见表 3-6。

表 3-6 不同开轧温度参数

试样号	开轧温度/℃	道次	厚度/mm	压下率/%
No. 4	1200	4	5	83. 3
No. 5	1100	4	5	83. 3
No. 6	900	4	5	83. 3

不同开轧温度试样的 SEM-BESD 照片如图 3-19 所示。

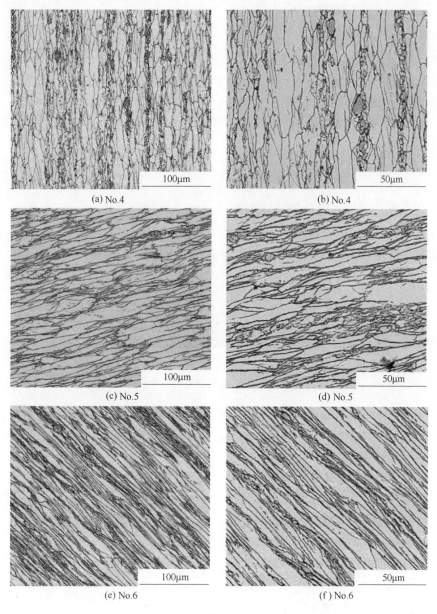

图 3-19 热轧不同开轧温度的 SEM-BESD 图像

由图 3-19 可知，随着开轧温度的降低，晶粒的拉长程度更加明显。试样 No.4 和试样 No.6 终轧温度基本相同，分别为 890℃ 和 869℃。开轧温度越高，材料组织的动态再结晶程度也越高。对比组织中碳化物发现，开轧温度越高的碳化物尺寸越大。用专门腐蚀碳化物的方法对试样进行腐蚀，得到如图 3-20 所示的光镜照片。

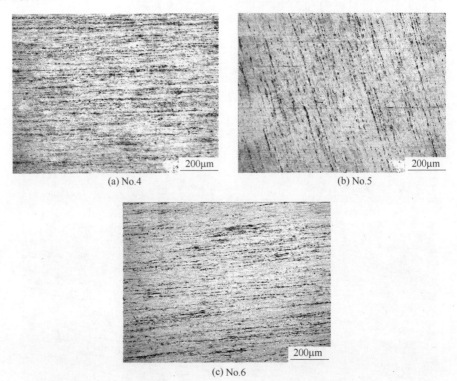

图 3-20　不同开轧温度试样的腐蚀碳化物光镜照片

从图 3-20 照片简单对比来看，随着开轧温度降低，试样中碳化物的数量似乎也有所降低，用 IPP 图像处理软件对碳化物的体积分数进行统计。结果显示，试样 No.4 ~ No.6 碳化物体积分数依次为 2.36%、1.50% 和 1.13%。在轧制温度范围内一次碳化物向基体中溶解速度应该是很低的，只有足够小的碳化物才能完全溶解。此外，特别细小的碳化物在统计时也会被软件忽略。无论怎样，以上足以说明，开轧制温度越高，越不利于碳化物的破碎。相反，轧制温度降低有利于碳化物破碎，对碳化物向基体内溶解也有一定作用。

3.2.2.2　终轧温度对显微组织及一次碳化物影响

对热轧不同终轧温度进行分组，具体参数见表 3-7。

表 3-7 不同终轧温度参数

试样号	终轧温度/℃	道次	厚度/mm	压下率/%
No. 7	900	4	5	83.3
No. 8	800	4	5	83.3
No. 9	700	4	5	83.3

不同终轧温度对试样组织的影响如图 3-21 所示。

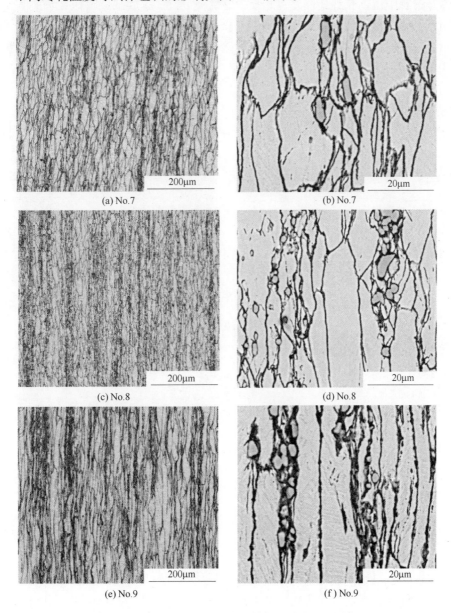

图 3-21 热轧不同终轧温度试样的 SEM-BESD 图像

　　由图 3-21 可知，随着终轧温度的降低，组织中晶粒被拉长的更加明显，而且晶粒大小更加不均匀。将存在碳化物的位置放大发现，终轧温度越低，碳化物周围的晶粒越细小，形状越不规则，如图 3-21（d）~（f）所示。从放大的晶界看，终轧温度最低的试样 No.9 晶界腐蚀的最严重，尤其是碳化物周围，这说明碳化物周围存在更多的由于变形而导致的缺陷。由于终轧温度低，这些缺陷没有在冷却过程中得到充分地回复；相反，终轧温度高，这些缺陷可以在静态再结晶和回复过程中得以消除。碳化物周围细碎的晶粒通过再结晶长大。如图 3-21（e）所示，一些晶粒通过再结晶长大将一次碳化物包裹在其中。碳化物腐蚀的组织如图 3-22 所示。

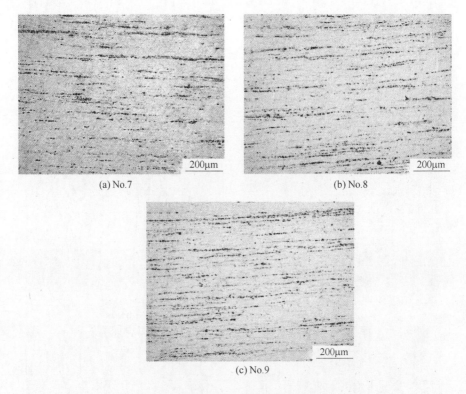

(a) No.7　　　　　　　　　　　　　　(b) No.8

(c) No.9

图 3-22　不同终轧温度试样的腐蚀碳化物照片

　　由图 3-22 可以看出，随着终轧温度的降低，碳化物破碎后的粒度更小，这在图 3-21 中也有所体现。用 IPP 软件对碳化物的尺寸进行统计，试样 No.7 ~ No.9 单个碳化物的平均面积分别为 $12.67\mu m^2$、$9.14\mu m^2$ 和 $9.11\mu m^2$。终轧温度高的情况下，组织中碳化物的粒度大。

　　虽然终轧温度低对碳化物破碎有一定帮助，但是终轧温度越低，组织中产生的缺陷越多，尤其在碳化物周围，位错运动受到阻碍聚集；另外，碳化物多分布在晶界位置,与基体结合较弱。所以实际生产中,如果终轧温度控制过低,可能会导致热轧板边部开裂或者内部的微裂纹,影响产品成材率;而且温度降低后,所需要的轧制力也会加大,对设备能力也有一定要求。因此,要兼顾生产过程的成材率,在不降低成材率并且设备能力允许的情况下,适当降低终轧温度[16]。

3.2.3 轧制温度对 GCr15 轴承钢中网状碳化物的影响

不同终轧温度对 GCr15 轴承钢显微组织如图 3-23 和图 3-24 所示。

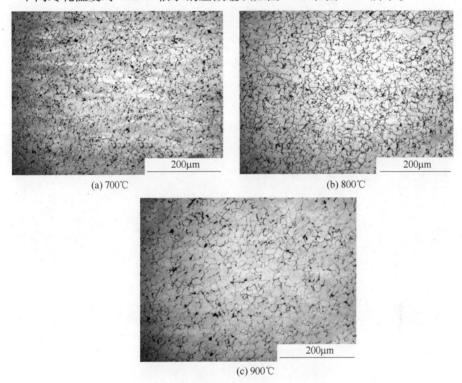

图 3-23 不同终轧温度时轴承钢的显微组织

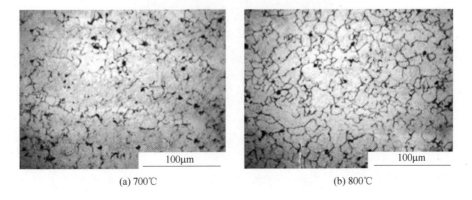

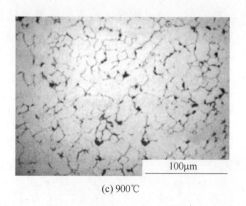

(c) 900℃

图 3-24　不同终轧温度下 GCr15 轴承钢的显微组织

由图 3-23 和图 3-24 可以看出，随着终轧温度的升高，轴承钢中晶粒尺寸逐渐增大。终轧温度对 GCr15 网状碳化物的影响如图 3-25 所示。

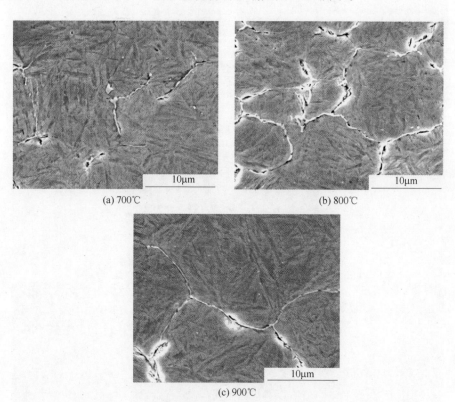

图 3-25　不同终轧温度下 GCr15 轴承钢的扫描电镜形貌

由图 3-25 可以看出，当终轧温度 900℃轧制后，片状珠光体组织比较粗大，碳化物网状程度比较严重；终轧温度为 800℃ 轧制后，片状珠光体组织逐渐细化，碳化物网状程度降低；终轧温度 700℃ 时轧制后，珠光体组织非常细化，碳化物网状程度进一步减轻，碳化物呈条状分布，部分已经转变为球状或近球状的碳化物。这主要是由于 GCr15 轴承钢中碳和铬元素的含量高，轧制结束后连续冷却过程中，奥氏体中碳的溶解度随着温度的降低而逐渐降低。因此，过剩的碳会从奥氏体中析出形成富铬的先共析二次碳化物。先共析二次碳化物的形成受到元素扩散速度的影响。由于晶界处缺陷较多，因此碳和铬等元素在晶界的扩散速度远大于在晶内的扩散速度。先共析二次碳化物优先在晶界处形核和长大，进而彼此连接形成网状组织。

当终轧温度为 900℃ 时，奥氏体处于完全再结晶区，再结晶后晶粒细化，碳化物析出的位置相应增多。但是由于高温轧制后冷却过程中仍然会有大量碳化物沿奥氏体晶界析出，因此 GCr15 轴承钢中碳化物网状程度比较严重。当终轧温度为 800℃ 时，由于该温度下奥氏体处于高温再结晶和未再结晶区，在轧制末期 GCr15 轴承钢处于未再结晶区，形变奥氏体晶粒内部的变形带会增多，碳化物形核的部位增多，因此碳化物的析出更加分散，同时形成细化的珠光体或退化珠光体，组织逐渐细化。当终轧温度为 700℃ 时，由于该温度下 GCr15 轴承钢处于碳化物和奥氏体两相区温度范围，在轧制过程中碳化物和未再结晶的奥氏体会同时发生形变，奥氏体晶粒内部的畸变度和位错密度增大，因此，碳化物的析出更加弥散，同时珠光体球团更加细化。此外，先析出的碳化物也会发生形变。因此，网状碳化物逐渐溶解和断裂，最终形成分散的条状碳化物。

随着终轧温度的升高，轴承钢晶界腐蚀的程度也逐渐减弱，尤其是碳化物附近区域。这表明碳化物附近区域容易产生和聚集缺陷。随着终轧温度的升高，在轧后 GCr15 轴承钢返红的过程中，缺陷部位的原子能量增加，运动更加活跃，位错的迁移从而得到促进，因此碳化物附近区域缺陷在再结晶过程能得到有效的回复和去除。反之，随着终轧温度的降低，由于位错的迁移受到抑制，碳化物附近区域缺陷在轧后过程无法去除；同时，由于终轧温度的降低，细小晶粒难以发生再结晶，尤其是碳化物附近区域的细小晶粒，因此晶粒尺寸分布不均匀。

3.3 冷轧工艺对碳化物的影响

3.3.1 冷轧板材碳化物与组织分析

以 7Cr17MoV 钢为例，冷轧后退火薄带材的显微组织如图 3-26 所示。

从图 3-26 可以看出，7Cr17MoV 钢冷轧退火组织为珠光体+球状碳化物，与热轧板材相同。但冷轧板材中的碳化物趋于均匀，大块碳化物减少，偏聚现象消失，组织均匀、细化，而且较薄的冷轧板（0.7mm）相比较厚的冷轧板（1.5mm）组织和碳化物更加均匀和细化。

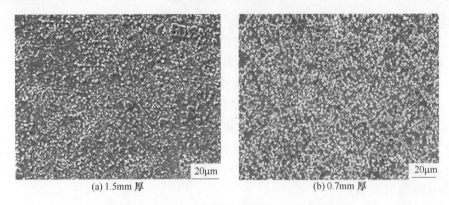

(a) 1.5mm 厚　　　　　　　　　　　(b) 0.7mm 厚

图 3-26　7Cr17MoV 冷轧带材经退火后的显微组织

　　冷轧板材碳化物主要来源于热轧板，冷轧时造成晶粒和碳化物的变形甚至破碎，并且存在形变存储能，整体上处于高能状态，易于发生再结晶[17]，经过退火，会发生静态回复和静态再结晶、新晶粒的形核与长大、碳化物的溶解和析出过程，使组织更加细小致密，形成更加细小均匀的碳化物。7Cr17MoV 钢冷轧板材碳化物如图 3-27 所示。

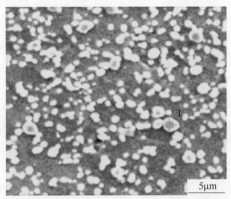

图 3-27　0.7mm 厚 7Cr17MoV 钢冷轧薄带中碳化物分布形貌

　　从图 3-27 可以看出，冷轧后板材中的碳化物呈近球状，尺寸趋于均匀，大尺寸碳化物明显减少，平均尺寸在 1μm 左右，有一定纳米级的碳化物出现，其具体尺寸统计和元素构成的定量分析见表 3-8。

表 3-8　7Cr17MoV 钢冷轧薄带中碳化物定量分析结果

形貌定量 分析	面积/μm²		宽度/μm		高度/μm		个数合计/个
	3.561		1.017		0.939		1759
元素构成定量 分析/%	C	V		Cr		Fe	Mo
	12.65			49.49		37.86	

从表 3-8 可以看出,冷轧后,在 3000 倍视场下,板材中碳化物平均数量在 1759 个,较之热轧板材,碳化物数量明显增加,同时颗粒尺寸变得细小而且均匀,这主要是塑性加工导致碳化物破碎细化和碳化物再结晶综合作用的结果[18]。

如果冷轧后碳化物的尺寸偏大,一方面需从源头上尽量控制电渣重熔锭大颗粒碳化物,另一方面应采用较合适的轧制和退火工艺。从表 3-8 中的元素定量分析结果可以得出,冷轧后 7Cr17MoV 钢薄带中所含的碳化物仍主要是 $(Fe,Cr)_{23}C_6$,很难能够发现钼和钒形成的碳化物,这可能是由于经冷轧和退火后,颗粒相对细小的钼和钒的碳化物发生了溶解。

3.3.2 碳含量对冷轧板中碳化物影响

冷轧板碳含量对高碳不锈钢中碳化物的影响如图 3-28 所示,碳化物的大小见表 3-9。

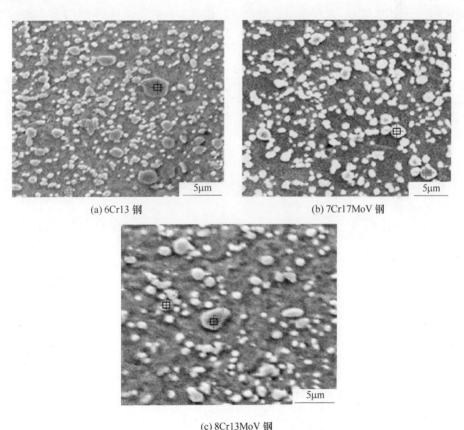

(a) 6Cr13 钢

(b) 7Cr17MoV 钢

(c) 8Cr13MoV 钢

图 3-28 冷轧后不同碳含量刀剪材料碳化物形貌

表 3-9　冷轧后不同碳含量高碳不锈钢刀剪材料碳化物定量分析结果

参数	6Cr13	7Cr17MoV	8Cr13MoV
长度/μm	0.847	1.017	1.257
高度/μm	0.727	0.939	1.097
长度/高度	1.17	1.08	1.14

由图 3-28 可知，冷轧后，板材中碳化物较热轧板材中碳化物分布更加均匀细小，聚集基本消失，大颗粒碳化物显著减少。热轧板中碳化物大小影响冷轧后板材中碳化物大小。由表 3-9 可知，冷轧后，6Cr13 中的碳化物大小在 0.8μm 左右，7Cr17MoV 中的碳化物大小在 1.0μm 左右，8Cr13MoV 中的碳化物大小在 1.1μm 左右。随碳含量增加，冷轧板材中碳化物颗粒平均尺寸同样变大，但其平均尺寸差距相对于热轧板材碳化物要小。这是由于大颗粒碳化物在冷轧时更易发生变形甚至破碎，通过退火后其尺寸更加平均[19]。因此，冷轧板材达到一定厚度后，碳化物颗粒尺寸受压下量影响减小。

由图 3-29 的 XRD 图谱可知，冷轧后，6Cr13 和 7Cr17MoV、8Cr13MoV 中的碳化物仍分别以 M_7C_3 型和 $M_{23}C_6$ 型为主。相对于热轧，冷轧后 XRD 衍射峰强度

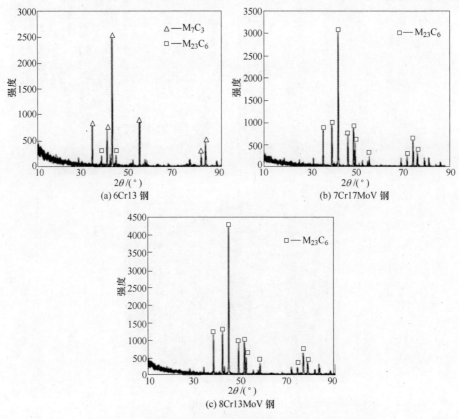

(a) 6Cr13 钢

(b) 7Cr17MoV 钢

(c) 8Cr13MoV 钢

图 3-29　冷轧后不同碳含量刀剪材料碳化物 XRD 图谱

更高，这可能是由于冷轧后碳化物数量更多的原因。

3.3.3 冷轧板材厚度对碳化物的影响

7Cr17MoV 冷轧板材厚度对碳化物的影响如图 3-30 所示。

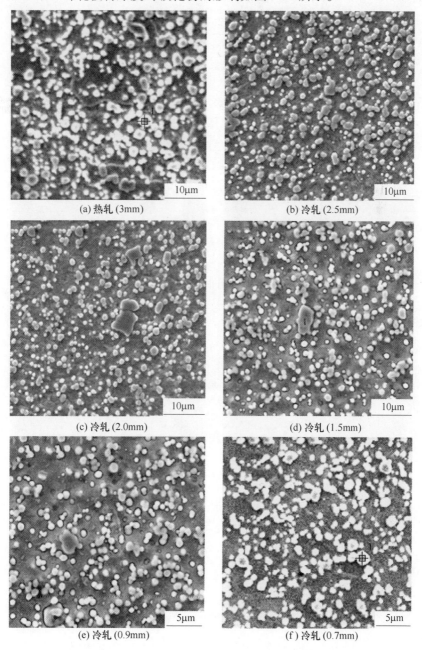

(a) 热轧 (3mm) (b) 冷轧 (2.5mm)

(c) 冷轧 (2.0mm) (d) 冷轧 (1.5mm)

(e) 冷轧 (0.9mm) (f) 冷轧 (0.7mm)

图 3-30 不同厚度 7Cr17MoV 轧制带材中碳化物 SEM 形貌

从图 3-30 可以看出，不同厚度薄带中的碳化物均呈近球状。随着冷轧厚度的减小，碳化物颗粒减小，有很多细小的碳化物出现，碳化物颗粒变小的趋势趋缓，冷轧至 1.5mm 厚度以后，碳化物尺寸变化不明显。随着冷轧的进行，碳化物的数量明显增加。碳化物颗粒随轧制厚度的变化情况如图 3-31 所示。

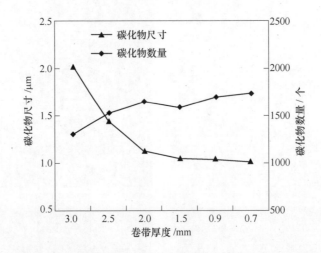

图 3-31   不同厚度 7Cr17MoV 轧制带材中碳化物尺寸与数量变化

由图 3-31 可知，随着冷轧的进行，碳化物数量明显增加，颗粒尺寸变得细小而且均匀，并且形貌更加近似球形，这主要是由于冷轧导致晶粒变形甚至破碎，在退火的再结晶过程中有利于溶解的碳化物形核析出，形成较细小均匀的碳化物颗粒。电解萃取不同厚度薄带材中的碳化物，其 XRD 图谱如图 3-32 所示。

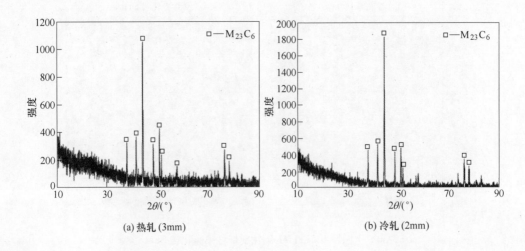

(a) 热轧 (3mm)   (b) 冷轧 (2mm)

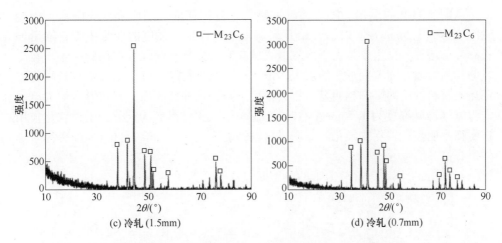

图 3-32   不同厚度 7Cr17MoV 轧制带材中碳化物 XRD 图谱

图 3-32 的结果表明，7Cr17MoV 钢热轧和冷轧后薄带所含碳化物的类型主要是 $M_{23}C_6$，并且主要是 Fe 和 Cr 的碳化物。随着冷轧的进行，由于多次的退火，合金元素发生扩散，碳化物中所含的元素百分比发生变化，但碳化物的类型不会发生改变。同时随着冷轧厚度的减小，衍射峰的强度不断增加，同样与随着冷轧的进行，碳化物的数量增加有关。

3.3.4   冷轧变形量对钢材性能的影响

不同冷轧厚度 7Cr17MoV 薄带的拉伸力学性能如图 3-33 所示。

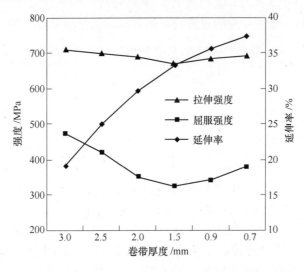

图 3-33   不同厚度 7Cr17MoV 冷轧薄带的拉伸力学性能

从图 3-33 可以看出，随着冷轧的进行，抗拉强度和屈服强度先降低，当冷轧厚度达到 1.5mm 左右时，开始升高。整个过程抗拉强度的变化不大，断后伸长率显著增加。这主要是由于冷轧退火软化和碳化物细化综合作用的结果。在冷轧的初始阶段，随着变形量的加大，退火再结晶进行越充分，退火软化较碳化物细化对材料性能的影响越明显，材料强度下降，延伸率提高。当变形量增大至一定程度（冷轧厚度为 1.5mm 左右时），材料退火再结晶较为充分，退火软化作用将变得不明显，碳化物细化的作用对材料性能产生主要影响，材料强度提高，延伸率提高。

7Cr17MoV 不锈钢冷轧薄带的典型断口形貌，如图 3-34 所示。

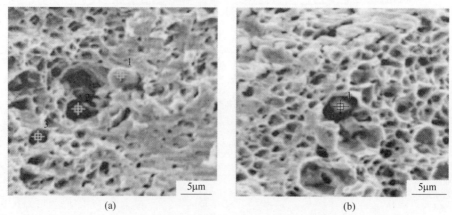

(a)　　　　　　　　　　　　　　　(b)

图 3-34　7Cr17MoV 钢冷轧薄带拉伸断口形貌

从图 3-34 中可以看出，断口处有大量的韧窝，部分韧窝有拉长现象，呈剪切韧窝。对图 3-34 中所标定的点进行能谱分析，其结果见表 3-10。

表 3-10　7Cr17MoV 钢冷轧薄带断口中夹杂物和碳化物成分　　　　（%）

序号		C	O	Al	Cr	Fe	Mn	V	Ti
图 3-34（a）	1		38.88	17.02	5.57	5.57	1.85		26.96
	2	0.58			55.01	55.01			
	3	1.63			43.92	43.92		0.37	
图 3-34（b）	1	3.28		2.68	15.43	15.43	3.23		28.38

由表 3-10 可以看出，断口韧窝处颗粒主要是碳化物和氧化物夹杂。例如图 3-34（a）中的 1 点含有 38.88% 的氧（O），其他标定点基本上为碳化物。因此，为了获得具有良好力学性能的 7Cr17MoV 不锈钢带材，除了在冶炼过程中尽量减少夹杂物含量，还应合理控制碳化物的形貌和分布。碳化物分布均匀且呈球状，避免形成针状、片状和较大颗粒的碳化物，对钢塑性危害较小。与热轧板材相比，冷轧板材断口韧窝多为等轴韧窝，韧窝尺寸也更加均匀，塑性更好。

参 考 文 献

［1］朱勤天. 8Cr13MoV 钢碳化物控制及对刀具锋利性能的影响［D］. 北京：北京科技大学，2018.

［2］Yu W T, Li J, Shi C B, et al. Effect of electroslag remelting parameters on primary carbides in stainless steel 8Cr13MoV［J］. Materials Transactions, 2016, 57（9）：1547-1551.

［3］Zhu Q T, Li J, Shi C B, et al. Effect of electroslag remelting on carbides in 8Cr13MoV martensitic stainless steel［J］. International Journal of Minerals, Metallurgy and Materials, 2015, 22（11）：1149-1156.

［4］初伟，谢尘，吴晓春. 电渣重熔高速钢共晶碳化物控制研究［J］. 上海金属，2013，35（5）：23-26.

［5］姜周华. 电渣冶金的最新进展与展望［C］. 2014 年全国特钢年会，天津，2014.

［6］占礼春，迟宏宵，马党参，等. 电渣重熔连续定向凝固 M2 高速钢铸态组织的研究［J］. 材料工程，2013（7）：29-34.

［7］姜周华，李正邦. 电渣冶金技术的最新发展趋势［J］. 特殊钢，2009，30（6）：10-13.

［8］Qi Y F, Li J, Shi C B, et al. Effect of directional solidification of electroslag remelting on the microstructure and primary carbides in an austenitic hot-work die steel［J］. Journal of Materials Processing Technology, 2017, 249：32-38.

［9］陈柯勋，王晓毅，王飞. 高温扩散时间对 4Cr5MoSiV1 钢组织及共晶碳化物的影响［J］. 热加工工艺，2018，47（20）：239-242.

［10］逯志方，苑希现，王伟，等. 高温扩散对轴承钢低倍组织和碳化物不均匀性的影响［J］. 钢铁研究学报，2017，29（2）：144-149.

［11］宋维锡. 金属学［M］. 北京：冶金工业出版社，2011.

［12］肖纪美. 不锈钢的金属学问题［M］. 北京：冶金工业出版社，2006.

［13］张帅，任毅，王爽，等. 热轧工艺对 X80 级厚壁管线用钢再结晶和微观组织的影响［J］. 上海金属，2018，40（6）：55-59.

［14］刘敏，冯小明，赖朝彬，等. 热轧工艺对海洋平台用钢 E690 再结晶的影响［J］. 金属热处理，2015，40（10）：64-67.

［15］张憬，卢雅琳，周东帅，等. 热轧变形量对 7085 铝合金微观组织与力学性能的影响［J］. 塑性工程学报，2018，25（4）：173-180.

［16］于文涛. 刀剪用高碳马氏体不锈钢 8Cr13MoV 中碳化物控制技术研究［D］. 北京：北京科技大学，2017.

［17］Yao D, Li J, Li J H, et al. Effect of cold rolling on morphology of carbides and properties of 7Cr17MoV stainless steel［J］. Materials and Manufacturing Process, 2015, 30：111-115.

［18］姚迪，李晶，李积回，等. 高碳不锈钢刀剪材料轧制过程中的碳化物［J］. 材料热处理学报，2014，35（11）：129-133.

［19］姚迪. 刀剪用高碳马氏体不锈钢生产过程组织演变行为研究［D］. 北京：北京科技大学，2016.

4 热处理工艺对钢中碳化物的影响

本章以高品质刀剪用 8Cr13MoV 冷轧薄板为例，研究热处理工艺对碳化物的影响。锻态和热轧态的 8Cr13MoV 钢室温组织由马氏体、残余奥氏体和少量的碳化物组成，硬度大且韧性差，如果直接进行冷轧，极易导致板材开裂而报废，因此，冷轧前需要进行球化退火。球化退火的目的是使马氏体转变成铁素体，钢中的碳与金属元素以球状碳化物的形式析出，均匀地分布在铁素体基体中，这样可以降低材料硬度、提高塑性，保证钢材具有良好的冷加工性能，防止冷轧过程中出现边裂和轧断缺陷[1,2]。球化退火工艺中要控制合理的保温温度、保温时间和冷却速率。冷轧板需要通过再结晶退火使变形的晶粒再结晶，实现晶粒细化并去除加工应力，此过程中也伴随着少量二次碳化物的析出和长大。

高品质刀剪要求具有较高的硬度、耐磨性和耐腐蚀性能，这些性能是通过最终的淬火和回火来实现的。淬火过程中要控制合理的奥氏体化温度和保温时间，使适量的二次碳化物溶解到基体中，起到固溶强化的作用。淬火过程中如果溶解到基体的二次碳化物过多，将会导致过冷奥氏体稳定性提高，使淬火后的微观组织中存在较多残余奥氏体，降低钢材的硬度。回火过程中，马氏体基体上析出大量细小、均匀、弥散的二次碳化物，可提高钢材的硬度和耐磨性。但二次碳化物的析出会降低基体中铬含量，也会在钢材表面形成微电池，导致耐腐蚀性能下降。因此，在热处理过程中应该根据钢对硬度、耐磨性和耐腐蚀性能的相关要求，合理地制定热处理工艺制度。

4.1 球化退火工艺对碳化物的影响

4.1.1 球化退火过程碳化物的演变

8Cr13MoV 采用等温球化退火，其工艺为：将材料加热到 A_{c1} 点以上保温一段时间，然后降温到 A_{c1} 以下某一温度保温一段时间，再缓冷到一定温度后出炉冷却。这个过程中，组织中的碳元素会与金属元素以碳化物的形式析出。温度加热到 A_{c1} 点以上的过程中，生成的大块碳化物开始溶解分断，获得许多小的颗粒状碳化物，随后冷却到 A_{c1} 点以下某一温度保温，碳化物开始球化长大，这一过程也称为离异共析转变[3,4]。对碳含量为 0.5% 左右的马氏体不锈钢球化退火过程碳化物的变化已有研究[5]，对于更高碳含量的马氏体不锈钢球化退火过程碳化物的变化还没有相关报道。为此，研究 8Cr13MoV 钢球化退火过程中碳化物的演变行为，有助于为优化此类钢种的球化退火工艺提供依据。

采用 8Cr13MoV 钢锻件，化学成分见表 4-1。

表 4-1 8Cr13MoV 钢化学成分 （%）

C	Si	Mn	Cr	Mo	V	S	N	Fe
0.77	0.28	0.45	14.02	0.39	0.45	0.0043	0.011	Bal.

材料的 A_{c1} 点温度为 842℃。球化退火处理工艺如图 4-1 所示。试样放入炉内随炉升温，在 800℃ 保温 30min，然后继续升温到 860℃ 保温 90min，再冷却到 750℃ 保温 90min，最后以 25℃/h 缓冷到 600℃ 出炉空冷。总共制备 14 个试样，1 个作为空白样，取出的试样立即水淬处理，取样时间见表 4-2。

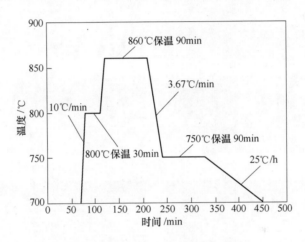

图 4-1 球化退火工艺

表 4-2 热处理参数

工艺	样号	取样时间/min	取样阶段	取样温度/℃
	No.1	0	未加热	0
升温过程	No.2	30	加热	330
	No.3	50	加热	520
	No.4	80	800℃ 保温开始	800
	No.5	110	800℃ 保温 30min	800
	No.6	165	860℃ 保温 45min	860
	No.7	210	860℃ 保温 90min	860
等温过程	No.8	240	750℃ 保温开始	750
	No.9	285	750℃ 保温 45min	750
	No.10	330	750℃ 保温 90min	750

工艺	样号	取样时间/min	取样阶段	取样温度/℃
降温过程	No. 11	450	降温 120min	701
	No. 12	510	降温 180min	676
	No. 13	570	降温 240min	651
	No. 14	690	降温 360min	600

4.1.1.1　球化退火过程组织与碳化物的变化

升温过程中钢组织与碳化物的变化如图 4-2 所示。

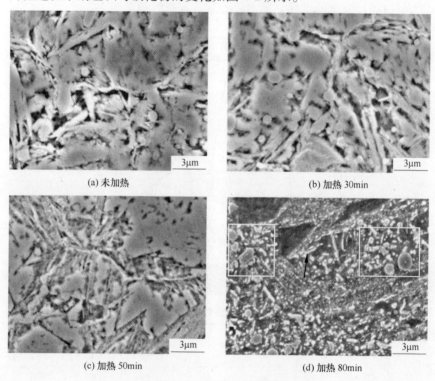

(a) 未加热　　　　　　　　　　　(b) 加热 30min

(c) 加热 50min　　　　　　　　　(d) 加热 80min

图 4-2　升温过程中组织及碳化物变化

　　图 4-2（a）是锻造后电渣锭的组织，由马氏体、残余奥氏体、铁素体、共晶碳化物 M_7C_3、少部分球状碳化物和沿晶界位置分布的片状碳化物组成。后两种碳化物是在锻造过程中产生，原始铸态组织中并不存在，分布在晶界上的碳化物是冷却过程中沿晶界析出的，晶粒内球状碳化物是锻造过程中溶解碳化物再析出的结果[6]。当温度升高到 330℃时，部分组织发生了变化，针状马氏体首先开始分解成为回火马氏体和碳化物，加热到 520℃时，这种变化更加明显。加热至 800℃时，马氏体和残余奥氏体基本分解完全，组织由铁素体及大量大小不一的

碳化物组成，但依然可以辨别出原始的马氏体区域，在原马氏体针状组织边缘碳化物容易呈链状析出，如图4-2（d）中箭头所示。原始组织中存在大颗粒的共晶碳化物 M_7C_3，是由元素偏析产生，在其周围析出的碳化物尺寸更大，如图4-2（d）中白框位置所示。原来在晶界的碳化物分断为链状，与马氏体针状组织析出碳化物相似。在图4-2（d）中出现的大面积黑色区域为原铁素体区域，由于该区域碳含量较低，所以碳化物析出较少。

等温过程各阶段钢中组织与碳化物的变化如图4-3所示。

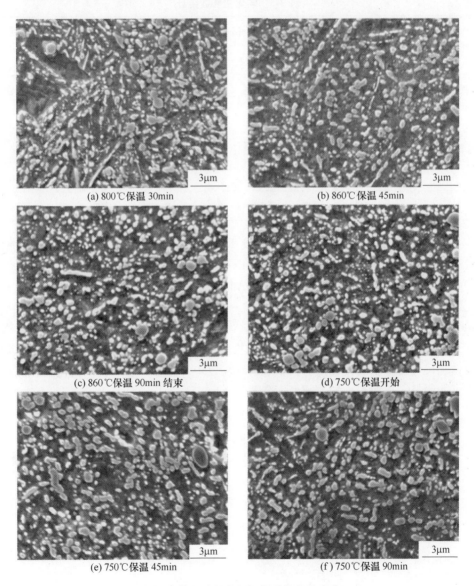

(a) 800℃保温 30min　　　　　　(b) 860℃保温 45min

(c) 860℃保温 90min 结束　　　　　　(d) 750℃保温开始

(e) 750℃保温 45min　　　　　　(f) 750℃保温 90min

图 4-3　等温过程中组织与碳化物的变化

由图 4-3（a）可知，800℃保温 30min 后，组织已经完全分辨不出原来马氏体和奥氏体的位置，细小碳化物减少，碳化物颗粒进一步长大，链状碳化物粗化。

用软件对碳化物相关参数进行了统计，结果见表 4-3。其中，R_{max} 和 R_{min} 分别为不规则碳化物颗粒的最大半径和最小半径。用 R_{max}/R_{min} 代表碳化物颗粒的圆形度，该值越小说明碳化物越趋于圆形。

表 4-3 碳化物参数统计

试样号	碳化物数量/个	碳化物面积/μm²	碳化物长度平均值/μm	(R_{max}/R_{min}) 平均值
No. 5	2008	223.52	0.201	6.91
No. 6	1912	177.28	0.192	4.31
No. 7	1744	162.04	0.179	3.46
No. 8	2140	194.44	0.179	3.14
No. 9	1604	195.72	0.240	4.67
No. 10	1744	200.76	0.231	4.49

860℃保温 45min 钢中碳化物形状较 800℃时更加规则，碳化物数量减少，链状碳化物开始熔断，碳化物的圆形度有所提高，如图 4-3（b）所示。860℃保温 90min 后，链状碳化物绝大部分都已经熔断成为颗粒状；与上一阶段相比，原有大颗粒碳化物开始溶解，碳化物尺寸进一步降低，如图 4-3（c）所示。温度从860℃降到 750℃，组织进入到球化阶段，由于温降速度较快，基体中合金元素没有充分的时间扩散[7]，原有碳化物粗化长大，新的碳化物形核析出，导致碳化物数量和尺寸明显增加，如图 4-3（d）所示。750℃保温 90min 后，碳化物颗粒粗化更加明显，尺寸不均匀，圆形度变差。

降温过程钢组织（SEM）和碳化物变化如图 4-4 所示。碳化物参数见表 4-4。

表 4-4 碳化物参数统计

试样号	碳化物数量/个	碳化物面积/μm	碳化物长度平均值/μm	(R_{max}/R_{min}) 平均值
No. 11	1340	211.43	0.294	4.51
No. 12	1284	198.26	0.285	4.91
No. 13	1332	200.96	0.247	4.69
No. 14	1324	212.44	0.271	4.54

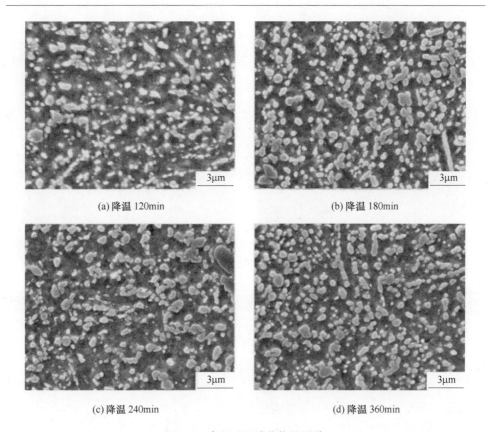

(a) 降温 120min

(b) 降温 180min

(c) 降温 240min

(d) 降温 360min

图 4-4　降温过程碳化物的形貌

由图 4-4 和表 4-4 可知，降温 120min 时，组织中碳化物数量减少，平均碳化物长度增加。降温 180min、240min 和 360min，组织中碳化物各项参数没有明显变化。由此说明，降温 180min 后，由于温度的降低，组织的碳化物球化速度已经非常缓慢，即使继续缓慢冷却，碳化物的球化效果也不明显。从进入球化阶段开始一直到冷却，碳化物的面积基本不变，这符合经典 Ostwald 熟化理论[8]。

4.1.1.2　球化退火过程中碳化物类型的变化

球化退火过程中碳化物成分变化如图 4-5 所示。

由热处理过程析出的典型碳化物能谱图 4-5（a）可知，析出碳化物中 Cr 含量明显较 M_7C_3 型碳化物低。电渣锭经过锻造后，共晶碳化物被破碎，但尺寸依然较大，一般大于 1μm。研究证实，共晶碳化物 M_7C_3 中 Cr 元素含量要明显高于 $M_{23}C_6$ 型碳化物[9,10]。根据这一特性可以发现，M_7C_3 型碳化物在球化热处理过程中非常稳定，没有发生向 $M_{23}C_6$ 型碳化物的转变。图 4-5（b）、（c）和（d）所示分别为试样 No.2、No.6 和 No.12 中大颗粒碳化物的 EDS 分析图谱，其中 Cr

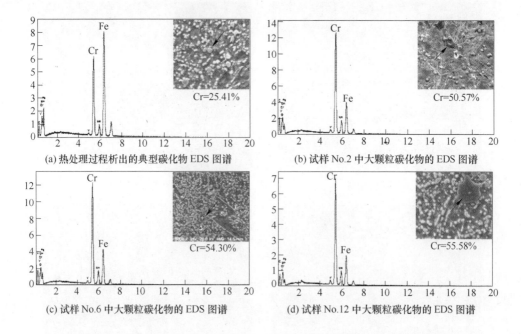

(a) 热处理过程析出的典型碳化物 EDS 图谱　　　(b) 试样 No.2 中大颗粒碳化物的 EDS 图谱

(c) 试样 No.6 中大颗粒碳化物的 EDS 图谱　　　(d) 试样 No.12 中大颗粒碳化物的 EDS 图谱

图 4-5　碳化物能谱分析

含量都在 50% 左右，均为 M_7C_3 型碳化物。

除共晶碳化物外，锻造后电渣锭中还有部分球形和沿晶界分布的碳化物，如图 4-6 所示。

试样 No.1 的碳化物 TEM 像如图 4-6（a）所示，可以看到片状碳化物和一些球形的碳化物，片状碳化物分布在晶界位置，而球形碳化物位于晶粒内部靠近晶界位置。图 4-6（a）中的球形碳化物放大后呈六边形，如图 4-6（b）所示。两种碳化物的衍射花样如图 4-6（a）、（b）左下角所示，经标定，片状碳化物为 M_3C 渗碳体型碳化物，晶带轴为 [0 1 2]。六边形碳化物为 $M_{23}C_6$ 型，晶带轴为 [0 2 3]。电渣锭中没有这种六边形碳化物，这是在锻造过程中析出的。锻造温度在 800~1200℃ 之间，这一温度范围内析出的应该为 M_7C_3 型碳化物，冷却过程中转变为 $M_{23}C_6$ 型。锻造态微观组织中的晶界位置存在 M_3C 型碳化物，但 M_3C 碳化物不能稳定存在，热处理过程中会转变为 $M_{23}C_6$ 型碳化物。

试样 No.3 的碳化物 TEM 图如图 4-6（c）所示，加热 80min 后基体中以颗粒状 $M_{23}C_6$ 型碳化物为主。同时，也发现了个别的棒状碳化物，经标定为 M_7C_3 型碳化物，晶带轴为 [2 2 1]，这些棒状的 M_7C_3 应该来自破碎的共晶碳化物。再次说明，M_7C_3 在加热过程中很难向 $M_{23}C_6$ 转变。按照热力学软件计算，800~860℃ 之间是 $M_{23}C_6$ 与 M_7C_3 共存区域，随着温度的升高，$M_{23}C_6$ 有向 M_7C_3 转变

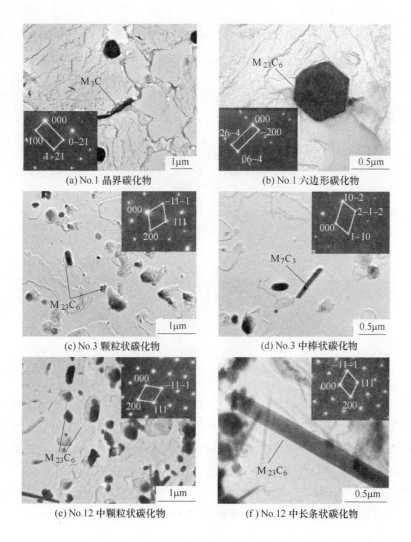

(a) No.1 晶界碳化物　　　　　(b) No.1 六边形碳化物

(c) No.3 颗粒状碳化物　　　　(d) No.3 中棒状碳化物

(e) No.12 中颗粒状碳化物　　　(f) No.12 中长条状碳化物

图 4-6　碳化物 TEM 观察和衍射花样

的趋势，但是需要很长的时间。与 8Cr13MoV 成分相近钢种，在 800℃ 时效 50h 后，没有观察到 $M_{23}C_6$ 向 M_7C_3 型碳化物转变[11]。由于温度维持在 800℃ 以上时间较短，在保温结束后冷却的试样中观察到的球化碳化物也都是 $M_{23}C_6$ 型。图 4-6（e）所示为试样 No.12 中的碳化物 TEM 图，冷却过程中组织中出现了一些长条形的碳化物。这些碳化物与试样 No.3 中的棒状碳化物不同，它们数量较多，外形规则边缘平整，与颗粒状碳化物同属于 $M_{23}C_6$ 型，晶带轴为 [0 1 1]，如图 4-6（f）所示。

综上所述，热处理过程中，M_7C_3 型碳化物不发生类型转变，随着温度升高，

电渣锭晶界处的 M_3C 转变为 $M_{23}C_6$。与其他马氏体不锈钢不同[12]，8Cr13MoV 钢组织中马氏体分解直接析出 $M_{23}C_6$ 型碳化物，而非 M_3C 渗碳体型碳化物。

4.1.1.3　退火试样及拉伸断口显微组织观察

试样原始组织由马氏体、残余奥氏体、一次碳化物和少量二次碳化物组成，如图 4-7 所示。

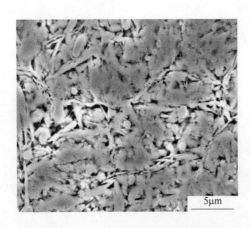

图 4-7　试样锻造后组织

试样经球化退火后，取部分加工成 12mm×12mm×5mm 的金相试样两个。经过打磨抛光后，一个用于洛氏硬度（HRB）测试，每个试样测三个点取平均值作为标准硬度，另一个用 $FeCl_3$ 的盐酸酒精溶液侵蚀用于组织观察。显微组织观察在 SEM 上进行，用 IPP 图像处理软件对碳化物进行统计。

退火试样经车床加工成直径为 8mm 的圆形标准拉伸试样，在万能拉伸强度试验机上进行拉伸实验，在扫描电子显微镜上观察断口显微组织。

4.1.2　奥氏体化保温时间（t_1）对碳化物及钢性能的影响

虽然有关球化退火工艺的研究较多，但由于合金元素在钢中行为的差异性，具体工艺相差较大[6,13]。以球化退火过程中碳化物的演变行为为基础，研究球化退火中奥氏体化保温时间（t_1）、球化期保温时间（t_2）和冷却速率对锻造后电渣锭组织及性能的影响。

所用材料 8Cr13MoV 钢的 A_{c1} 点温度为 840℃ 左右。在研究奥氏体化保温时间（t_1）和球化期保温时间（t_2）对 8Cr13MoV 钢组织及性能影响时，设定冷却速率为 25℃/h。分别研究奥氏体化保温时间（t_1）和球化期保温时间（t_2）两个参数对组织及性能的影响，共分为 A~F 共 6 组，具体工艺参数见表 4-5。

表 4-5 热处理参数

$t_2/\min$	$t_1/\min$		
	D (45)	E (90)	F (135)
A (45)	No. 1	No. 4	No. 7
B (90)	No. 2	No. 5	No. 8
C (135)	No. 3	No. 6	No. 9

注：A_{c1} 以上的加热温度设定在 860℃。t_1—A_{c1} 点以上温度保温的时间；A_{c1} 点以下保温温度设定为 750℃，t_2—A_{c1} 点以下温度保温的时间。

4.1.2.1 奥氏体化保温时间（t_1）对显微组织和碳化物的影响

研究奥氏体化保温时间（t_1）对显微组织的影响时，将所有试样分为 A、B、C 三组：A 组包括试样 No. 1、No. 4 和 No. 7；B 组包括试样 No. 2、No. 5 和 No. 8；C 组包括试样 No. 3、No. 6 和 No. 9。每组试样的球化期保温时间（t_2）相同，奥氏体化保温时间（t_1）逐步增加。试样显微组织如图 4-8 所示，显微组织都是由

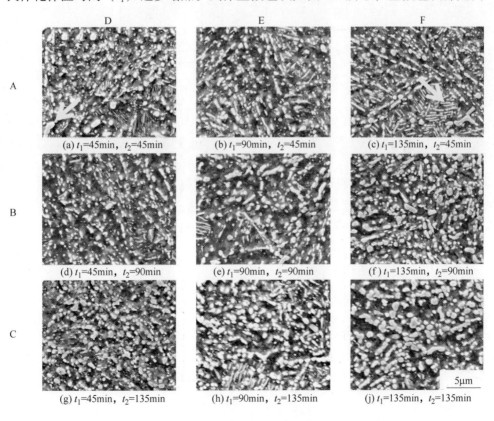

(a) $t_1=45\min$, $t_2=45\min$ (b) $t_1=90\min$, $t_2=45\min$ (c) $t_1=135\min$, $t_2=45\min$

(d) $t_1=45\min$, $t_2=90\min$ (e) $t_1=90\min$, $t_2=90\min$ (f) $t_1=135\min$, $t_2=90\min$

(g) $t_1=45\min$, $t_2=135\min$ (h) $t_1=90\min$, $t_2=135\min$ (j) $t_1=135\min$, $t_2=135\min$

图 4-8 不同 t_1 和 t_2 的试样组织

一次碳化物、粒状珠光体、索氏体和一些短棒状的碳化物组成。一次碳化物形成于冶炼凝固阶段，经过锻造和退火依然存在于组织中。

如图4-8（a）中箭头所示。一部分碳化物球化还不完全，呈短棒状或链状。还有少量碳化物呈薄片状，只有在高倍的扫描电镜下才能被发现，这种间距非常小的片状碳化物分布在铁素体基体中，被称为索氏体，如图4-8（c）中箭头所指位置。奥氏体化保温时间（t_1）从45min到90min，每组试样组织特点和变化趋势一致的，将直径不大于0.2μm的碳化物颗粒视为细小碳化物。细小碳化物占碳化物总量的百分比如图4-9所示。

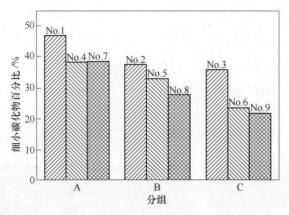

图4-9　各试样细小碳化物占碳化物总数的百分比

由图4-9可见，奥氏体化保温时间（t_1）为45min时，碳化物数量多，特别是细小碳化物数量，但是粒度不均匀。将试样No.1碳化物总数量作为基数，其他试样的碳化物数量与该基数的比值如图4-10所示。奥氏体化保温时间（t_1）达到90min时A组试样组织中细小碳化物从46.94%降到了38.31%，碳化物总数量

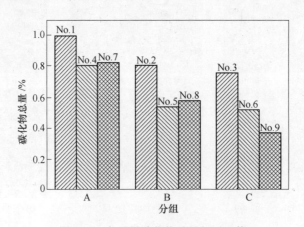

图4-10　各试样碳化物总量相对比值

降低了 19.31%。随着奥氏体化保温时间（t_1）继续延长，A 组的试样 No.7 组织中碳化物总数量又有所增加，而且索氏体量明显高于试样 No.1 和 No.4。B 组中试样 No.8 与 No.5 对比碳化物总数量也增加了 7.41%，但索氏体量没有明显增加。C 组中试样 No.9 的碳化物数量最少，碳化物的粒度更大，索氏体数量也没有增加的迹象。

虽然 A～C 组试样的硬度都是先降低后升高，然而结合显微组织来看，各组试样的显微组织变化并不完全相同，特别是每组的最后一个试样。试样 No.7 中有较多的索氏体，试样 No.8 中出现了一些细小碳化物，试样 No.9 与同组试样 No.6 组织相比变化不大。试样 No.7、No.8、No.9 同属 F 组，显然这种较大的组织差异与 t_2 有直接联系。

在上节的图 4-3 中可以发现，随着 t_1 延长，碳化物逐渐溶解，基体中会出现一些碳化物间距较远的位置（以下称之为"间位"）[14]。试样 No.7 的 t_2 只有 45min，基体中溶解的合金元素来不及向碳化物核心扩散并参与球化，在冷却过程中非常容易在"间位"形成索氏体，索氏体也会提高基体的硬度，使抗拉强度也随之升高。试样 No.8 的 t_2 时间为 90min，基体中合金元素扩散并参与球化的时间更多。因此，试样 No.8 中索氏体并没有大量出现，而与试样 No.5 相比，试样 No.8 的基体中仍然有较多的合金元素，这些元素来不及迁移球化，一部分保留在了基体中，另一部分就近或在"间位"以小颗粒的碳化物析出，这些小颗粒碳化物也能起到强化基体的作用。图 4-3 中从（c）到（d）的变化可以证明这一点，细小碳化物增多，但索氏体却未出现。试样 No.9 的 t_2 为 135min，碳化物球化较为充分，所以冷却过程中没有明显析出索氏体和小颗粒碳化物。

4.1.2.2　t_1 对力学性能的影响

各试样的硬度值见表 4-6，硬度值单位为 HRB。球化退火的目的就是降低材料的硬度，从表中可知，试样 No.6 的硬度值最低，t_1 和 t_2 值分别为 90min 和 135min，说明该组参数球化退火效果最佳。

表 4-6　试样的硬度值

t_2/min	t_1/min		
	D（45）	E（90）	F（135）
A（45）	95.56（No.1）	91.43（No.4）	93.71（No.7）
B（90）	95.22（No.2）	89.65（No.5）	89.95（No.8）
C（135）	92.65（No.3）	88.05（No.6）	89.71（No.9）

三组试样的硬度值随 t_1 变化如图 4-11 所示，都是随着 t_1 的延长，硬度先减少后增加，t_1 为 90min 时试样的硬度最低。图 4-11 中也给出了每组试样的抗拉强

度值，它与硬度值呈正相关性，这与已有的研究结论是一致的。

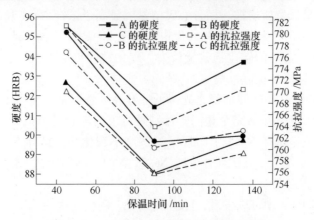

图 4-11 t_1 与硬度和抗拉强度的对应关系

　　通常情况下材料的硬度越低塑性就越好，但对该钢种研究发现，试样硬度值与断后延伸率没有明显对应关系，如图 4-12 所示。断后伸长率与图 4-12 硬度随 t_1 的变化趋势无关联，这种情况可能是由钢中的夹杂物和大尺寸脆性相造成的，特别是组织中大量的大尺寸的一次碳化物，即使经过锻造后尺寸依然较大，而且碳化物硬度大且脆，很可能在碳化物处产生裂纹。

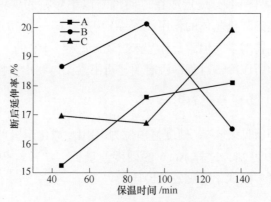

图 4-12 t_1 与断后延伸率的对应关系

　　8Cr13MoV 的加热过程与高碳马氏体钢的高温回火过程相似，马氏体分解析出大量的碳化物，这些碳化物会对基体起到强化作用。温度升高到 A_{c1} 点以上保温，薄片状、长条状的碳化物进行分断溶解[15]，细小碳化物也会溶解，剩余的碳化物将成为碳化物球化的核心。t_1 为 45min 的试样中细小碳化物数量明显多于其他试样，这些细小碳化物一部分是在加热过程中直接析出的，一部分来源于碳化物的分断。试样 t_1 时间短，薄片状、长条状碳化物分断后细小碳化物剩余较多，它们产生的强化作用依然存在，所以导致硬度高于其他试样。随着 t_1 的延长，细小碳化物溶入基体，强化作用减弱，硬度也开始降低。t_1 保温时间为90min 时，试样的硬度降到了最低。当 t_1 保温时间为 135min 时，更多的碳化物溶解，碳化物球化的核心减少，基体中合金元素和碳元素都较高。在冷却速率都相同情况下，碳化物球化程度降低，致使过多的合金元素留在试样基体中，这些合金元素起到了强化基体的作用，导致试样硬度和抗拉强度再次升高。

选取 E 组中试样 No.5 和 No.6 进行拉伸断口观察分析，试样 No.6 的硬度是所有试样中最低的，但断后伸长率却低于试样 No.5。两个试样的拉伸断口 SEM 像如图 4-13 所示。试样断口为典型的韧性断裂，断口为杯锥状。图 4-13（a）所示为拉伸试样的宏观断口，其中"1"为裂纹扩展区；"2"为纤维区；"3"为剪切唇区。8Cr13MoV 的锻后退火组织主要为铁素体和碳化物（一次碳化物和二次碳化物），铁素体具有良好的延展性，而碳化物不具有延展性，所以在拉伸过程中，裂纹极易在尺寸较大的一次碳化物处开始萌生。图 4-14（b）所示为纤维区的放大图，断口处分布着大量的一次碳化物和韧窝。由于经过热加工，一次碳化物沿着一定方向排列。在纤维区，裂纹就是在这些一次碳化物处萌生，并且扩展为断裂。图 4-13（c）所示为放射区的放大图，与纤维区明显不同，该区域内除韧窝和穿晶断裂的大块一次碳化物外，还存在另一种准解理断裂特征。这种特征有类似准解理特征的河流花样，如图 4-13（c）中箭头所指位置。将局部放大后发现，这种特征与准解理特征有所不同，虽然像河流状花样，但是其内部并不平滑，而是呈现树枝状，如图 4-13（d）所示。从形貌上判断，该部分是沿晶界呈树枝状析出的二次碳化物。这种断裂是发生在沿晶界分布的二次碳化物上，属于沿晶断裂。试样 No.5 和 No.6 裂纹扩展区组织形貌分别如图 4-13 中（d）和（f）所示，试样 No.5 中这种断裂明显要少于试样 No.6，由此说明试样 No.5 中晶界二次碳化物更少。

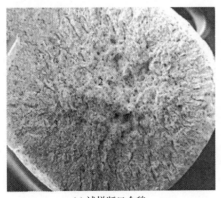

(a) 试样断口全貌

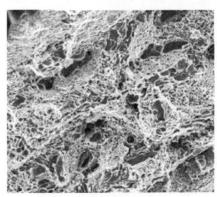

(b) 纤维区

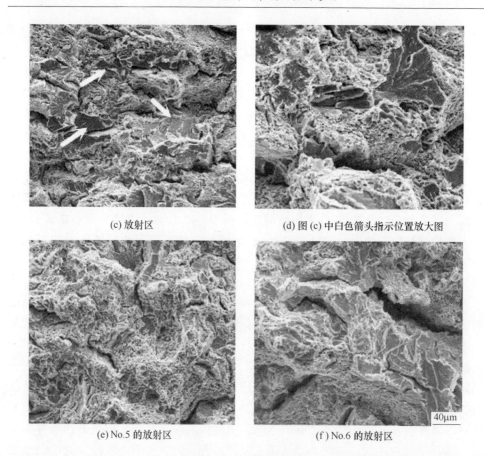

(c) 放射区　　　　　　　　(d) 图 (c) 中白色箭头指示位置放大图

(e) No.5 的放射区　　　　　　　　(f) No.6 的放射区

图 4-13　拉伸断口形貌

综上所述，影响断后伸长率的主要原因是碳化物的析出和分布，而碳化物的形成与元素偏析存在直接关系[16,17]。在电渣过程中，靠近结晶器的位置由于冷却强度大，组织原始偏析较小，所以碳化物的数量较少，分布也均匀；而越靠近铸锭中心位置，偏析越严重，碳化物生成多且分布不均[18]。基于这个原因，还原试样在母材（板材）上的位置发现，断面伸长率最高的试样 No. 5 和试样 No. 9 都来自母材的最边缘，同样是原始电渣铸锭紧靠结晶器的位置，而试样 No. 6 则来自电渣锭的中心位置。

4.1.3　球化期保温时间（t_2）对碳化物及钢性能的影响

4.1.3.1　t_2 对显微组织和碳化物的影响

将全部试样分为 D、E 和 F 组：D 组包括 No. 1、No. 2 和 No. 3；E 组包括 No. 4、No. 5 和 No. 6；F 组包括 No. 7、No. 8 和 No. 9。每组都是 t_1 相同，t_2 逐步

增加。如图 4-8 所示，从这三组的显微组织来看，都是随着 t_2 的延长，碳化物的颗粒半径逐渐增大。以 F 组 3 个试样为例，碳化物平均半径分别为 0.19μm、0.23μm 和 0.31μm。显然 t_2 越长碳化物球化程度越高，碳化物总数量虽然一直递减，但总的体积分数基本没有变化，均在 30% 左右。

4.1.3.2　t_2 对力学性能的影响

t_2 与硬度、抗拉强度的关系如图 4-14 所示。随着 t_2 延长，三组试样的硬度都是一直降低的，抗拉强度也呈现了相对应的趋势。结合显微组织情况说明，碳化物的球化程度越高，试样的硬度就越低。进一步观察每组试样硬度随时间的变化量发现，E 组和 F 组的硬度变化量都是减小的，只有 D 组硬度变化量是增加的。这是因为 E 组和 F 组的碳化物长大速率随 t_2 延长而降低，而 D 组的碳化物长大速率却升高了。对比组间碳化物长大速率，t_2 从 45min 到 90min：E 组>F 组>D 组；从 90min 到 135min：D 组>F 组>E 组。这种现象与组间 t_1 长度不同有关。

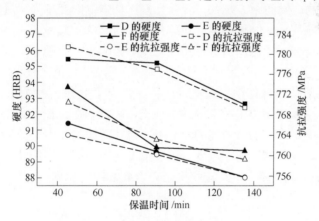

图 4-14　t_2 与抗拉强度和硬度的对应关系

D～F 组，同组内不同 t_2 时间段球化速率存在较大差异。这与试样进入球化阶段时的组织状态有关，即与 t_1 有直接关系。根据经典的 LSW 理论[19]，合金钢中弥散分布的球状碳化物在球化过程中粒子的半径 r 和时间 t 有如下关系：

$$\frac{\mathrm{d}r}{\mathrm{d}t} = \frac{2D_{\mathrm{M}}C_0^{\alpha}\sigma_{\mathrm{S}}V_{\mathrm{m}}^{\alpha}}{r(C^{\beta} - C_{\mathrm{r}}^{\alpha})\,KT}\left(\frac{1}{\bar{r}} - \frac{1}{r}\right) \tag{4-1}$$

式中，D_{M} 为合金元素在基体中的扩散系数；$\bar{r}$ 为粒子的平均半径；C_0^{α} 为基体合金元素的浓度；C^{β} 表示碳化物中合金元素的浓度；C_{r}^{α} 为半径为 r 的碳化物粒子表面合金元素的浓度；K 为气体常数；T 为绝对温度；V_{m}^{α} 为基体的偏摩尔体积；σ_{S} 为碳化物与基体之间的界面能。

由式（4-1）可以看出，大于平均半径的碳化物颗粒才会长大，而小于平均半径的颗粒将消失。考虑了多组元控制扩散作用，以经典理论模型为基础，得到了碳化物在球化过程中瞬时长大速率的公式[20]：

$$\frac{\mathrm{d}r}{\mathrm{d}t} = \frac{2V_\mathrm{m}^\alpha \sigma_\mathrm{S}}{LKT} \frac{1}{r} \sum_M \frac{D_M}{k_M - k_{Fe}} \tag{4-2}$$

式中，L 为扩散半径；k_M 和 k_{Fe} 分别代表合金元素和铁元素在碳化物和基体两相中的分配系数，即 $k_M = \dfrac{x_M^\beta}{x_M^\alpha}$，$k_{Fe} = \dfrac{x_{Fe}^\beta}{x_{Fe}^\alpha}$。

可以看出，碳化物瞬时长大速率与 L 成反比关系，也就是碳化物的间距越大，瞬时长大速率越慢。碳化物瞬时长大速率与（$k_M - k_{Fe}$）也成反比关系，（$k_M - k_{Fe}$）值越大，瞬时长大速率越慢。进一步可知合金元素在基体中的浓度越高，瞬时长大速率就越快。

综合以上内容，t_1 的大小可以直接影响到 L 和 x_M^α。在碳化物分断溶解阶段，t_1 越长，碳化物之间间距 L 越大，合金元素在基体中浓度越高，这两个参数对瞬时长大速率影响相反。结果显示，在球化阶段前期球化速率 $v_F > v_E > v_D$，由此推断可知，基体中合金元素浓度对碳化物球化速率影响更大。随着 t_2 延长，L 值增加值降低，球化速率降低，E 组和 F 组后两个试样硬度变化值都减小，符合式（4-2）规律。只有 D 组中试样的硬度差值变大，这是由于 D 组 t_1 太短，组织中有大量未分断的薄片状碳化物和未溶解的细小碳化物颗粒。在 t_2 阶段前期，基体中合金元素浓度值较低，在界面自由能的驱动下，薄片碳化物和细小碳化物颗粒还在进行分断和溶解，此时球化速率较慢，硬度值变化不明显。采用动力学原理推导出了薄片状碳化物球化的瞬时长大速率公式[21] 如下：

$$\frac{\mathrm{d}r}{\mathrm{d}t} = \frac{2V_\mathrm{m}^\alpha \sigma_\mathrm{S} C_0}{l_0 KT} \left(\frac{1}{r_1} - \frac{1}{r_2} \right) \tag{4-3}$$

式中，l_0 为薄片状碳化物的长度；C_0 为合金元素在碳化物上曲率半径为 0 处的平衡浓度；r_1 和 r_2 分别为碳化物粗化到 ρ_1 和 ρ_2 两个曲率时的半径。

可以看出，瞬时长大速率与 l_0 成反比，随着碳化物的分断 l_0 减小，瞬时长大速率逐渐增加。因此，D 组试样球化速率与其他两组不同，随 t_2 延长而逐渐增加。

4.1.4　冷却速率对碳化物及钢性能的影响

4.1.4.1　冷却速率对碳化物和显微组织的影响

奥氏体化保温时间（t_1）为 135min、球化期保温时间（t_2）为 45min，冷却速率分别为 10℃/h、25℃/h、50℃/h、100℃/h 和 250℃/h 时，试样显微组织如图 4-15 所示。

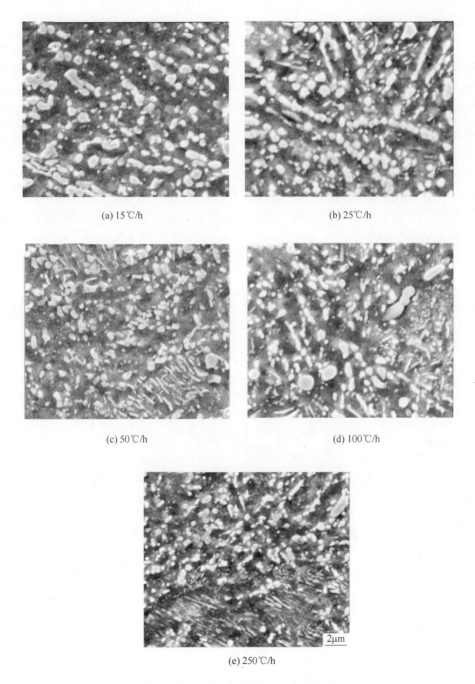

(a) 15℃/h　　　　　　　　　　　(b) 25℃/h

(c) 50℃/h　　　　　　　　　　　(d) 100℃/h

(e) 250℃/h

图 4-15　不同冷却强度试样显微组织

　　由图 4-15 可见，在每个冷却速率下，组织中都有薄片状和球状的碳化物，随着冷却速率的提高，组织中的碳化物发生了明显的变化。球状碳化物尺寸明显减小，而薄片状碳化物越来越纤细，并且数量也有所增加。250℃/h冷却速率与15℃/h冷却速率的试样相比，碳化物薄片厚度和平均间距均降低了近50%，碳化物总量增加了19.53%。冷却速率为250℃/h的试样中，球状碳化物之间的缝隙中还存在着大量的非常细小的碳化物颗粒，最小尺寸小于20nm。这类碳化物颗粒在冷却速率达到100℃/h时，就开始大量出现。显然，细小碳化物和薄片状碳化物均与冷却速率有着直接的关系。

4.1.4.2　冷却速率对力学性能的影响

不同冷却速率试样的硬度、抗拉强度和断后延伸率的变化如图4-16所示。根据图4-15微观组织形貌推断，试样的硬度应该随着冷却速率的增加而提高，与图4-16中结果一致。

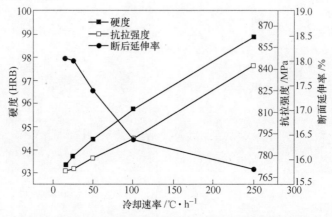

图4-16　冷却速率与硬度、抗拉强度和断后延伸率的对应关系

由图4-16可知，试样的抗拉强度随着冷却速率的增加而提高，尤其冷速为250℃/h的试样抗拉强度增幅最大，达到了842.57MPa。断后延伸率随着冷却速率增加而降低，但是变化幅度较小。

选取冷却速率分别为25℃/h和250℃/h的试样，进行拉伸断口形貌分析，如图4-17所示。250℃/h的试样拉伸断口有几处韧窝形貌与别处明显不同，如图4-17（b）中白框内位置，韧窝直径非常小且深度浅，说明此处组织的塑性较低。冷却速率分别为25℃/h的试样，断口韧窝尺寸比较均匀，没有出现小韧窝集中的地方。

球化退火处理过程中珠光体形成的两种形式是共析转变和离异共析转变，产物分别为层片状珠光体和粒状珠光体，冷却速率则是决定生成产物的关键。研究发现[22]，离异共析转变所需要的过冷度更低，所以需要较慢的冷却速度。球化退火处理冷却过程有一个极限冷却速率，当冷却速率超过这个值时，就会产生层

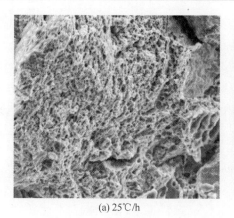
(a) 25℃/h

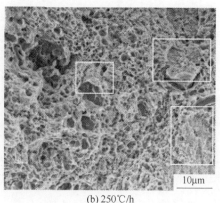
(b) 250℃/h

图 4-17 不同冷却强度试样的拉伸断口形貌

片状珠光体,不利于碳化物的球化。

冷却速率为 15℃/h 和 25℃/h 时,组织没有明显差异,试样的硬度变化较小,说明在冷却速率低于 25℃/h 时球化效果较好。当冷却速率达到 50℃/h,组织发生明显变化,此时的冷却速率可能已经超过了临界冷却速率,层片状珠光体和细小的颗粒状碳化物明显增多。尤其是冷却速率 250℃/h 的试样,碳化物颗粒普遍非常细小,这说明缓慢的冷却过程也是碳化物球化的重要途径。冷却速率较大时,基体中合金元素扩散受到严重抑制,只能就近原地析出,所以在大的碳化物之间析出了大量纳米级的碳化物,并且生成的索氏体层片间距也非常小,甚至达到了纳米级别。这种索氏体组织使基体的硬度增加,抗拉强度显著升高。由于碳化物层片结构非常细小,所以对塑性影响不是十分显著。从拉伸断口也可以观察到这种组织,如图 4-17(b)中白框内位置,存在韧窝,但尺寸却明显小于其他位置。

综上所述,8Cr13MoV 锻态组织中不但存在 $M_{23}C_6$ 型和 M_7C_3 型碳化物,而且还有分布在晶界位置的 M_3C 型碳化物。在加热过程中 M_3C 很快转化为 $M_{23}C_6$,而 M_7C_3 不会向 $M_{23}C_6$ 转变,一直保留到热处理结束。与其他马氏体不锈钢不同,8Cr13MoV 组织中马氏体分解直接析出 $M_{23}C_6$ 型碳化物。在球化热处理的缓冷阶段,降温 180min 后显微组织基本没有变化。

随着奥氏体化保温时间从 45min 增加到 135min,试样硬度先降低后增加。保温时间短,组织中保留了过多的加热过程中析出的细小碳化物,强化基体作用依然存在;保温时间过长,合金元素在基体中溶解更多、分布更均匀,不利于球化,这些合金元素除强化基体外,在冷却过程中还会在空位以索氏体及细小碳化物析出,提高材料硬度[23]。

奥氏体化保温时间会直接影响球化前期碳化物的长大速率,保温时间越长,碳化物球化长大的速率越快；球化期保温时间越长，碳化物球化效果越好，试样硬度越低。当冷却速率较快或奥氏体化保温时间过长时，组织中容易生成索氏体和小颗粒碳化物，需要降低冷却速率或延长球化期保温时间来消除。

最佳的奥氏体化保温时间和球化期保温时间分别为 90min 和 135min。8Cr13MoV 球化退火工艺中冷却速率应控制在 25℃/h 以内，提高冷却速率会使组织中生成大量的细小碳化物和索氏体，导致硬度和抗拉强度大幅提高。

奥氏体化和球化期保温时间对材料断后伸长率影响较小，影响断后伸长率主要因素为基体中碳化物数量的析出和分布，碳化物越少分布越均匀，材料的断后伸长率越高。

4.2　淬火工艺对碳化物的影响

4.2.1　8Cr13MoV 钢特征相变点的测定

钢材的特征相变点主要包括奥氏体开始转变温度（A_{c1}）、奥氏体转变结束温度（A_{c3}）、马氏体开始转变温度（M_s）和马氏体转变结束温度（M_f）。钢材相变点对热处理温度的制定具有重要的指导意义。

利用热膨胀仪 DIL805L 测定了钢材的 A_{c1} 和 A_{c3}，结果如图 4-18 所示。其中，Δl 为圆棒伸长量。

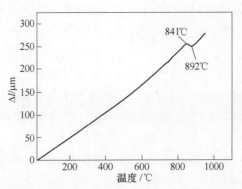

图 4-18　8Cr13MoV 钢热膨胀曲线（Δl 为试样伸长量）

室温下，铸态 8Cr13MoV 钢组织主要为马氏体和残余奥氏体。相同温度下，钢的体积与其内在组织形态有关。一般情况下，面心立方的奥氏体体积小于体心立方的马氏体和铁素体体积。由图 4-18 可知，当温度低于 841℃ 时，钢材体积随温度升高而增加；温度介于 841~892℃ 时，由于钢中马氏体开始向奥氏体转变，钢材体积减小；温度高于 892℃ 时，钢材体积随温度升高继续增加。经分析，8Cr13MoV 钢的奥氏体开始转变温度 A_{c1} 为 841℃，奥氏体转变结束温度 A_{c3} 为 892℃。

利用热膨胀仪测定了不同冷速下马氏体开始转变点（M_s）和马氏体转变结束点（M_f）。测定工艺为：将直径为 4mm、长度为 10mm 试样以 10℃/s 的速度加热升温到 1000℃，保温 10min 后，分别以 20℃/s、10℃/s、5℃/s、3℃/s、1℃/s、0.5℃/s、0.1℃/s、0.003℃/s 的速度冷却到室温，马氏体相变点温度的测定工艺如图 4-19 所示。

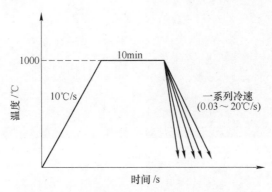

图 4-19　不同冷速下马氏体相变点测定工艺

不同冷速下马氏体相变点的测定结果如图 4-20 所示。当冷速为 0.03℃/s 时，M_s 为 423℃，M_f 为 262℃。随着冷却速度的增加，M_s 和 M_f 均呈下降趋势。当冷却速度介于 0.03℃/s ~ 1℃/s 时，马氏体相变点下降速度较快；当冷却速度介于 1~20℃/s 时，马氏体相变点下降趋势减慢；当冷却速度为 20℃/s 时，M_s 为 316℃，M_f 为 172℃。

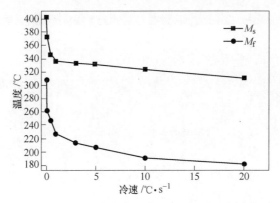

图 4-20　冷却速度与对马氏体转变点的影响

4.2.2　奥氏体化温度和冷却制度对钢中碳化物影响

将冷轧退火后的试样以 10℃/min 的速度分别加热到不同的奥氏体化温度（860 ~1150℃），保温 5min 后，油冷或空冷到室温。

在油冷淬火条件下，奥氏体化温度对钢中基体组织和碳化物的影响如图 4-21 所示。

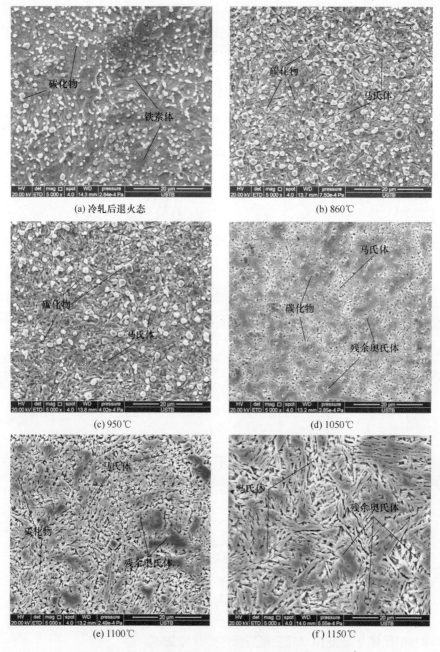

(a) 冷轧后退火态

(b) 860℃

(c) 950℃

(d) 1050℃

(e) 1100℃

(f) 1150℃

图 4-21 不同奥氏体化温度对钢中组织和碳化物的影响

由图 4-21 可见，冷轧退火后钢材组织为粒状珠光体，铁素体基体上分布着许多球状碳化物，如图 4-21 （a）所示。当奥氏体化温度较低（860℃、950℃）时，钢材基体转变为隐针状马氏体，碳化物颗粒有所长大；当奥氏体化温度升高到1050℃时，钢材基体组织中出现针状马氏体和少量的残余奥氏体，碳化物平均尺寸减小，数量减少；温度升高到1100℃时，针状马氏体组织粗化，残余奥氏体比例增加，碳化物数量明显减少；当奥氏体化温度升高到1150℃时，马氏体组织进一步粗化，残余奥氏体含量升高，碳化物已完全溶解到钢材基体中。不同奥氏体化温度对淬火组织的影响可总结为：随奥氏体化温度的升高，钢中碳化物数量减少，当碳化物数量减少到一定程度时，组织中出现残余奥氏体，残余奥氏体的含量随奥氏体化温度的升高而升高。另外，随奥氏体化温度的升高，针状马氏体组织逐渐粗化。对不同奥氏体化温度处理的淬火试样进行 XRD 分析，结果如图4-22 所示。

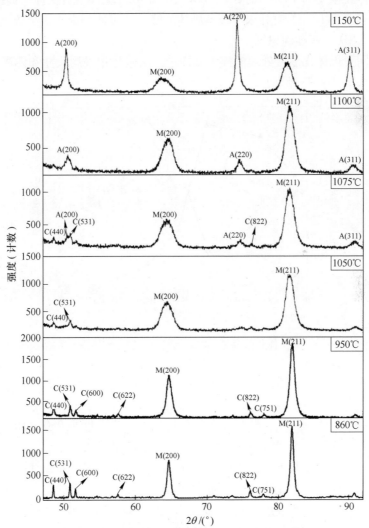

图 4-22　不同奥氏体化温度时淬火试样的 XRD 图谱
（M、A、C 分别代表马氏体、奥氏体和 M$_{23}$C$_6$ 碳化物）

由图 4-22 的 XRD 图谱可知，当奥氏体化温度为 860℃和 950℃时，试样中明显存在 $M_{23}C_6$ 型二次碳化物。这种碳化物主要是在球化退火和冷轧后再结晶退火过程中析出，在淬火加热和保温过程中未溶解而保留下来的。当温度升高到 1050℃和 1075℃时，部分碳化物的特征峰逐渐消失，说明 $M_{23}C_6$ 型二次碳化物含量逐渐降低。当温度为 1150℃时，所有碳化物的峰都消失。图 4-22 中各奥氏体化温度下试样中碳化物衍射峰的强弱差异与图 4-21 中碳化物含量的变化规律相吻合。当奥氏体化温度高于 1075℃时，XRD 衍射图谱中出现残余奥氏体的特征峰，且奥氏体的峰值随着奥氏体化温度的升高迅速升高。根据图 4-21（d）中显示，奥氏体化温度为 1050℃时，淬火组织中即可出现残余奥氏体。而图 4-22 中奥氏体化温度为 1050℃时并未出现奥氏体的峰，这可能是由于残余奥氏体含量太少，导致 XRD 不能准确识别。

对不同奥氏体化温度处理的淬火试样中二次碳化物平均尺寸和体积分数进行统计，结果如图 4-23 所示。

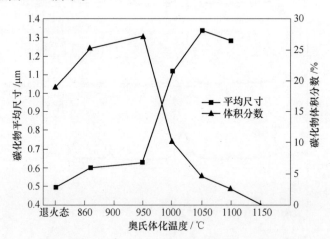

图 4-23　奥氏体化温度对二次碳化物平均尺寸和体积分数的影响

由图 4-23 可知，当奥氏体化温度低于 950℃时，随温度的升高，二次碳化物尺寸和体积分数均呈上升趋势，说明在此温度区间内，存在的二次碳化物表面不断有新的二次碳化物析出，导致二次碳化物长大；当温度为 950～1050℃时，由于小尺寸的碳化物逐渐溶解，而大尺寸的碳化物保留下来，导致二次碳化物平均尺寸变大，总体积分数下降；当温度继续升高到 1100℃时，小尺寸碳化物已完全溶解，大尺寸的二次碳化物由于不断溶解而尺寸减小，导致碳化物平均尺寸和总体积分数同时减小；当温度达到 1150℃时，二次碳化物已完全溶解。因此，淬火时奥氏体化温度应该高于 950℃，使二次碳化物适量溶解，提高淬火后马氏体中碳和铬元素的含量，从而提高钢的硬度和耐腐蚀性能。

根据国标 GB 8362—87 中残余奥氏体含量测定方法，计算得到的不同奥氏体化温度下淬火试样中的残余奥氏体含量，如图 4-24 所示。

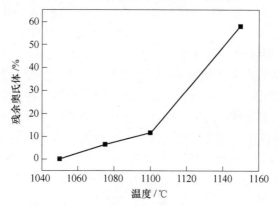

图 4-24　奥氏体化温度对钢中残余奥氏体含量的影响

由图 4-24 可知，当奥氏体化温度高于 1050℃时，淬火组织中会出现残余奥氏体。残余奥氏体含量随奥氏体化温度的升高而升高。由图 4-23 可知，奥氏体化温度高于 950℃时即发生碳化物的溶解；当温度达到 1050℃时，碳化物体积分数已经下降到 5%左右，此时已溶解的碳化物周围碳含量较高，提高了奥氏体的稳定性，可能会导致该区域在淬火后成为残余奥氏体；随着奥氏体化温度继续提高，尤其在 1100~1150℃范围内，由于大尺寸的碳化物溶解和碳元素进一步的扩散，具有较高稳定性的奥氏体区域进一步扩大，导致淬火组织中残余奥氏体含量迅速提高；温度为 1150℃时，残余奥氏体比例达到 57.7%。残余奥氏体的增加会使钢材硬度大幅度降低，因此在淬火过程中应控制奥氏体化温度低于 1100℃。

利用热膨胀仪将 8Cr13MoV 钢试样加热到 1050℃保温 5min 后，分别以 0.03℃/s 和 10℃/s 的速度冷却到室温。不同冷却强度对淬火组织的影响如图 4-25 所示。

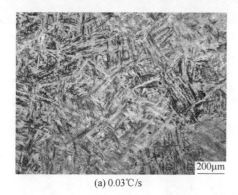

(a) 0.03℃/s　　　　　　　　　　　　(b) 10℃/s

图 4-25　冷却强度对淬火组织的影响

　　由图 4-25 可知，当冷却强度为 0.03℃/s 时，淬火组织仍为马氏体，这主要是由于 8Cr13MoV 钢中大量的碳和合金元素增加了过冷奥氏体的稳定性，使 C 曲线右移，降低了淬火时形成马氏体的临界冷却速率，使 8Cr13MoV 钢即使在较慢的冷却速率下仍可以转变成马氏体。当冷却速率提高到 10℃/s 时，淬火组织中马氏体含量减少。研究表明，碳和合金元素只有溶入奥氏体才能增加过冷奥氏体的稳定性，使 C 曲线右移，如以不溶的碳化物形式存在，反而会降低过冷奥氏体的稳定性。冷速较低时，冷却过程中奥氏体中会析出碳化物，降低了过冷奥氏体的稳定性，有利于奥氏体向马氏体的转变；而当冷速较高时，冷却过程中碳和合金元素固溶在奥氏体中，很难析出，提高了过冷奥氏体的稳定性，从而使淬火组织中马氏体含量减少，残余奥氏体含量升高；当冷却速度提高到 10℃/s 时，针状马氏体长度和宽度均减小，这主要是由于冷却强度的提高抑制了马氏体的长大，使马氏体组织细化。

4.2.3　淬火过程碳化物和组织演变

　　利用高温共聚焦显微镜观察了 8Cr13MoV 钢淬火过程中碳化物和组织的动态演变行为。将退火后的试样以 5℃/s 的速度升温到 1050℃并保温 15min，随后以 5℃/s 的速度继续升温到 1100℃保温 15min，最后将试样以 5℃/s 的速度冷却到室温。试样在升温、保温和冷却过程中碳化物和组织的演变行为如图 4-26 所示。

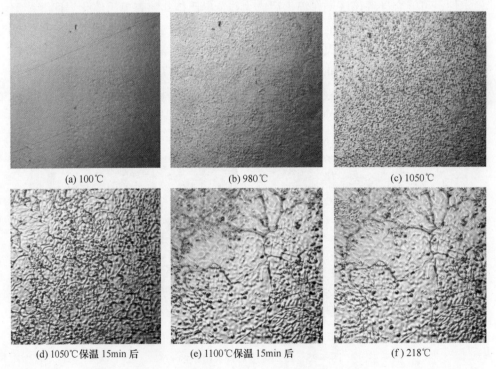

(a) 100℃　　　　　　　　　(b) 980℃　　　　　　　　　(c) 1050℃

(d) 1050℃保温 15min 后　　　(e) 1100℃保温 15min 后　　　(f) 218℃

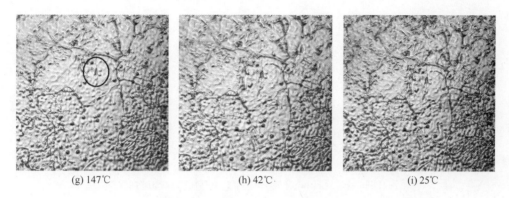

(g) 147℃   (h) 42℃   (i) 25℃

图 4-26 8Cr13MoV 钢淬火过程中碳化物和组织演变行为的动态观察

由图 4-26 可见，随着温度的升高，钢中铁素体逐渐转变成奥氏体，未溶解的碳化物颗粒浮在奥氏体表面，如图 4-26（b）所示。温度达到 1050℃时，碳化物颗粒几乎全部凸显出来，如图 4-26（c）所示。1050℃保温 15min 后，部分碳化物颗粒溶解，奥氏体晶界开始显现，晶粒尺寸大约为 20~30μm。当温度升高到 1100℃并保温 15min 后，碳化物颗粒明显减少，奥氏体晶粒尺寸长大到 60μm左右。1100~218℃的冷却过程中，未发现珠光体或马氏体转变，试样组织基本保持稳定。当温度降低到 147℃时，开始出现马氏体转变，如图 4-26（g）中黑色圆圈所示。在随后的冷却过程中，试样表面间断地析出针状马氏体，当温度降到室温时，马氏体转变仍在继续，仍然残留大量的奥氏体。

此次淬火过程中观察到的马氏体开始转变点 M_s 为 147℃，马氏体转变结束点 M_f 低于室温。而当奥氏体化温度为 1000℃，冷却速度为 5℃/s 时，利用热膨胀仪测得的 M_s 为 339℃，M_f 为 166℃。马氏体转变温度的差异主要是由于淬火过程中奥氏体化温度为 1100℃，大量碳化物已经溶入奥氏体且奥氏体晶粒明显长大，这两个因素均提高了过冷奥氏体的稳定性，使 C 曲线右移，降低了马氏体转变温度。淬火过程中奥氏体化温度、保温时间和冷却速度等参数均会通过影响奥氏体中碳和合金元素含量，影响马氏体转变温度，最终影响淬火组织中马氏体含量和钢材的性能。

一般情况下，低碳低合金钢中马氏体转变几乎是瞬间通过切变的形式完成，马氏体板条间连续性较强。对于 8Cr13MoV 钢，通过观察淬火过程中组织动态转变可知，马氏体转变只是在某些孤立区域内以切变的形式进行，转变范围较小且比较分散，这种特殊的马氏体转变方式可由图 4-27 来解释。

8Cr13MoV 钢淬火前组织中含有大量的二次碳化物，淬火加热到奥氏体化温度并保温过程中，部分二次碳化物发生溶解。钢中碳原子扩散速度较快，而铬原子扩散速度极慢，在淬火保温过程中，虽然碳化物发生溶解，但是铬元素的浓度

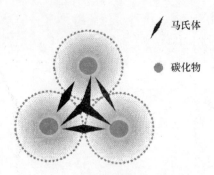

图 4-27　8Cr13MoV 钢淬火过程中马氏体转变机理
（深色到白色代表铬元素浓度由高到低）

仍是不均匀的。碳化物周围形成具有铬浓度梯度的辐射区，其中靠近碳化物原始位置的区域铬浓度最高，而远离碳化物的区域铬浓度较低。较高的铬含量提高了过冷奥氏体的稳定性，抑制了马氏体转变，马氏体转变只能在铬含量较低的区域发生。马氏体转变过程中，遇到碳化物或铬浓度较高的区域可能停止，在铬含量较低的区域容易扩展延伸，形成中间宽、两头窄的针状马氏体。

4.2.4　淬火工艺对钢材性能的影响

4.2.4.1　淬火工艺对钢材硬度的影响

空冷和油冷条件下钢材硬度随奥氏体化温度的变化趋势如图 4-28 所示。

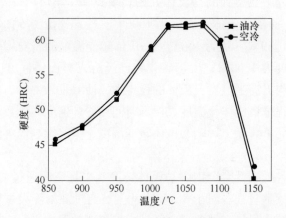

图 4-28　淬火时奥氏体化温度和冷却制度对钢材硬度的影响

由图 4-28 可知，当温度低于 1025℃时，随奥氏体化温度的升高，硬度值增加；温度介于 1025～1075℃时，随着奥氏体化温度的升高，硬度基本保持不变；温度超过 1075℃时，随着奥氏体化温度继续升高，钢材硬度急剧下降。相比于油冷的试样，空冷淬火的试样硬度略有升高。

　　钢材硬度主要受组织形态、碳化物以及组织中固溶碳含量的影响，其中组织形态对硬度的影响最为明显。由图 4-23 中奥氏体化温度对碳化物体积分数的影响可知，当温度低于 950℃时，随着温度升高，碳化物体积分数呈上升趋势，导致淬火后马氏体中碳固溶度下降，但是由于钢中马氏体含量升高，钢材硬度增加。由图 4-22 中不同奥氏体化温度下试样 XRD 图谱可知，当温度介于 950～1025℃时，钢中组织主要为马氏体和碳化物。随着奥氏体化温度的升高，碳化物大量溶解，马氏体中碳固溶度迅速提高，因此钢材硬度呈继续上升趋势。由图 4-21 中淬火组织可以看出，当温度为 1050℃时，由于碳化物的溶解导致基体中碳和合金元素含量升高，过冷奥氏体稳定性提高，组织中出现残余奥氏体。温度介于 1025～1075℃时，随奥氏体化温度的升高，钢中残余奥氏体含量升高，同时马氏体中碳固溶度也升高，两者共同作用下，钢材硬度基本保持不变。而随着奥氏体化温度继续提高，残余奥氏体含量迅速增加，奥氏体晶粒发生长大，钢材硬度迅速下降。根据图 4-28 可知，保证其他淬火工艺不变的前提下，相比于油冷淬火，空冷条件下试样硬度更高。油冷和空冷条件下钢材微观组织如图 4-29 所示。

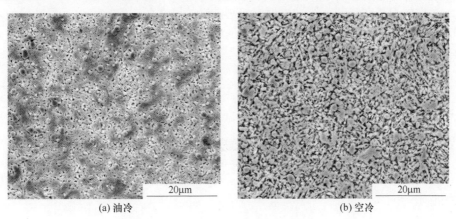

(a) 油冷　　　　　　　　　　　　　　(b) 空冷

图 4-29　不同冷却制度下钢材微观组织

　　由图 4-29 可知，空冷条件下钢中残余奥氏体含量相对较少，且组织更加致密。结合图 4-20 可知，冷速越快，马氏体转变点越低。相比于油冷，空冷条件下冷却速度较慢，其马氏体转变点 M_s 和 M_f 均较高，说明过冷奥氏体稳定性较低，导致马氏体含量升高。实际生产过程中，当其他工艺参数不变的前提下，淬火过程采用空冷可以降低钢中残余奥氏体含量，提高钢材硬度。

4.2.4.2　淬火工艺对刀具耐磨性的影响

　　分别对奥氏体化温度为 1000℃、1025℃、1050℃、1100℃的刀具进行耐磨性分析。如图 4-30 所示，刀具锋利度测试之前，刀具刃口平面与刃包角顶点之间的距离为 L_0，锋利度测试之后，刀具刃口平面与刃包角顶点之间的距离为 L_1，L_2 为刀具锋利度测试后刃口的磨损量。

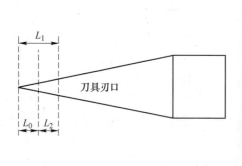

(a) 刀具刃口参数示意图　　　　　　　(b) 未进行锋利度测试的刀刃形貌

图 4-30　刀具刃口参数示意图及未进行锋利度测试的刀刃形貌

考虑到刀具在锋利度测试过程中切割砂纸的厚度存在差异，为了更准确地表征刀具本身的耐磨性，将刀具切割砂纸的厚度加入刀具耐磨性的计算方法，如式 (4-4) 所示：

$$N = \frac{H}{L_2 \times 10^3} \tag{4-4}$$

式中，N 为刀具耐磨性；H 为锋利度测试后切割砂纸的厚度（即锋利耐用度），mm；L_2 为锋利度测试过程中刀刃磨损量，mm。

刀具刃包角为 37°，刀具开刃后刃尖平面到刃包角顶点的距离 L_0 为 11.8μm。

淬火工艺中采用不同奥氏体化温度，刀具进行锋利度测试后，刀刃形貌如图 4-31 所示。

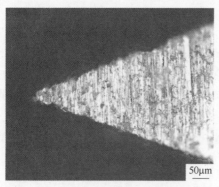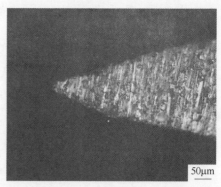

(a) 1000℃　　　　　　　　　　　　　　(b) 1025℃

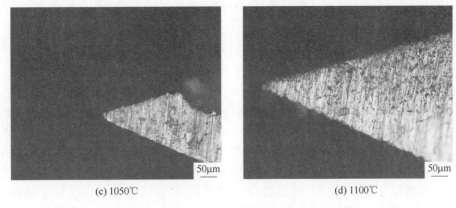

(c) 1050℃   (d) 1100℃

图 4-31　淬火过程中不同奥氏体化温度时刀具锋利度测试后刀刃形貌

由图 4-31 可见，当奥氏体化温度为 1100℃时，刀具刃口保持能力最好，磨损量较小，其次是 1000℃。当奥氏体化温度为 1025℃和 1050℃时，刀具刃口被磨平的程度较为明显，刃口厚度也明显增加。奥氏体化温度对锋利度测试后刃口形貌的影响是由刀具本身的锋利耐用度和耐磨性等因素共同决定的。淬火过程中奥氏体化温度对刀具刃口的磨损量（L_2）和耐磨性（N）的影响如图 4-32 所示。

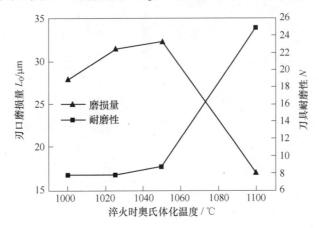

图 4-32　淬火时奥氏体化温度对刀具刃口磨损量和耐磨性的影响

由图 4-32 可见，当奥氏体化温度由 1000℃升高到 1025℃时，刀具耐磨性变化不大，但是刃口磨损量却有所升高；随着奥氏体化温度继续升高到 1050℃，刀具耐磨性和刃口磨损量同时升高；当奥氏体化温度升高到 1100℃时，刀具耐磨性大幅度提高，刃口磨损量迅速减少。总体来说，刀具耐磨性会随着奥氏体化温度的升高而升高，而刃口磨损量随着奥氏体化温度的升高呈现先升高后降低的趋势。由图 4-23 分析可知，钢中碳化物的体积分数随奥氏体化温度的升高而降低。

刀刃表面的碳化物在使用过程中很容易脱落，碳化物脱落后会在钢材基体上形成许多凹坑，提高刀刃表面的摩擦系数，使刀具锋利度降低并加剧刀具的磨损。因此，随着奥氏体化温度的升高，钢中碳化物体积分数减少，钢材耐磨性逐渐提高。

对奥氏体化温度为1000℃、1025℃、1050℃、1100℃淬火后的刀锋利度进行测试，测试过程中累积切割砂纸的厚度分别为 220mm、250mm、300mm、427mm。当奥氏体化温度从1000℃升高到1050℃时，虽然刀具耐磨性变化不大，但是刀具累积切割砂纸的厚度增加，导致其磨损量逐渐增加。当温度升高到1100℃时，虽然刀具累积切割厚度仍然大幅度提高，但是由于钢材耐磨性明显提高，刀具磨损量迅速下降。这也解释了图 4-31 中刀刃形貌在奥氏体化温度为1000℃和1100℃时保持较好，而在奥氏体化温度为1025℃和1050℃时磨损严重的原因。

4.2.4.3　淬火工艺对刀具锋利性能的影响

不同奥氏体化温度下刀具锋利度的测试曲线如图 4-33 所示。

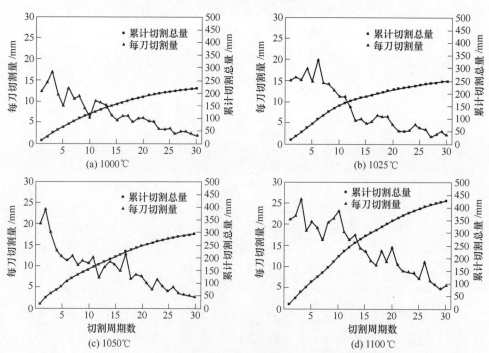

图 4-33　淬火时奥氏体化温度对刀具锋利性能的影响

从图 4-33 可以看出，刀具每刀切割量普遍波动式下降，刀具累计切割量（锋利耐用度）随着奥氏体化温度的升高而升高。当奥氏体化温度为1000℃时，每刀切割量基本都处于 15mm 以下，刀具锋利性能较差；当温度升高到 1025℃时，前 7 个切割周期每刀切割量均大于 15mm，刀具锋利性能有所提高；当奥氏体化温度升高到 1050℃时，刀具在前 3 个切割周期锋利性能较好，在 5~15 切割周期中，每刀切割量在 10mm 左右波动，随后逐渐下降；当奥氏体化温度为 1100℃时，前 12 个切割周期每刀切割量均大于 15mm，随后每刀切割量呈波动性下降。淬火时奥氏体化温度对初始锋利度和锋利耐用度的影响如图 4-34 所示。

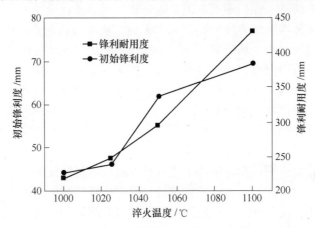

图 4-34　淬火温度对刀具初始锋利度和锋利耐用度的影响

由图 4-34 可知，淬火温度从 1000℃升高到 1025℃时，初始锋利度略有上升，而当淬火温度升高到 1050℃时，初始锋利度获得较大的提升。由图 4-23 和图 4-28 可知，淬火温度由 1000℃升高到 1025℃时，钢材硬度由 HRC59 上升到 HRC62.2，碳化物体积分数由 10% 降低到 7.5%；淬火温度由 1025℃升高到 1050℃时，钢材硬度由 HRC62.2 上升到 HRC62.3，碳化物体积分数由 7.5% 降低到 5%。可见，钢材硬度对初始锋利度的影响不大，初始锋利度的升高主要是由于钢中碳化物体积分数的减少。碳化物体积分数较大时，刀刃处形成的凹坑较多，导致刀刃表面摩擦系数较大，降低了刀具的初始锋利度。另外，结合图 4-32 和图 4-34 可知，当奥氏体化温度由 1000℃升高到 1050℃时，刀具耐磨性变化不大，而初始锋利度却逐渐上升，说明刀具初始锋利度与刀具耐磨性关系不大。当淬火温度由 1050℃上升到 1100℃时，钢中碳化物体积分数降低到 3% 左右，虽然钢材硬度下降了 HRC2，但是刀具初始锋利度仍然处于上升状态，这也再次说明，在刀口几何形貌一致的条件下，影响刀具初始锋利度的主要因素是钢中碳化物的体积分数，刀具初始锋利度随碳化物体积分数的下降而提高。

由图 4-34 可知，锋利耐用度随奥氏体化温度的升高一直处于上升状态，与初始锋利度的变化趋势类似，说明碳化物体积分数的降低可以同时提高刀具的初始锋利度和锋利耐用度。由图 4-23、图 4-28 和图 4-32 可知，当奥氏体化温度由 1000℃升高到 1050℃时，钢中碳化物的体积分数由 10% 逐渐降低到 5%，钢材硬度由 HRC59 升高到 HRC62.3，而钢材耐磨性基本不变；当奥氏体化温度由 1050℃升高到 1100℃时，钢中碳化物体积分数降低到 3%，钢材硬度由 HRC62.3 降低到 HRC60.3，钢材耐磨性却大幅度提高。说明钢中碳化物体积分数是影响钢材耐磨性的决定性因素，当碳化物体积分数大于 5% 时，即使硬度升高，钢材耐磨性也较低；而当碳化物体积分数继续减少时，钢材耐磨性迅速升高。刀具锋利耐用度和耐磨性呈正相关的关系，当奥氏体化温度由 1000℃升高到 1050℃的过程中，虽然耐磨性基本保持不变，但是碳化物体积分数逐渐减小，锋利耐用度逐渐提高；当奥氏体化温度继续升高到 1100℃时，由于刀具耐磨性明显提高，钢中碳化物体积分数也减少，两者共同作用导致锋利耐用度大幅度提高。

由以上分析可以得出，淬火过程中奥氏体化温度的变化主要通过影响钢中碳化物体积分数的方式影响钢材的锋利性能，钢材本身硬度对锋利性能的影响并不明显。随着钢中碳化物体积分数的减小，刀具初始锋利度和锋利耐用度均呈上升趋势。结合刀具锋利度测试过程中刀刃表面形貌分析，锋利性能降低的主要原因是钢中碳化物的脱落导致刀刃表面摩擦系数提高。一般情况下，碳化物硬度高于马氏体，均匀分布在钢材基体中的碳化物可以提高钢材的耐磨性。刀具锋利度测试过程中发现，分布在刀刃上的碳化物极易脱落，碳化物脱落后不仅会失去保护钢材基体的作用，还会加速刀具的磨损，降低刀具的锋利性能。

钢中碳化物的脱落与其尺寸有关。当奥氏体化温度介于 1000~1100℃ 之间时，碳化物的平均尺寸均大于 1μm，这种球形的碳化物在基体中埋入的深度不多，在摩擦过程中容易受砂纸磨粒的剪切力而脱落。减少刀具用钢中大尺寸、球形的碳化物数量，获得大量纳米级、形状不规则的碳化物，可有效提高钢材的耐磨性和刀具刃口的保持能力，进一步提高刀具的锋利性能。

4.3　回火工艺对碳化物的影响

4.3.1　回火温度对碳化物和组织的影响

由于淬火后马氏体中的碳高度过饱和、马氏体具有很高的应变能和界面能、马氏体中存在一定量的残余奥氏体等原因，淬火后的组织非常不稳定。马氏体和残余奥氏体的不稳定状态与平衡状态的自由能差，提供了转变的驱动力，使得回火转变成为一种自发的转变，一旦动力学条件具备，转变就会自发进行。这个动力学条件就是使原子具有足够的活动能力，回火处理就是通过加热提高原子的活动能力，使转变能以适当的速度或在适当的时间内进行，使转变达到所要求的程度。马氏体不锈钢的回火通常包含以下过程：马氏体中碳原子偏聚；马氏体分解；残余奥氏体转变；碳化物的析出和变化；碳化物聚集长大及铁素体的回复与再结晶。这五个过程相互区别又互相重叠，并受扩散因素控制，因此其转变取决于回火温度和保温时间，其中回火温度是最主要的影响因素，而合金元素（Cr 等）对回火过程中的显微组织转变有很大影响，一般都起阻碍作用，使回火转变的各阶段温度向高温推移。

　　当淬火温度 1050~1100℃，淬火保温时间 15~30min 淬火时，7Cr17MoV 可以得到较好的力学性能和耐蚀性能，因此选择在该淬火工艺条件下进一步做回火研究。7Cr17MoV 经 1060℃淬火后，进行回火，不同回火温度下的组织如图 4-35 所示。回火过程中，由于碳化物的析出，碳在 α-Fe 中的过饱和度不断降低，同时残余奥氏体也会发生分解，转变为过饱和的 α-Fe 和碳化物，等同于回火马氏体，因此，7Cr17MoV 马氏体不锈钢的回火组织为回火马氏体+碳化物+少量残余奥氏体。

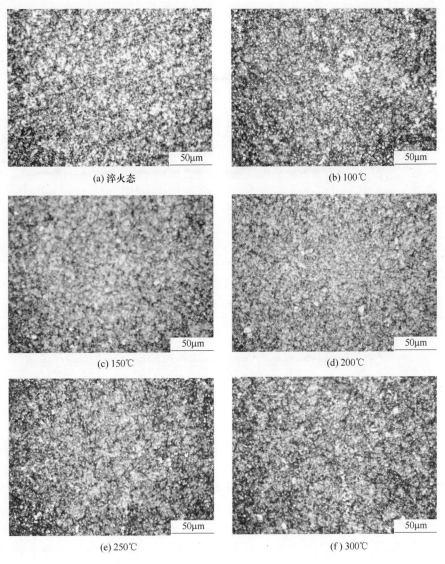

(a) 淬火态　　　　　　　　　　　(b) 100℃

(c) 150℃　　　　　　　　　　　(d) 200℃

(e) 250℃　　　　　　　　　　　(f) 300℃

图 4-35　不同回火温度下 7Cr17MoV 的金相照片

由图 4-35 可知，当回火温度为 100℃时，马氏体组织基本保持淬火时形貌，少量碳化物析出。随着回火温度的升高，合金元素的扩散能力增强，碳从过饱和固溶体中不断析出，发生马氏体回复和位错移动、碳化物析出转变，未溶和已析出碳化物不断长大；当回火温度升高到 200℃时，残余奥氏体发生明显分解。但是由于研究 300℃以下低温回火，马氏体形貌保持较为明显，不会发生马氏体的再结晶，同时合金碳化物的析出总量变化不大，碳化物主要是淬火组织中未溶的碳化物。不同回火温度时 7Cr17MoV 的 XRD 图谱如图 4-36 所示。

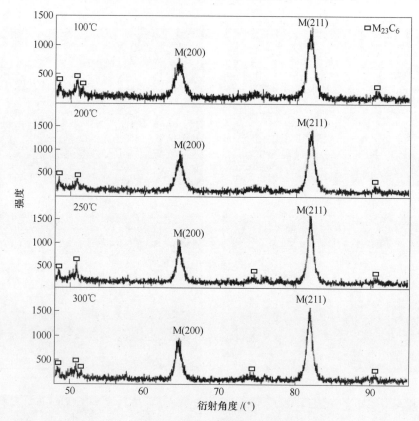

图 4-36 不同回火温度下 7Cr17MoV 的 XRD 图谱

由图 4-36 可以看出，低温回火时，由于碳化物析出量较少，不同回火温度时材料的物相类型基本保持不变，碳化物类型主要是 $M_{23}C_6$，组织主要发生回复均匀化。7Cr17MoV 在不同回火温度时组织和碳化物变化如图 4-37 所示。

由图 4-37 可以看出，随着回火温度的升高，碳化物从基体中析出，数量增加，平均尺寸减小。回火温度为 100℃时，组织中主要是未溶的碳化物，少量碳化物析出，碳化物平均尺寸约为 1.0μm；回火温度为 150~200℃，组织中的碳化物析出数量增加，碳化物平均尺寸约为 0.9μm；回火温度为 250~300℃，组织中

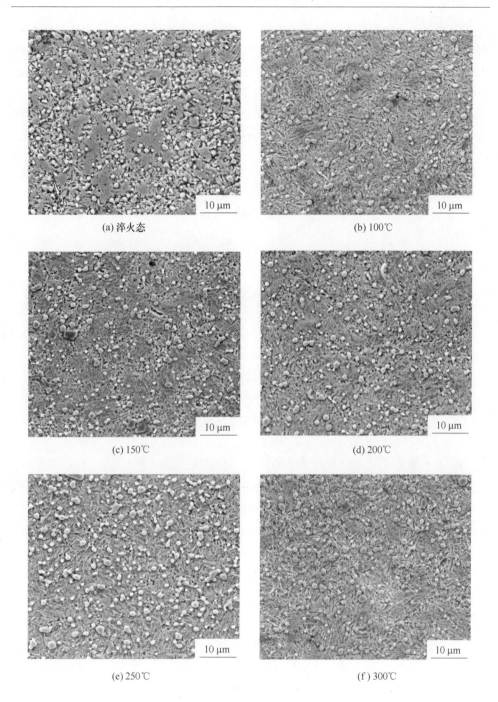

(a) 淬火态

(b) 100℃

(c) 150℃

(d) 200℃

(e) 250℃

(f) 300℃

图 4-37　不同回火温度下 7Cr17MoV 的 SEM 照片

的碳化物数量进一步增加，碳化物平均尺寸约为 0.77μm。虽然随着回火温度的升高会发生碳化物的长大，但是由于细小二次碳化物的析出，总体上碳化物的平均尺寸减小。随着回火温度的升高，二次碳化物的析出通常是先析出 M_3C 和 M_7C_3，然后析出转变为 $M_{23}C_6$。M_7C_3 型碳化物在 300℃ 回火时析出，$M_{23}C_6$ 型碳化物在 500℃ 回火时析出[24,25]。300℃ 以下低温回火析出的二次碳化物应主要为 M_3C 和 M_7C_3，$M_{23}C_6$ 型碳化物以淬火中未溶解的碳化物为主。

对不同回火温度下碳化物和残余奥氏体含量进行定量分析，如图 4-38 所示。

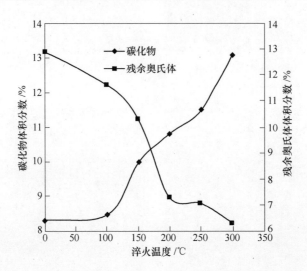

图 4-38　不同回火温度对 7Cr17MoV 中碳化物和残余奥氏体含量的影响

由图 4-38 可知，回火温度为 100℃ 时，主要发生碳原子的重新分布，会少量沉淀析出 ε 碳化物，残余奥氏体基本不会发生分解[26]，此时碳化物的体积分数为 8.47%，残余奥氏体含量为 11.6%，相对于淬火组织中的碳化物和残余奥氏体含量变化不大；当回火温度为 150℃ 时，ε 碳化物进一步析出，碳化物的体积分数增加至 9.97%，残余奥氏体含量缓慢减小为 10.3%；当回火温度为 200℃ 时，ε 碳化物开始向 M_3C 碳化物转变，同时残余奥氏体开始发生明显的分解，形成铁素体+M_3C 碳化物，碳化物的体积分数为 10.8%，残余奥氏体含量快速减小为 7.3%；当回火温度为 250℃ 时，进一步形成 M_3C 碳化物，残余奥氏体不断分解，碳化物的体积分数为 11.5%，残余奥氏体含量为 7.1%；当回火温度为 300℃ 时，不断转变形成 M_3C 碳化物，同时会向 M_7C_3 碳化物转变，碳化物的体积分数为 13.1%，残余奥氏体含量进一步降低到 6.3%。

回火温度为 150℃ 时典型 SEM 微区的线扫描能谱如图 4-39 所示。

由图 4-39 可知，与淬火后的线扫描图谱类似，碳化物附近铬含量明显富集，铁含量降低，钼元素有少量的富集，从碳化物边缘到中心区，铬元素增加，铁元

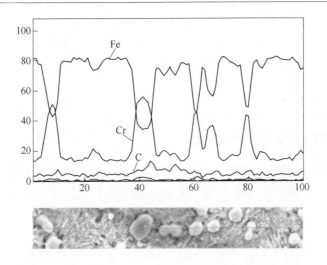

图 4-39　150℃回火时 7Cr17MoV 典型 SEM 微区的线扫描能谱图

素减少，同时，基体中没有明显的贫铬区，但在两个碳化物之间，远离碳化物处，铬含量为最低值，这说明基体中大多数碳化物为未溶碳化物，而析出的碳化物很少。回火温度为150℃时，典型 SEM 微区的面扫描如图 4-40 所示。

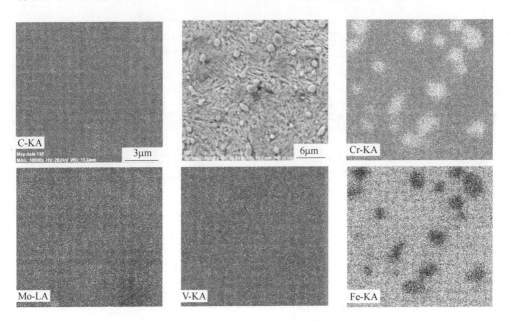

图 4-40　150℃回火时 7Cr17MoV 典型 SEM 微区的面扫描能谱图

与线扫描结果类似，由图 4-40 可以更加明显地看出，铁元素在碳化物处有明显的缺失，铬和碳元素在碳化物处有明显的富集，在铬元素富集区域的周围有一定的贫铬区，但不明显。钼元素在碳化物处有一定的富集，在基体中较为均匀分布；钒元素在碳化物处没有明显的增多或减少，在整个基体中基本均匀分布，局部一定的聚集，这可能是由于回火的温度较低，溶入基体的钒和钼元素还未能够明显析出。与淬火的面扫描图相比，回火后基体中的合金元素分布更加均匀，组织得到了很好的回复。

4.3.2　回火温度对力学性能的影响

　　钢材的回火包括软化和硬化两个过程。软化过程是由于马氏体和位错结构的回复造成；硬化过程是由奥氏体的分解、过饱和碳元素的脱溶和第二相的析出造成[27]。不同回火温度对 7Cr17MoV 硬度的影响如图 4-41 所示。

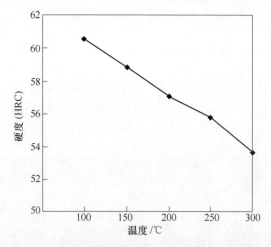

图 4-41　回火温度对 7Cr17MoV 硬度的影响

　　从图 4-41 可以看出，随着回火温度的升高，材料硬度下降。当回火温度为100℃时，材料的硬度值为 HRC60.5，甚至高于淬火状态的硬度值（HRC 59.2）。这是由于 100℃ 回火时，钢中较多的 Cr 等合金元素，提高了钢的抗回火软化能力，马氏体组织基本保持淬火时形貌；同时回火时会伴随一定量细小碳化物的析出，材料的硬度较回火前略微升高。随着回火温度的升高，碳和合金元素的扩散能力增强，碳从过饱和固溶体中不断析出，不断发生马氏体回复和位错移动，未溶碳化物发生长大粗化，这些对材料起到了软化作用[28]，当回火温度达到 200℃时，残余奥氏体发生了明显分解，产生回火马氏体和碳化物，对材料的硬度起到强化作用；同时随着温度的升高，会有少量的弥散的碳化物析出，有利于材料强度的提升；200~250℃ 回火时硬度下降趋势略微减缓，但是没有大量析出具有弥散强化作用的碳化物，对材料的硬化作用不明显，因此随着回火温度的提升，材料硬度总体上呈下降趋势。

回火温度对 7Cr17MoV 拉伸力学性能的影响如图 4-42 所示。

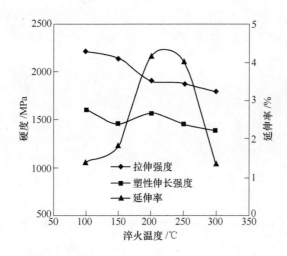

图 4-42 回火温度对 7Cr17MoV 拉伸力学性能的影响

从图 4-42 可以看出，随着回火温度的升高，材料的抗拉强度和塑性延伸强度总体上呈下降的趋势，这和材料的回火软化有关，与硬度的变化趋势基本相同。但断后延伸率呈现不同变化趋势，当回火温度为 100℃ 时，材料的断后延伸率较低，为 1.28%，这是由于 100℃ 回火时，材料基本保持淬火后的组织形貌，回火作用对材料塑性的提升不明显。随着回火温度的升高，材料的断后延伸率增加。当回火温度为 200℃ 和 250℃ 时，材料的断后延伸率明显提升，为 4% 左右。这是由于回火温度的升高，使马氏体组织过饱和度降低，弥散的碳化物析出，马氏体组织发生回复，材料组织均匀度提升。当回火温度继续升高达到 300℃ 时，材料的断后延伸率显著降低，这和低温回火脆性有关。

不同回火温度下 7Cr17MoV 的拉伸断口形貌如图 4-43 所示。

从图 4-43 可以看出，材料的断裂同时含有塑性断裂和脆性断裂的特征。断口处可见韧窝、微孔和少量的解理面。当回火温度为 100℃ 时，断口处有更加明显的解理面。随着回火温度的升高，韧窝特征更加明显。韧窝是材料塑性变形的明显特征，说明随着回火温度的升高，材料的塑性变形更加明显。特别是当回火温度为 200℃ 和 250℃ 时，断口表面更加粗糙，韧窝分布更多且更均匀，材料的塑性最好。当回火温度为 300℃ 时，断口处的解理面变得明显，材料塑性下降。同时从图 4-43 中还可以看出，韧窝处有明显的第二相粒子，对第二相粒子进行 EDS 分析，如图 4-43（f）所示，第二相粒子多为碳化物，这说明韧窝的形成和断裂与碳化物等第二相粒子密切相关。因此，控制材料中第二相的析出、分布、大小，有助于改善材料的塑性。

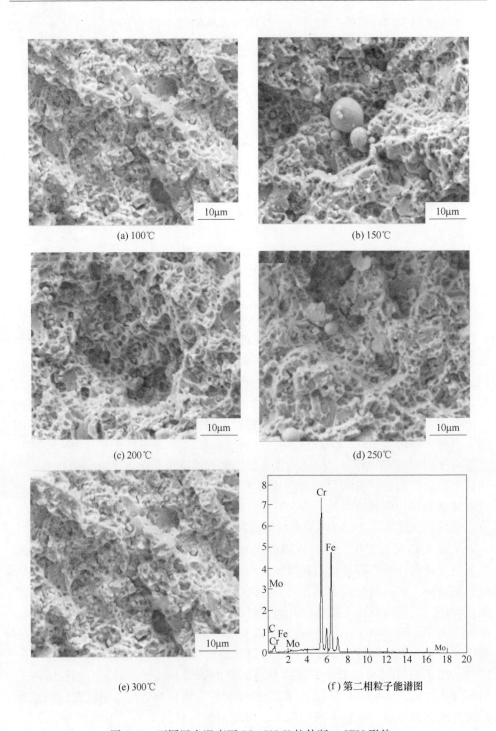

(a) 100℃

(b) 150℃

(c) 200℃

(d) 250℃

(e) 300℃

(f) 第二相粒子能谱图

图 4-43　不同回火温度下 7Cr17MoV 拉伸断口 SEM 形貌

4.3.3 回火温度对腐蚀性能的影响

图 4-44 所示为不同回火温度的 7Cr17MoV 浸泡在 3.5%NaCl 溶液中的开路电位随时间的变化曲线。从图 4-44 可以看出，100℃、150℃、250℃回火时，开路电压随时间缓慢降低，达到相对稳定的状态；200℃和 300℃回火时，开路电压随时间逐渐升高达到稳态。曲线变化过程中伴随微小的波动，这应该是发生在一些活跃质点（比如碳化物夹杂物）处的亚稳腐蚀的发生和修复过程。200℃以上回火时的开路电压要明显高于 100℃和 150℃回火。

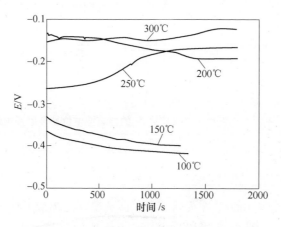

图 4-44 回火温度对 7Cr17MoV 开路电位的影响

图 4-45 所示为不同回火温度下 7Cr17MoV 的极化曲线，表 4-7 为其拟合所得对应的自腐蚀电位和自腐蚀电流。结合图 4-45 和表 4-7 可以看出，随着回火温度的升高，材料的自腐蚀电位升高，自腐蚀电流降低，材料耐蚀性能更好。100℃和 150℃回火有着相近的电化学腐蚀过程，200℃和 250℃有着相近的电化学腐蚀过程。虽然随着回火温度的升高，会有相对多的碳化物析出，有损材料的耐蚀性能，但是由于总体上采用较低温度的回火，析出的碳化物总体较少，析出的碳化物主要是 M_3C 型和 M_7C_3 型，占有的铬元素相对较少，未溶的一次碳化物（$M_{23}C_6$ 型）对材料的腐蚀性能影响较大，也就是说低温回火时碳化物的析出对材料腐蚀性能的影响不大。同时，回火温度较低时，组织中的元素扩散速度比较缓慢，不能迅速补充新析出相造成的贫 Cr 区，因此在材料的组织结构中会产生较多的抗腐蚀能力的弱区，与相近的高 Cr 区会形成微观的电化学腐蚀，使材料的抗点腐蚀能力下降。回火温度升高时，铬等元素的扩散更加容易，组织更加均匀，内部应力进一步减少，有利于材料抗腐蚀能力的增加，同时析出的细小的弥散的碳化物也有利于材料耐点蚀性能的提升。

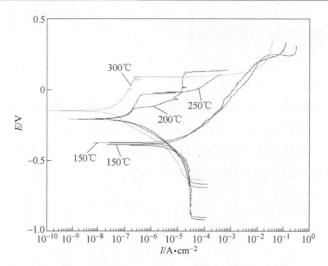

图 4-45　不同回火温度下 7Cr17MoV 动态极化曲线

表 4-7　不同回火温度下 7Cr17MoV 的自腐蚀电位和自腐蚀电流参数

温度/℃	100	150	200	250	300	1050
E/V	−0.39	−0.38	−0.21	−0.21	−0.15	−0.28
I/A · cm^{-2}	9×10^{-6}	8.18×10^{-6}	1.93×10^{-7}	1.98×10^{-7}	5.02×10^{-8}	6.7×10^{-7}

　　图 4-46 所示为经 1060℃淬火后，不同回火温度的 7Cr17MoV 经电化学测试后的点蚀宏观形貌。从图 4-46 可以看出，在淬火后的样品上可以观察到若干点蚀孔洞。样品在 100℃和 150℃回火时，样品发生了严重的腐蚀现象，特别是 150℃回火时，表面出现大量较大的腐蚀孔洞，各腐蚀孔洞逐渐相互扩展连接成长条状的腐蚀区，甚至贯穿整个样品表面，并且腐蚀孔洞的扩展具有一定的方向性；200℃回火时，样品表面可以看到个别的点蚀区；回火温度升高至 250℃和 300℃后，很难用肉眼在样品表面发现点蚀区，这和极化曲线的测试结果相一致。

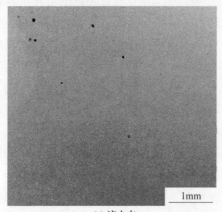

1mm	1mm
(a) 淬火态	(b) 100℃

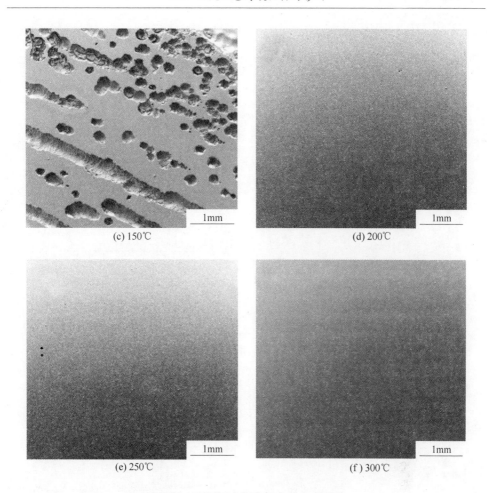

图 4-46 不同回火温度的点蚀宏观形貌

图 4-47 所示为 150℃ 和 200℃ 回火时样品点蚀孔洞微观形貌图和 EDS 分析。从图 4-47（c）可以看出，在腐蚀微孔的里通常可以看到白色的球状颗粒，经 EDS 分析发现这些白色颗粒是 $M_{23}C_6$ 碳化物（图 4-47（d）），这说明点蚀通常发生在 $M_{23}C_6$ 碳化物的周围，并且随着碳化物粒子的脱落发展成为稳定的点蚀区。这是由于在 $M_{23}C_6$ 碳化物的周围通常存在 Cr 元素的贫乏区，在金属内部形成阴阳极，容易发生腐蚀。图 4-47（a）所示为 150℃ 回火时样品点蚀孔洞局部微观形貌图，可以看出腐蚀孔洞内金属发生溶解，剩下碳化物残留在孔洞中（图 4-47（b）），腐蚀孔洞的周边金属发生塌陷。

因此，通过不同回火温度的腐蚀 SEM 图，可以将高碳马氏体不锈钢腐蚀机制分为以下过程：（1）碳化物周围因贫铬而形成点蚀源；（2）点蚀源发展成为稳定的点蚀区，形成点蚀孔洞；（3）点蚀孔洞内金属不断发生溶解，孔洞变深，纵向长大；（4）周边金属塌陷，孔洞扩展连结，横向长大。

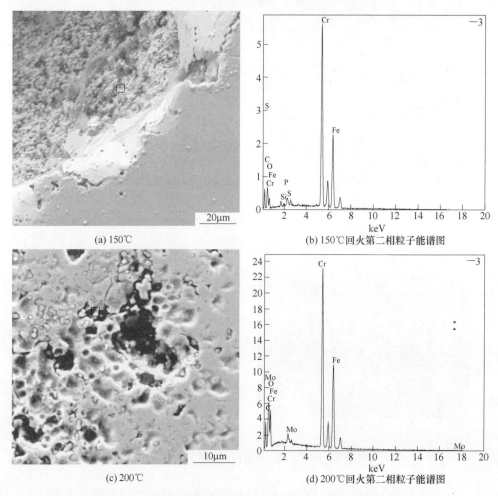

(a) 150℃

(b) 150℃回火第二相粒子能谱图

(c) 200℃

(d) 200℃回火第二相粒子能谱图

图 4-47　150℃和 200℃回火时点蚀孔洞微观形貌图和 EDS 分析

4.4　辊锻热处理对碳化物的影响

　　传统制刀工艺中，刀坯淬火并回火后直接磨到指定厚度后开刃。此种磨制工艺会使刃部温度升高，降低刀刃硬度，而且磨削过程费时费力，磨损余料与砂轮材料混合在一起，余料回收难度大、利用率低。基于此，提出了一种辊锻热处理工艺，工艺步骤如下：将刀具刃部加热到奥氏体化温度，保温一段时间后出炉，对刀具刃部进行多道次的辊锻，辊锻后，刀刃厚度由 2.5mm 减小到 1.0～1.5mm，随后空冷至室温；将辊锻后的刀具进行再结晶退火，随后进行二次淬火、回火。由于辊锻过程中刀刃部分发生热变形，刃部晶粒尺寸和一次碳化物会发生变化，会影响到刀具的锋利性能。另外，辊锻工艺减轻了工匠的劳动负担，提高了劳动效率，刀刃减薄后的余料可直接剪切回收，余料利用率高。

辊锻热处理工艺：将刀坯加热到1050℃保温5min后出炉辊锻，初始辊锻温度为650℃，将刀刃厚度由2.5mm辊锻到1.5mm，辊锻后的刀坯在800℃保温2h进行再结晶退火，最后将刀坯加热到1050℃保温15min后空冷。不进行辊锻热处理工艺：将刀坯加热到1050℃，保温15min后空冷。两种热处理工艺后，所有刀坯均在180℃保温3h进行回火。

4.4.1 辊锻热处理工艺对晶粒尺寸的影响

辊锻和未辊锻热处理的刀刃晶粒形貌如图4-48所示。

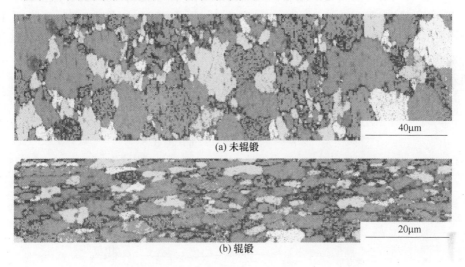

图4-48 辊锻热处理工艺对刀刃晶粒尺寸的影响

由图4-48可见，未经辊锻热处理的刀刃中，晶粒处于混晶状态，对刀刃中尺寸大于2μm的晶粒进行统计，发现未辊锻刀刃中最大晶粒尺寸达到40.03μm，平均晶粒尺寸为5.26μm；经过辊锻热处理后，晶粒尺寸相对均匀化，其中最大晶粒尺寸为10.84μm，平均晶粒尺寸为3.37μm。因此，辊锻工艺可以有效细化晶粒，并使晶粒尺寸分布更加均匀。刀尖的力学性能是影响刀具锋利性能的关键因素，一般刀具开刃后刃尖厚度只有几微米，因此需要材料的微观组织要非常均匀细小才能有效保障刀具锋利性能的实现。理论上来说，细化刀刃晶粒可以有效提高刀具锋利性能。

辊锻热处理工艺中进行再结晶退火的原因如下：由于刀坯厚度较小（大约为2.5mm），其从加热炉出来到辊锻设备过程中温降较大，实际辊锻时温度（650℃）低于钢材再结晶温度。在此温度下对刀刃进行锻打，刀刃晶粒破碎或变形后不能发生再结晶。此时晶粒间的结合力较弱，在刀具磨损过程中可能更容易脱落，导致刀刃变钝。此时将刀刃在 750~800℃保温 2~3h，变形或破碎的晶粒在大量位错、缺陷、析出相和马氏体界面处发生再结晶，使刀刃晶粒细化，同时也增强了晶粒间的结合力。

4.4.2　辊锻热处理对碳化物的影响

传统热处理工艺后的刀坯中，仍然存在部分面积大于 $8\mu m^2$ 的一次碳化物，这种大尺寸的一次碳化物一旦脱落，将会使刀具锋利性能的急剧下降，甚至造成刀具崩刃。

对辊锻热处理前后刀刃中面积大于 $8\mu m^2$ 的一次碳化物的平均尺寸进行统计，发现辊锻热处理后，大尺寸的一次碳化物平均尺寸由 $21.88\mu m^2$ 降低到 $16.44\mu m^2$，表明辊锻工艺可以细化大尺寸一次碳化物。对不同辊锻道次后试样中面积在 $3~8\mu m^2$ 之间的一次碳化物总面积和数量进行统计，结果如图 4-49 所示。

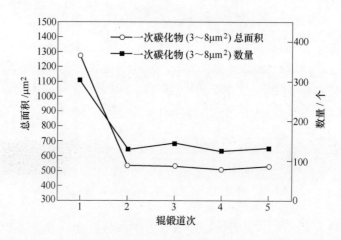

图 4-49　试样 $1mm^2$ 视场内一次碳化物（$3~8\mu m^2$）总面积和数量

由图 4-49 可以发现，第 2 道次辊锻后，试样中面积介于 $3~8\mu m^2$ 的一次碳化物总面积和数量均大幅度减小，说明大量 $3~8\mu m^2$ 的一次碳化物被打碎成小于 $3\mu m^2$ 的一次碳化物。随后几道辊锻变形量较小，其主要目的是使刀刃不同位置厚度均匀，对面积在 $3~8\mu m^2$ 的一次碳化物基本没有破碎作用。因此，辊锻热处理工艺对刀刃处面积大于 $3\mu m^2$ 的一次碳化物具有较好的细化作用。

辊锻热处理工艺后刀刃微观组织如图 4-50 所示。辊锻热处理后基体组织主要为回火马氏体，还有适量球状的微米级和纳米级二次碳化物。另外，可以看到少量形状不规则的一次碳化物，一次碳化物的面积基本都小于 $3\mu m^2$。

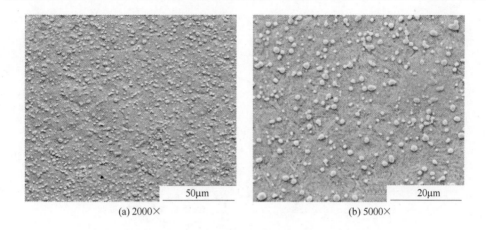

(a) 2000×　　　　　　　　　　　　　(b) 5000×

图 4-50　辊锻热处理后刀刃微观组织

4.4.3　辊锻热处理对刀具锋利性能的影响

刀具在锋利度测试前，刃口平面到刃包角顶点的初始距离为 $11.8\mu m$。锋利度测试后刀刃形貌如图 4-51 所示，未辊锻热处理刀具磨损量为 $30.5\mu m$，而辊锻热处理后刀具磨损量为 $17\mu m$。根据刃刃耐磨性的计算公式（4-4）可以得出，未辊锻热处理刀具的耐磨性为 7，辊锻热处理后刀具的耐磨性为 16，可见辊锻热处理工艺可以有效提高刀具的耐磨性。

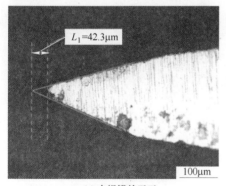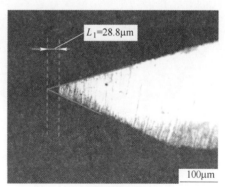

(a) 未辊锻的刀刃　　　　　　　　　　(b) 辊锻后的刀刃

图 4-51　锋利度测试刀具刃口形貌

未辊锻热处理刀具锋利度测试曲线如图 4-52 所示，其刀具刃包角为 39°。

由图 4-52 锋利度测试曲线可以看出，刀具在测试过程中，每刀切割量一直处于波动状态，但整体趋势是逐渐下降，当切割周期数超过 26 次以后，刀具基

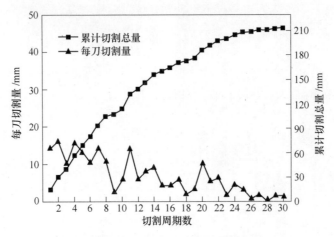

图 4-52　未辊锻 8Cr13MoV 刀具锋利度测试曲线

本处于钝化状态，累计切割总量曲线也趋于水平。经测定，未辊锻热处理刀具初始锋利度为 40mm，锋利耐用度值为 214mm。

刀刃处小颗粒二次碳化物的脱落只会造成每刀切割量的缓慢下降，大尺寸一次碳化物的脱落则会造成每刀切割量的急剧下降。由图 4-52 可知，未辊锻热处理的刀具在 30 个切割周期中，每刀切割量曲线经历了 10 次下降过程，而且每次下降速度较快，下降过程只包含 1~2 个切割周期，这可能是刀刃处较多的大尺寸一次碳化物脱落导致的。每刀切割量的下降过程都代表了刀刃几何形貌的破坏，因此，每刀切割量下降次数越多，刀刃变钝的速度越快。

辊锻热处理后的刀具锋利度测试曲线如图 4-53 所示，其刀具刃包角也为 39°。

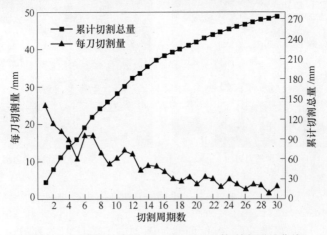

图 4-53　辊锻热处理后 8Cr13MoV 刀具锋利度测试曲线

由图 4-53 可知，辊锻热处理后，刀具锋利度测试曲线也呈现波动下降的趋势，但是相比于未辊锻热处理，刀具锋利度测试曲线下降较为平缓。辊锻热处理后每个下降段一般包含2~4个切割周期，前30个切割周期有8个下降段；而未辊锻热处理的刀具每个下降段只包含1~2个切割周期，前30个周期经历了10个下降段。经测定，辊锻热处理后刀具的初始锋利度值为63.3mm，锋利耐用度值为273.8mm。与未辊锻热处理的刀具相比，初始锋利度提高了56%，锋利耐用度提高了28%，可见辊锻热处理工艺可有效提高刀具的锋利性能。

　　未辊锻和辊锻热处理后的刀具在锋利度测试第一周期后，刃口微观组织如图4-54所示。

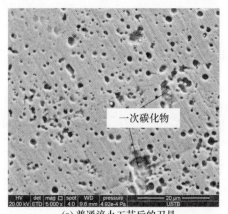
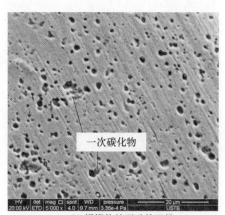

(a) 普通淬火工艺后的刀具　　　　　　　(b) 辊锻热处理后的刀具

图 4-54　锋利度测试第一周期后刃口微观组织

　　由图4-54发现，未辊锻处理后的刀具在锋利度测试第一周期后，刃口的一次碳化物较大，面积介于$3~8\mu m^2$的一次碳化物数量多，而辊锻热处理后的刀具中大部分一次碳化物小于$3\mu m^2$。由于一次碳化物尺寸较大且形貌不规则，在磨损过程中极易脱落，导致刀具刃口表面产生凹坑，使刀刃表面摩擦系数升高，降低了刀具的锋利性能。未辊锻热处理刀具中一次碳化物脱落使每刀切割量大幅度降低，而辊锻热处理后刀具中小颗粒的一次碳化物脱落对每刀切割量的影响较小。因此，辊锻热处理后刀具中一次碳化物的细化是初始锋利度提高的重要原因。

　　辊锻热处理后刀具锋利耐用度提高的原因为：

　　(1) 普通淬火工艺时刀刃处抗拉强度为1280MPa，而经辊锻热处理后，刀刃处抗拉强度提高到1608MPa。辊锻热处理工艺使钢中晶粒由严重的混晶状态变得相对均匀，且平均晶粒尺寸明显减小，提高了刀刃的强韧性和晶粒之间的结合力，减少了刀具使用过程中晶粒脱落几率。

　　(2) 由图4-54可知，在砂纸磨粒的磨削作用下，刀刃中一次碳化物极易发生脱落，大尺寸的一次碳化物脱落将会导致锋利度急剧下降；而辊锻热处理后，刀刃处面积大于$3\mu m^2$的一次碳化物得到有效地细化，相比于未辊锻刀具中大尺寸的一次碳化物，辊锻热处理后刀刃处的小颗粒一次碳化物脱落只会导致锋利度的缓慢下降，辊锻热处理工艺降低了刀具使用过程中锋利度的波动幅度和波动频率。

（3）辊锻热处理工艺提高了刀具的耐磨性，有效提高了刀具刃口形貌的保持能力，进而提高了刀具的锋利耐用度。

参 考 文 献

[1] 赵乃勤, 杨志刚, 冯运莉. 合金固态相变 [M]. 长沙: 中南大学出版社, 2008.
[2] 李冬丽, 马党参, 陈再枝, 等. 7CrMn2Mo 钢的球化退火工艺 [J]. 金属热处理, 2010, 35 (11): 57-61.
[3] Verhoeven J D, Gibson E D. The divorced eutectoid transformation in steel [J]. Metallurgical & Materials Transactions A, 1998, 29 (4): 1181-1189.
[4] Verhoeven J D. The role of the divorced eutectoid transformation in the spheroidization of 52100 steel [J]. Metallurgical & Materials Transactions A, 2000, 31 (10): 2431-2438.
[5] 吴溪, 赵志毅, 薛润东. 5Cr15MoV 钢球化退火等温及缓冷中碳化物行为变化 [J]. 材料热处理学报, 2014 (10): 98-102.
[6] 陈伟, 李龙飞, 杨王玥, 等. 过共析钢温变形过程中的组织演变 II. 渗碳体的球化及 Al 的影响 [J]. 金属学报, 2009, 45 (2): 156-160.
[7] 于文涛, 李晶, 史成斌, 等. 高碳马氏体不锈钢 8Cr13MoV 球化退火过程中碳化物的演变 [J]. 金属热处理, 2016 (9): 25-31.
[8] 肖纪美. 材料能量学 [M]. 上海: 上海科学技术出版社, 1999.
[9] Bjärbo A, Hättestrand M. Complex carbide growth, dissolution, and coarsening in a modified 12 pct chromium steel-an experimental and theoretical study [J]. Metallurgical & Materials Transactions A, 2000, 32 (1): 19-27.
[10] Thomson R C, Bhadeshia H K D H. Carbide precipitation in 12Cr1MoV power plant steel [J]. Metallurgical & Materials Transactions A, 1992, 23 (4): 1171-1179.
[11] 何燕霖, 朱娜琼, 吴晓瑜, 等. 富 Cr 碳化物析出行为的热力学与动力学计算 [J]. 材料热处理学报, 2011, 32 (1): 134-137.
[12] 邓凡宇, 马党参, 刘建华, 等. 热处理工艺对新型刀具用马氏体不锈钢 6Cr15Mo 组织和性能的影响 [J]. 特殊钢, 2010 (6): 53-55.
[13] 宋自力, 杜晓东, 陈翌庆, 等. 7Cr17Mo 马氏体不锈钢组织和冲击韧性 [J]. 材料热处理学报, 2011 (5): 95-99.
[14] 王全山, 焦作光, 樊邘生. 钢的球化退火机理的研究 [J]. 特殊钢, 1982 (3): 3-12.
[15] Luzginova N V, Zhao L, Sietsma J. The cementite spheroidization process in high-carbon steels with different chromium contents [J]. Metallurgical & Materials Transactions A, 2008, 39 (3): 513-521.

[16] Zhou X F, Fang F, Li G, et al. Morphology and properties of M_2C eutectic carbides in AISI M2 steel [J]. ISIJ International, 2010, 50 (8): 1151-1157.

[17] Chumanov V I, Chumanov I V. Control of the carbide structure of tool steel during electroslag remelting: Part I [J]. Russian Metallurgy (Metally), 2011 (6): 515-521.

[18] Zhu Q T, Li J, Shi C B, et al. Effect of quenching process on the microstructure and hardness of high-carbon martensitic stainless steel [J]. Journal of Materials Engineering & Performance, 2015, 24 (11): 1-9.

[19] 徐祖耀. 材料热力学 [M]. 北京: 科学出版社, 1999.

[20] 胡心彬, 李麟, 吴晓春. 4Cr5MoSiV1 热作模具钢热疲劳中碳化物粗化动力学分析 [J]. 材料热处理学报, 2005, 26 (1): 57-61.

[21] Di H S, Zhang X M, Wang G D, et al. Spheroidizing kinetics of eutectic carbide in the twin roll-casting of M2 high-speed steel [J]. Journal of Materials Processing Technology, 2005, 166 (3): 359-363.

[22] 陈伟, 李龙飞, 杨玉玥, 等. 过共析钢温变形过程汇中的组织演变 Ⅱ. 渗碳体的球化及 Al 的影响 [J]. 金属学报, 2009, 45 (2): 156-160.

[23] Yu W T, Li J, Shi C B, et al. Effect of spheroidizing annealing on microstructure and mechanical properties of high-carbon martensitic stainless steel 8Cr13MoV [J]. Journal of Materials Engineering and Performance, 2017, 26 (2): 478-487.

[24] Qin B, Wang Z Y, Sun Q S. Effect of tempering temperature on properties of 00Cr16Ni5Mo stainlessstee [J]. Materials Characterization, 2008 (9): 1096-1100.

[25] Lin Y L, Lin C C, Tsai T H, et al. Microstructure and mechanical properties of 0. 63C-12. 7Cr martensitic stainless steel during various tempering treatments [J]. Materials and Manufacturing Processes, 2010, 25: 246-248.

[26] 胡光立, 谢希文. 钢的热处理（原理和工艺）[M]. 西安: 西北工业大学出版社, 1985.

[27] Seol J, Jung J E, Jang Y W, et al. Influence of carbon content on the microstructure, martensitic transformation and mechanical properties in austenite/ε-martensite dual-phase Fe-Mn-C steels [J]. Acta Materialia, 2013, 61: 558-578.

[28] Tkalcec I, Azctia C, Crevoiserat S, et al. Tempering effects on a martensitic high carbon steel [J]. Materials Science and Engineering: A, 2004, 387 (36): 352-356.

5 镁元素对 H13 钢中碳化物的影响

H13 钢是用于制造压铸模、热锻模和热挤压模等的常用钢种。国内生产的 H13 模具钢与国外的相比在夹杂物和碳化物控制方面差距较大，特别是一次碳化物较多，且退火组织中碳化物有明显沿晶界分布现象。

镁是一种很强的脱氧剂，可以将钢中的溶解氧含量降低到极低的水平[1,2]。对铝脱氧钢液进行镁处理，可以将钢液中形成的 Al_2O_3 簇状夹杂物变成细小的尖晶石类夹杂物[3-5]，有利于提高钢的疲劳性能[6,7]。镁还可以改变钢中碳化物形态，使其由条状转变成球状或近球状，细化退火态碳化物[8]。含镁夹杂物可以在形变奥氏体轧制细化与再结晶中作为形变奥氏体的形核核心，诱导形变奥氏体形核[9]。

5.1 H13 钢中含镁夹杂物的形成和去除

5.1.1 含镁夹杂物物理性能的研究

5.1.1.1 含镁夹杂物密度分析

H13 钢中加入镁后，钢中夹杂物主要为 MgO 与 $MgO \cdot Al_2O_3$，用 $mMgO \cdot nAl_2O_3$ 来表示含镁夹杂物。

为分析含镁夹杂物（$mMgO \cdot nAl_2O_3$）密度变化，对钢中含镁夹杂物进行分析，利用能谱仪测得含镁夹杂物成分中 MgO 与 Al_2O_3 摩尔比 m/n 为 0.41、1.24、2.16、2.75，利用化学试剂配制相应 m/n 比的镁铝尖晶石。

将制成的镁铝尖晶石粉末研磨后，形成细小均匀的粉末，取 MgO 与 Al_2O_3 摩尔比 m/n 为 1:1 的镁铝尖晶石粉末试样，质量分别为 0.615g、0.942g、1.527g，测得其体积分别为 0.16cm³、0.25cm³、0.40cm³；计算可得其密度为 3.85g/cm³、3.71g/cm³、3.82g/cm³，平均密度为 3.79g/cm³。

利用式（5-1）可以计算镁铝尖晶石密度：

$$\rho = x_{MgO}\rho_{MgO} + x_{Al_2O_3}\rho_{Al_2O_3} \tag{5-1}$$

式中，x_{MgO} 为 MgO 在 $MgO \cdot Al_2O_3$ 所占的质量分数；$x_{Al_2O_3}$ 为 Al_2O_3 在 $MgO \cdot Al_2O_3$ 所占的质量分数；ρ_{MgO} 为 MgO 密度，g/cm³；$\rho_{Al_2O_3}$ 为 Al_2O_3 密度，g/cm³。

把 ρ_{MgO} = 3.63g/cm³，$\rho_{Al_2O_3}$ = 3.97g/cm³ 代入式（5-1），计算可得 ρ = 3.88g/cm³，实际测得的结果与理论计算值存在一定的误差，为 2.3%，即：

$$\Delta = \frac{|\rho - \rho_{\mathrm{MgO \cdot Al_2O_3}}|}{\rho_{\mathrm{MgO \cdot Al_2O_3}}} \times 100\% = 2.3\% \tag{5-2}$$

采用同样的计算方法，计算含不同摩尔比的 MgO 和 Al$_2$O$_3$ 组成的镁铝尖晶石，结果见表 5-1。

表 5-1　镁铝尖晶石密度　　　　　　　　（g/cm^3）

成分	MgO · 2Al$_2$O$_3$	MgO · Al$_2$O$_3$	1.5MgO · Al$_2$O$_3$	2MgO · Al$_2$O$_3$	MgO
密度	3.92	3.79	3.72	3.66	3.55

从表 5-1 可知，镁铝尖晶石夹杂物密度比氧化铝（密度为 3.97g/cm^3）夹杂物的密度小，但大于氧化镁的密度，随着镁含量增加，镁铝尖晶石密度减小。

5.1.1.2　夹杂物密度对其去除速度的影响

钢液中的夹杂物会发生碰撞、凝聚长大等过程，这期间钢液中所含的夹杂物上浮的方式主要有三种，即夹杂物依靠自身浮力上浮；夹杂物黏附在气泡表面，依靠气泡的浮力来上浮；由钢液湍流流动把夹杂物带到钢渣界面。

钢液静止时，夹杂物的上浮速度服从斯托克斯公式[10]：

$$v_{\mathrm{p}} = \frac{2(\rho_{\mathrm{m}} - \rho_{\mathrm{p}})gd_{\mathrm{p}}^2}{9\mu} \tag{5-3}$$

式中，v_{p} 为夹杂物上浮速度，m/s；ρ_{m} 为钢液的密度，kg/m^3；ρ_{p} 为夹杂物的密度，kg/m^3；g 为重力加速度，m^2/s；d_{p} 为夹杂物的直径，m；μ 为钢液的黏度，kg/(m · s)。

钢液在 1873K 时，g 取 9.8m^2/s；μ 取 0.002kg/(m · s)，ρ_{m} 为 7.8×10^3 kg/m^3[11]。

由式（5-3）可以得出，夹杂物密度越小，夹杂物上浮速度越大，即夹杂物越容易通过上浮过程去除。

取 d_{p} 为 100×10^{-6}m，含镁夹杂物密度分别取表 5-1 中的数据：3.97×10^{3}kg/m^3、3.92×10^{3}kg/m^3、3.79×10^{3}kg/m^3、3.72×10^{3}kg/m^3、3.66×10^{3}kg/m^3，代入式（5-3），经过计算可得：v_{p} 分别为 4.17×10^{-2}m/s、4.23×10^{-2}m/s、4.37×10^{-2}m/s、4.45×10^{-2}m/s。

夹杂物上浮速度与成分的关系如图 5-1 所示。

由图 5-1 和表 5-1 可知，当镁铝尖晶石夹杂物中镁含量增加时，含镁夹杂物的密度降低，夹杂物上浮速度增加。

5.1.2　氧化铝、镁铝尖晶石夹杂物颗粒间聚集和长大特性

利用高温共聚焦显微镜（confocal scanning laser microscope，CSLM）[12] 研究

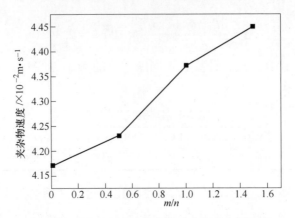

图 5-1　mMgO·nAl$_2$O$_3$夹杂物成分与其上浮速度

氧化铝、镁铝尖晶石夹杂物颗粒间聚集和长特性。高温共聚焦显微镜示意图如图 5-2 所示。

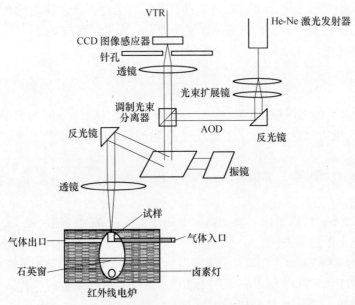

图 5-2　高温共聚焦显微镜示意图

材料为 H13 钢，钢样 A 与钢样 B（含镁）的化学成分见表 5-2。

表 5-2　钢样化学成分　　　　　　　　　（%）

成分	C	Si	Mn	Cr	Mo	V	Ni	P	Al	Mg
钢样 A	0.40	0.97	0.29	5.04	1.21	0.90	0.14	0.028	0.024	0
钢样 B	0.41	0.99	0.28	5.01	1.21	0.91	0.13	0.028	0.017	0.0010

钢样 A 与钢样 B 分别加工后放置在高温共聚焦显微镜的椭圆体的炉膛内，然后抽真空，控制升温速率（先以 200℃/min 的升温速率升温到 250℃，然后以 150℃/min 的升温速率升温到 1350℃，最后以 100℃/min 的升温速率升温到钢样刚好熔化时的温度）。

5.1.2.1 氧化铝夹杂物碰撞与聚集

试样 A 熔化之前，δ 铁素体先预热，与此同时，δ 铁素体晶界稍微扩大形成沟痕，这些沟痕（溶质富集区）中的钢最先熔化形成液相。随着温度的升高，试样 A 表面部分熔化区域越来越大，在此过程中有颗粒或聚合物出现在钢表面，这些颗粒来自钢液内部，聚合物则是颗粒碰撞形成的。为了确定颗粒或聚合物成分，将试样取出，利用扫描电镜与能谱仪对试样表面进行分析。利用扫描电镜观察试样 A 表面的情况，如图 5-3 所示，图 5-3 中圆圈中白色物质为高温共聚焦实验中观察到的颗粒聚合物。

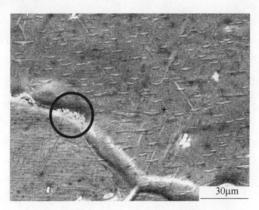

图 5-3 试样 A 表面颗粒

对图 5-3 中颗粒聚合物进行能谱分析，如图 5-4 所示，可知颗粒聚合物为氧化铝。

钢液表面的氧化铝颗粒外形不规则，在其周围有许多尖点，如图 5-5（b）所示。试样 A 表面熔化后，细小氧化铝颗粒及其颗粒聚合物的总数量随时间而减少，尺寸则快速增加，部分达到百微米以上，如图 5-5（c）和（d）所示。

两个颗粒（A 与 B）之间的吸引过程如图 5-6 所示，相邻的两步之间间隔为 1/5s。A 和 B 颗粒随钢液表面流移动，两颗粒之间的距离由 50μm 缩短到 20μm，在 1s 内，这两颗粒迅速吸引碰撞形成一个整体，这表明 A 与 B 之间存在强烈的相互引力，使得两颗粒能够相互吸引而靠近。这种长程引力明显和钢液表面流动无关。

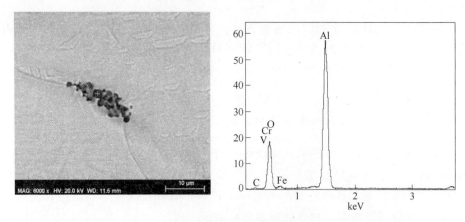

图 5-4   试样 A 表面颗粒成分

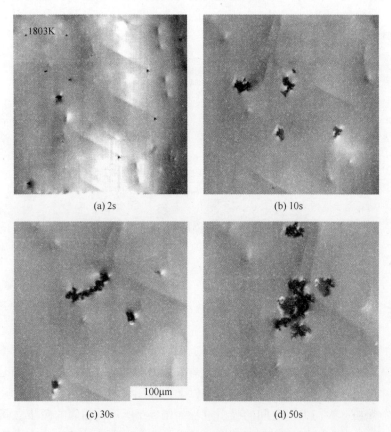

(a) 2s   (b) 10s

(c) 30s   (d) 50s

图 5-5   在 1803K 时，氧化铝颗粒团簇的形成过程

　　氧化铝颗粒之间的碰撞往往形成块状的、疏松的团簇。在颗粒凝聚的初始阶段，漂浮的颗粒与其最近的颗粒由于长程引力碰撞形成聚合物，尺寸为 5~

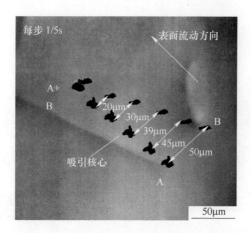

图 5-6　在 1803K 时，两氧化铝颗粒由于长程引力作用形成聚合物的过程

10μm。钢样表面开始熔化时，钢液表面单粒子颗粒的分布是均匀的。随着钢液表面上颗粒数量急剧减少，聚合物之间的距离越来越大，最终超过了氧化铝颗粒间长程引力作用范围。由于表面流动的存在，造成钢液表面上的聚合物分布不均匀。这种情况下，聚合物形成的团簇会在某个方向上长大，形成不均匀的团簇，有时候会形成链状。钢表面熔化后 1min 左右，就能形成 50μm，甚至几百微米的团簇。初始形成的团簇呈树枝状，有很多节点和分支，表观密度很小。

5.1.2.2　镁铝尖晶石夹杂物碰撞与聚集

在含有镁的试样 B 中，发现了镁铝尖晶石夹杂物。图 5-7 所示为扫描电镜下试样 B 表面，图 5-7（a）和（b）中圆圈中的颗粒均为镁铝尖晶石，都为聚合物颗粒。

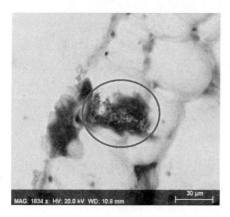
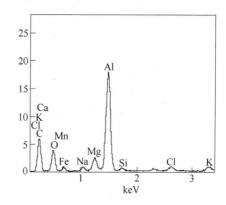

(a)

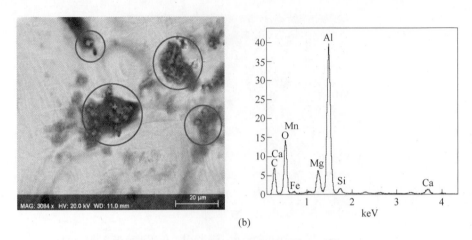

(b)

图 5-7　试样 B 表面黑色颗粒成分与形貌

镁铝尖晶石颗粒团簇的形成过程如图 5-8 所示。

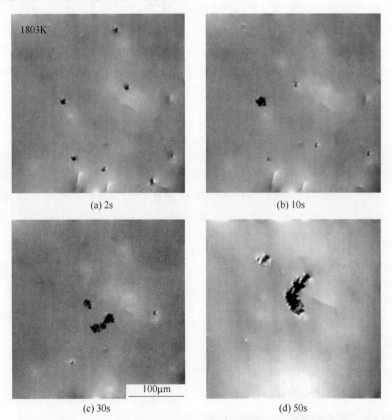

(a) 2s　　　　　　　　　　　(b) 10s

(c) 30s　　　　　　　　　　　(d) 50s

图 5-8　在 1803K 时，镁铝尖晶石颗粒团簇的形成过程

从图 5-8 可知，镁铝尖晶石颗粒外貌比氧化铝颗粒平滑。镁铝尖晶石颗粒团簇的形成顺序和氧化铝一样，但是镁铝尖晶石形成团簇后，它就会迅速变形和密实化，如图 5-8（d）所示。因此镁铝尖晶石团簇的变形和密实化速度比氧化铝团簇快。镁铝尖晶石团簇不会向外形成分支而吸引较远距离的颗粒，因此镁铝尖晶石团簇的凝聚和长大速度较慢，最终形成的团簇比氧化铝颗粒形成的团簇更密实，如图 5-8（d）与图 5-5（d）所示。从图 5-8 可知，镁铝尖晶石形成团簇的时间比图 5-5 所示的氧化铝形成团簇的时间短。

镁铝尖晶石团簇快速致密化表明在凝聚过程中，镁铝尖晶石颗粒之间的烧结比氧化铝颗粒快，主要是因为镁铝尖晶石颗粒边界具有较低的熔点与较大的界面面积。长程引力在镁铝尖晶石颗粒之间也存在，但是这些颗粒之间长程引力的强度比纯氧化铝颗粒之间的长程引力强度小。在这里需要指出的是液态的球状夹杂物（$CaO\text{-}Al_2O_3$、$Al_2O_3\text{-}SiO_2$、$CaO\text{-}Al_2O_3\text{-}SiO_2$ 和所有氧化铝质量分数少于 60% 的硅铝酸盐）颗粒之间的长程引力从来没有被发现过。对于这些液态的夹杂物而言，凝聚以另一种完全不一样的方式形成[13]。

5.1.3 夹杂物的长程引力特性及其作用范围

通过测量颗粒的加速度及重量，可以大约计算出长程引力的大小。假设夹杂物颗粒的外形近似圆饼，通过高温共聚焦显微镜实验观察并测定圆饼的直径、高度为 $2\mu m$；较小颗粒由于长程引力向较大颗粒运动，而较大颗粒静止不动，计算中不考虑钢液黏度对颗粒运动的阻碍作用[14]。

当主体颗粒保持静止时，根据客体颗粒在 $1/15s$ 内移动的距离，计算客体颗粒的加速度模型，如图 5-9 所示。长程引力 F 由下式表述：

$$F = m_1 a_1 \tag{5-4}$$

$$v_1 = (L_1 - L_2)/t \tag{5-5}$$

$$v_2 = (L_2 - L_3)/t \tag{5-6}$$

$$a_1 = (v_2 - v_1)/t \tag{5-7}$$

式中，m_1 为颗粒 1 的质量（同时运动时，m_1 质量的修正质量可以表示为 $m_1/(m_1 + m_2)$，m_2 为较大颗粒的质量），kg；a_1 为颗粒 1 的加速度，m/s^2；F 为颗粒 1 与颗粒 2 之间的长程引力，N；v_1 为颗粒 1 的速度，m/s；v_2 为颗粒 2 的速度，m/s；t 为颗粒运动时间，s；L_1 为颗粒 1 在 $3/15s$ 内移动的距离，m；L_2 为颗粒 1 在 $2/15s$ 内移动的距离，m；L_3 为颗粒 1 在 $1/15s$ 内移动的距离，m。

在此计算过程中，颗粒受到钢液的黏性阻力忽略不计。

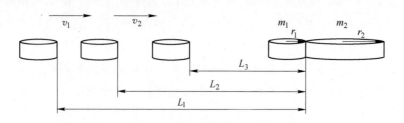

图 5-9　通过盘状夹杂物颗粒的位置来计算其加速度的示意图

5.1.3.1　夹杂物颗粒尺寸对长程引力大小的影响

长程引力大小和不同粒径颗粒间距 L_2 之间的关系如图 5-10 所示。

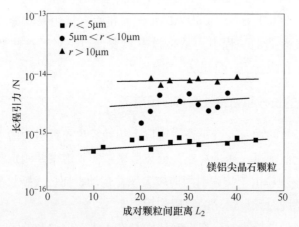

图 5-10　夹杂物颗粒尺寸对长程引力大小的影响

从图 5-10 可知，当粒子间的距离相同时，成对颗粒中，尺寸较小颗粒的直径 r 越大，其受到的吸引力越大，例如，当成对颗粒间的距离为 $32\mu m$ 时，直径小于 $5\mu m$ 的较小颗粒受到的长程引力为 $8.1\times10^{-16}N$；直径在 $5\sim10\mu m$ 范围内的较小颗粒受到的长程引力为 $5.3\times10^{-15}N$；直径大于 $10\mu m$ 的较小颗粒受到的长程引力为 $9.8\times10^{-15}N$。

5.1.3.2　夹杂物颗粒尺寸对长程引力作用半径的影响

长程引力作用范围半径 L_1 与成对颗粒中尺寸较大的颗粒半径关系如图 5-11 所示。

从图 5-11 可知，长程引力作用范围半径随着成对颗粒中较大颗粒的半径的增加而增加。不同于长程引力与成对颗粒中较小颗粒尺寸成正比的关系，长程引

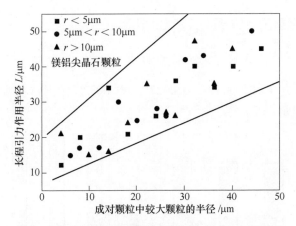

图 5-11　吸引力作用范围半径与颗粒尺寸之间的关系

力作用范围半径与成对颗粒中较小颗粒的尺寸没有明显的关系，由成对颗粒中较
大颗粒的尺寸决定。当成对颗粒中较大颗粒尺寸半径大于 $4\mu m$ 时，长程引力作
用范围半径大于 $10\mu m$。

5.1.3.3　颗粒成分对长程引力大小及其作用范围半径的影响

颗粒成分不同，长程引力及长程引力作用范围半径不同。氧化铝颗粒及镁铝
尖晶石颗粒之间的吸引力与成对颗粒间距离 L_2 之间的关系如图 5-12 所示。

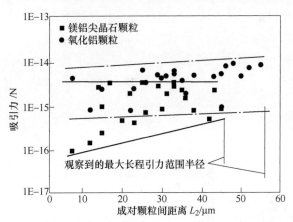

图 5-12　钢液表面上氧化铝颗粒之间与镁铝尖晶石颗粒之间的吸引力

从图 5-12 可知，镁铝尖晶石颗粒间的平均长程引力及作用范围半径均小于
氧化铝颗粒间的平均长程引力及作用范围半径，镁铝尖晶石颗粒间观察到的最大
长程引力作用范围半径为 $46\mu m$，而氧化铝颗粒为 $56\mu m$，造成镁铝尖晶石夹杂物
较难聚焦长大。

5.1.4　镁对电渣重熔 H13 钢中夹杂物的影响

5.1.4.1　镁对 H13 钢中夹杂物的影响

镁含量分别为 0、0.0006%、0.0027%、0.0032% 的 H13 模具钢夹杂物尺寸分布如图 5-13 所示。

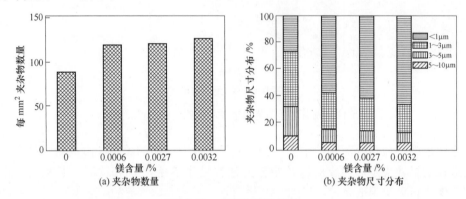

(a) 夹杂物数量　　　　　　　　　　(b) 夹杂物尺寸分布

图 5-13　夹杂物统计结果

由图 5-13（a）可以看出，与不用镁处理钢相比，镁处理钢中夹杂物总数增加；对于镁处理钢，随着镁含量增加，夹杂物数量略微增加。由图 5-13（b）可以看出，镁处理后尺寸小于 1μm 夹杂物占夹杂物总量的 60%，且小于 1μm 的小尺寸夹杂物所占比例随着镁含量增加而提高，由此表明镁处理后钢中夹杂物更加细小。钢中夹杂物形貌如图 5-14 所示。

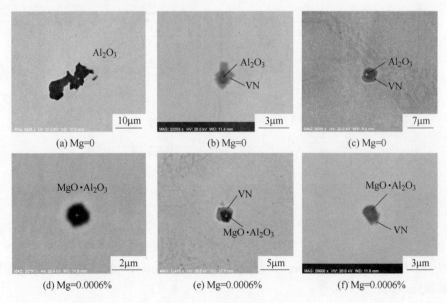

(a) Mg=0　　　　　　(b) Mg=0　　　　　　(c) Mg=0

(d) Mg=0.0006%　　　(e) Mg=0.0006%　　　(f) Mg=0.0006%

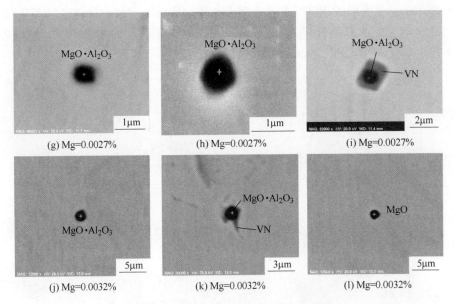

图 5-14 镁处理前后钢中夹杂物 Mg 含量

由图 5-14（a）~（c）可知，未经镁处理的 H13 钢夹杂物为 Al_2O_3，大多数夹杂物尺寸在 2~5μm 左右，由图 5-14（b）和（c）可知，Al_2O_3 可作为 V(C,N) 的形核核心。由图 5-14（d）~（l）可知，镁处理后，氧化物夹杂转变为 MgO·Al_2O_3，没有发现团簇状聚集的 Al_2O_3 夹杂物，V(C,N) 围绕 MgO·Al_2O_3 夹杂物析出。镁含量为 0.0032% 的钢中，夹杂物有 MgO·Al_2O_3 和少量 MgO 存在。计算了夹杂物平均成分，夹杂物中 Mg、Al、O 含量的变化如图 5-15 所示。

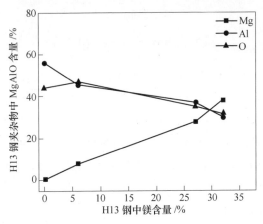

图 5-15 钢中镁含量与夹杂物中 Mg、Al、O 含量的关系

由图 5-15 可知，夹杂物中镁含量随着钢中镁含量的增加而升高，Al、O 含量

随着钢中镁含量的增加而降低。这表明夹杂物的成分随着钢中镁含量的变化而变化，镁含量为 0.0032% 钢中夹杂物镁含量很高。镁含量为 0.0006% 和 0.0032% 的 H13 钢中 MgO·Al$_2$O$_3$ 夹杂物线扫描结果如图 5-16 所示。

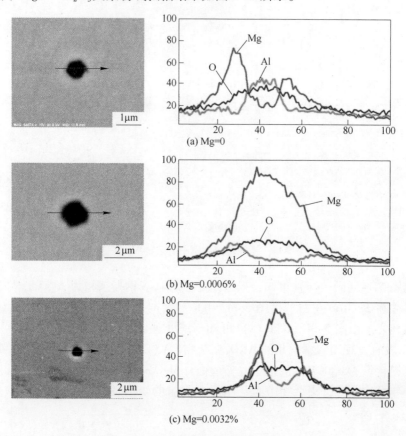

图 5-16　镁处理后夹杂物线扫描

从图 5-16（a）可以看到，Al$_2$O$_3$ 处在 MgO·Al$_2$O$_3$ 夹杂物的核心，MgO 处在 MgO·Al$_2$O$_3$ 夹杂物的外层。从图 5-16（b）可以看到，MgO 处在 MgO·Al$_2$O$_3$ 夹杂物的核心，夹杂物的外层主要是 MgO·Al$_2$O$_3$。镁含量为 0.0032% 的钢中 MgO·Al$_2$O$_3$ 夹杂物线扫描结果（图 5-16（c））与图 5-16（b）中相同。这表明镁处理后，钢中形成了两类 MgO·Al$_2$O$_3$ 夹杂物，分别为 Al$_2$O$_3$ 核心和 MgO 核心[15]。

镁处理对 H13 钢中 Al$_2$O$_3$ 夹杂物的作用，由以下三步组成：

首先，加入钢液中的镁（蒸气态或溶解态）与 Al$_2$O$_3$ 夹杂物反应，形成以 Al$_2$O$_3$ 为核心的 MgO·Al$_2$O$_3$ 夹杂物，造成夹杂物中 Al$_2$O$_3$ 含量降低的反应为：

$$3[Mg]/Mg_{vapor} + 4Al_2O_3 \Longrightarrow 3MgO \cdot Al_2O_3 + 2[Al] \tag{5-8}$$

其次，Mg 和钢中溶解氧反应产生 MgO，Al 接着和 MgO 反应生成以 MgO 核

心的 $MgO \cdot Al_2O_3$ 夹杂物，$MgO \cdot Al_2O_3$ 夹杂物的量在 Al_2O_3 消失后继续升高是由于反应：

$$[Mg] + [O] \Longrightarrow MgO \tag{5-9}$$

$$2[Al] + 4MgO \Longrightarrow MgO \cdot Al_2O_3 + 3[Mg] \tag{5-10}$$

最后，Mg 和 $MgO \cdot Al_2O_3$ 夹杂物反应，$MgO \cdot Al_2O_3$ 进一步被还原并有 MgO 形成，MgO 的形成反应为：

$$3[Mg] + MgO \cdot Al_2O_3 \Longrightarrow 4MgO + 2[Al] \tag{5-11}$$

可以看出，反应（5-10）和反应（5-11）为同一个反应的不同方向，镁含量的变化会导致钢液中 $MgO \cdot Al_2O_3$ 和 MgO 的转变，这也是式（5-10）和式（5-11）反应进行方向转变的原因。

5.1.4.2　H13 钢中含镁夹杂物在电渣重熔过程中的转变

将镁含量分别为 0、0.0027%、0.0032% 钢锭锻造成电极，进行电渣重熔，电渣锭镁含量分别为 0、0.0005%、0.0006%。电渣锭中夹杂物的尺寸分布如图 5-17 所示。

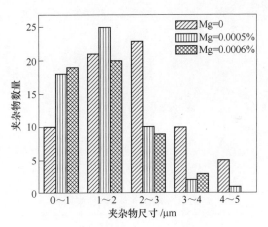

图 5-17　电渣锭中夹杂物尺寸分布

由图 5-17 可知，电渣重熔后，钢中没有发现尺寸大于 $5\mu m$ 的夹杂物，大部分夹杂物尺寸在 $0\sim1\mu m$ 和 $1\sim2\mu m$。与不含镁的电极相比，含镁电极电渣重熔后夹杂物数量低，说明电渣重熔过程含镁电极夹杂物去除率更高。电渣重熔后钢中典型夹杂物如图 5-18 所示。

由图 5-18（a）~（c）可知，电渣重熔后，不含镁电渣锭中均为 Al_2O_3 氧化物夹杂，有 (Ti,V)N 围绕 Al_2O_3 夹杂物形成。Al_2O_3 夹杂物形状不规则，有少量呈团簇状。由图 5-18（d）~（f）和（g）~（i）可知，含镁电渣锭主要有 $MgO \cdot Al_2O_3$ 和围绕其析出的 (Ti,V)N，并有 Al_2O_3 存在，电渣锭中没有发现 MgO。电渣锭中镁含量与夹杂物中镁含量的关系如图 5-19 所示。

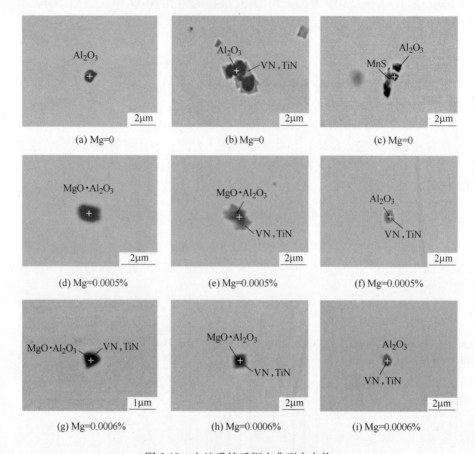

图 5-18　电渣重熔后钢中典型夹杂物

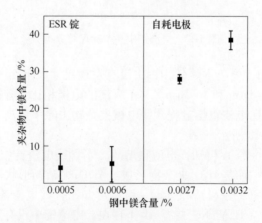

图 5-19　钢中镁含量与夹杂物中镁含量的关系

由图 5-19 可知，电渣重熔后钢中镁含量和夹杂物中镁含量均明显降低，夹杂物中镁含量平均仅为 5% 左右。

5.1.4.3 含镁夹杂物在电渣重熔过程的转变分析

电渣重熔后，钢中镁含量大幅度降低。利用 FactSage7.0 软件，计算了钢中镁含量与溶解镁含量的关系，结果如图 5-20 所示。

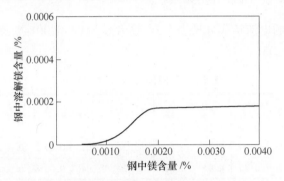

图 5-20 钢中镁含量与溶解镁含量的关系

电极中的镁含量为 0.0027%、0.0032% 时，由图 5-20 可知，钢中有溶解镁存在。由于没有气氛保护，这部分镁很容易在电渣重熔过程气化烧损；当电渣锭中镁含量为 0.0005% 时，镁全部以氧化物夹杂的形式存在。电渣重熔过程中，熔渣吸附去除了大量电极中原有含镁夹杂物，也是造成钢中镁含量的降低的原因。利用 FactSage7.0 软件，计算了 1873K 时，钢液中 MgO·Al$_2$O$_3$ 随镁含量的变化，如图 5-21 所示。

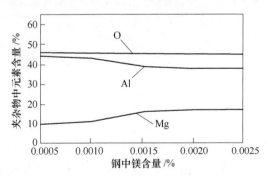

图 5-21 钢液平衡态下 MgO·Al$_2$O$_3$ 中成分随镁含量的变化（1873K）

由图 5-21 可知，平衡态下，当钢中镁含量为 0.0005% 时，夹杂物中镁含量应为 10% 左右，实际夹杂物中平均镁含量仅为 5%，表明金属熔池中，发生了式（5-12）的反应，导致钢液中 MgO·Al$_2$O$_3$ 夹杂物中的镁烧损。

$$3MgAl_2O_4 + 2[Al] \rightleftharpoons 4Al_2O_3 + 3[Mg] \qquad (5\text{-}12)$$

由于金属熔池镁含量较低，反应容易进行，造成了 $MgO \cdot Al_2O_3$ 夹杂物中的镁含量低于平衡态，生成的溶解镁气化进入大气中。

5.2　含镁夹杂物对碳化物的影响分析

5.2.1　镁对 H13 钢中碳化物的影响

不同镁含量的电渣锭成分见表 5-3。镁含量为 0、0.0014% 及 0.0018% 电渣锭分别为 D1、D2、D3。

表 5-3　不同镁含量 H13 钢成分　　　　　　　　　　　（%）

编号	C	Si	Mn	Cr	Mo	V	N	O	S	Als	Mg
D1	0.40	0.72	0.40	4.82	1.30	0.78	0.0300	0.0045	0.0020	0.036	0
D2	0.40	0.90	0.39	5.05	1.43	0.92	0.0073	0.0012	0.0013	0.024	0.0014
D3	0.39	0.89	0.40	4.94	1.39	0.92	0.0046	0.0018	0.0009	0.040	0.0018

5.2.1.1　镁对 H13 钢中析出相的影响的计算

采用 Thermo-Calc 软件进行热力学计算，不同镁含量 H13 钢中碳化物析出情况如图 5-22 所示。

由图 5-22 可知，镁不会影响 H13 钢中碳化物的析出类型，但是影响碳化物的析出温度。镁含量对钢中碳化物析出温度的影响见表 5-4。

表 5-4　热力学计算含镁 H13 钢中析出物转变温度　　　　　　　（℃）

编号	MC	$M_{23}C_6$	M_6C	M_7C_3	M_2C	MnS
D1	1110	787	610	880	920	1290
D2	1200	792	613	891	920	1373
D3	1170	789	614	870	910	1380

由表 5-4 可知，对于 Mg 含量为 0.0014% 的钢，MC 型碳化物的析出温度为 1200℃，相比图 5-22（a）中的 MC 的析出温度（1110℃）提高了 90℃，M_7C_3 的析出温度提高了 11℃。因此，Mg 可以提高 MC 相的析出温度和稳定性，这些 MC 相在高温热处理过程中钉扎奥氏体晶界，阻碍晶粒长大。Mg 含量继续增加，MC 型碳化物的析出温度又降到了 1170℃，说明加入过多的镁，对碳化物的析出类型及温度没有显著的影响。但是，Mg 含量增加使钢中 MnS 的析出温度升高。由图 5-22（a）和（b）可知，MnS 的析出温度从 1290℃ 提高到 1373℃，继续增加镁含量，MnS 的析出温度升高到 1380℃。

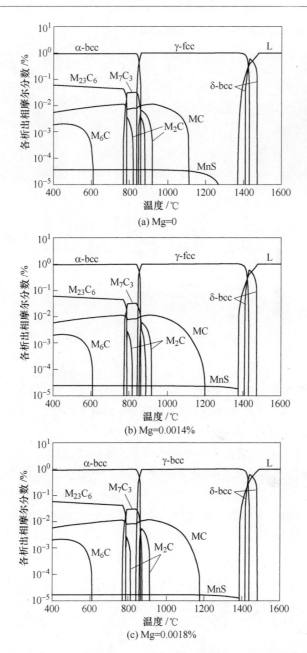

图 5-22 镁含量对 H13 钢中析出物影响热力学分析

5.2.1.2 镁对 H13 钢中碳化物尺寸与形貌的影响

电渣锭最后凝固时，有大量的碳及合金元素富集，导致碳化物大量的析出[16]。含镁电渣锭碳化物析出形貌如图 5-23 所示。

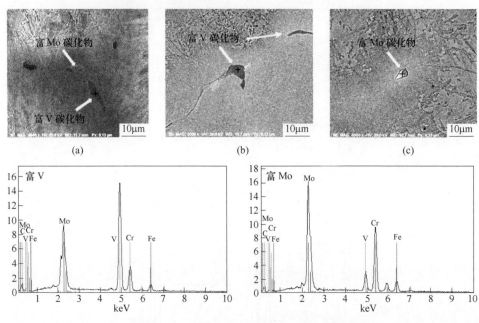

图 5-23　电渣锭中沿晶界析出的碳化物

由图 5-23 可知，碳化物多为富 V 和富 Mo 的碳化物。富 V 碳化物多为长条状，尺寸在 10μm 以内；富 Mo 碳化物尺寸在 3μm 左右，小于富 V 碳化物尺寸，如图 5-23（a）所示。电渣锭中碳化物大多数会沿晶界析出，晶界提供了碳化物的形核点。一般沿晶界析出的碳化物呈方片状或长条状，如图 5-23（b）、（c）所示。镁在钢中的偏聚主要为平衡偏聚，镁可以改变碳化物相界能，并且溶进碳化物[17]，使晶界和晶内的粗大碳化物细化，提高钢的力学性能。

电解提取不含镁 H13 电渣锭中碳化物，其形貌如图 5-24 所示。由于富 V 碳化物能谱相似，仅给出图 5-24（b）和（c）中碳化物的能谱图。

(a) 富V碳化物　　　　　　(b) 富V碳化物　　　　　　(c) 富Mo碳化物

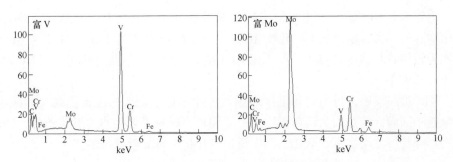

图 5-24 不含镁 H13 电渣锭中碳化物形貌

由图 5-24 可见，不含镁电渣锭中主要为富 V 碳化物，呈长条骨状及片状，长条状碳化物尺寸大于 $10\mu m$，片状的则小于 $10\mu m$。富 Mo 碳化物为短鱼骨状，尺寸小于 $10\mu m$。

电解萃取含镁电渣锭中碳化物，其形貌如图 5-25 所示。

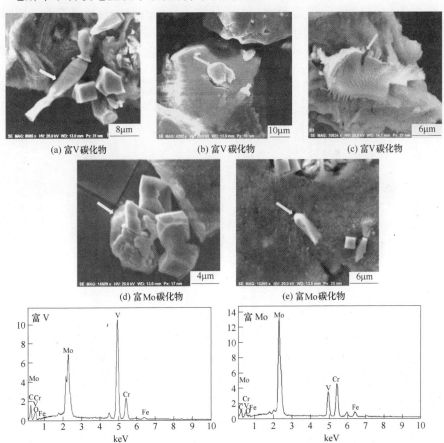

图 5-25 含镁 H13 钢中碳化物形貌

由图 5-25 可知，含镁电渣锭中富 V 碳化物主要为长棒状、圆球状、薄壳状碳化物，与不含镁电渣锭中碳化物相比，尺寸较小，大都在 5μm 左右；富 Mo 碳化物为短棒状和脑型颗粒状，尺寸在 4μm 左右，与富 V 碳化物相比，富 Mo 碳化物的尺寸更小。

H13 钢加镁后，析出的碳化物形貌及尺寸均会改变。一次碳化物尺寸减小，边缘趋于圆润。这是因为镁在钢中发生了偏聚，影响了碳化物的形核条件，使碳化物形貌与尺寸均发生了变化。钢中析出碳化物的特征参数见表 5-5。

表 5-5　碳化物基本参数

编号	N/个	$A/\mu m^2$	$D/\mu m$	$A/\mu m^2$	S/mm^2
D1	89.00	1986.48	5.02	22.32	4.80
D2	72.00	1474.73	4.84	20.48	4.80
D3	56.00	887.42	4.21	15.85	4.80

由表 5-5 可以看出，镁含量增加对碳化物的数量及尺寸有显著影响。随着钢中镁含量增加，碳化物的析出数量明显减少。镁含量对碳化物尺寸影响如图 5-26 所示。

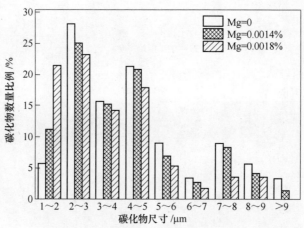

图 5-26　镁含量对碳化物尺寸的影响

由图 5-26 可知，随钢中镁含量增加，碳化物的尺寸显著减小。H13 电渣锭中碳化物的尺寸多分布于 2~5μm 之间。随着镁含量增加，尺寸在 1~2μm 之间的碳化物数量增加，这是因为含镁夹杂物可以诱导碳化物异质形核，部分碳化物以含 Mg 夹杂物为核心形成[17]，减小了碳化物尺寸。因此，镁可以细化碳化物并且减少碳化物在钢中的析出数量。

利用式（5-13）圆形度计算公式[18]，比较不同镁含量对碳化物圆形度的影响，结果见表 5-6。表中 $\overline{D}_{max}$ 为利用软件测得碳化物最大直径的平均值；

Roundness 为计算出的圆形度。

$$Roundness = 4 \times \frac{[Area]}{\pi [Major - axis]^2} \tag{5-13}$$

表5-6 镁含量对碳化物的参数影响

编 号	$\overline{D}_{max}/\mu m$	Roundness
D1（Mg=0）	10.05	0.30
D2（Mg=0.0014%）	9.27	0.37
D3（Mg=0.0018%）	8.58	0.36

由表5-6可知，随着镁含量增加，碳化物的最大直径减小，圆形度增加。由于镁会固溶于碳化物中，可以成为碳化物的生成核心，使得碳化物形貌发生变化。由图5-24和图5-25结果可知部分长条状碳化物变为球状。因此，镁可以减小一次碳化物的尺寸，并且使得碳化物趋于球状。

由以上分析可知，镁主要偏聚于晶界或者是相界附近，由于镁原子和铁原子的原子半径相差很大，所以在碳化物的单胞和母相中必然会引起附加点阵畸变，产生弹性畸变能。根据 B. J. Prines 的理论分析[19]，置换固溶原子在基体产生的弹性畸变能可由式（5-14）和式（5-15）计算：

$$Q = \frac{24\pi KGr_1^3\varepsilon^2}{3K + 4G}N_A \tag{5-14}$$

$$\varepsilon = \frac{r_1 - r_0}{r_1} \tag{5-15}$$

式中，K 为切变弹性模量；G 为基体切变弹性模量；r_1 为溶质半径；r_0 为被取代的原子半径。表5-7为计算中用到的参数。

表5-7 计算所用镁和铁的参数

材料	切变弹性模量/ MPa	原子半径/nm	应变量 ε	基体切变弹性模量/MPa
镁	4.1×10^4	0.160	0	—
铁	77970−7.021T	0.127	0.2025	98637−44.45T

由式（5-14）和式（5-15）可以计算出镁在渗碳体中置换铁后溶于其中的弹性畸变能。碳化物 MC 刚开始析出时（即1473K）于渗碳体置换铁时产生的弹性畸变能为42082.7J/mol，$M_{23}C_6$ 为50713.7J/mol，M_6C 为54536.2J/mol。由计算结果可以看出，镁在渗碳体中产生了较大的弹性畸变能，由于相边界中镁的原子半径较大，会偏聚并进入两相晶格，可以增加所得到的附加晶格弹性变形能。镁进入碳化物相后会产生较大的弹性畸变，使所共格的界面两侧点阵不匹配，增加弹性能。镁对 M_6C 的弹性畸变能最大，所以对 M_6C 型碳化物的球化有显著影响，

由热力学计算可知 M_6C 主要是富 Mo 碳化物，由图 5-24 和图 5-25 可以看到镁明显地改变富 Mo 碳化物的形貌。

Mg 在钢液中将 Al_2O_3 变性为 $MgO \cdot Al_2O_3$，并且与电渣锭凝固过程中固液两相区形成的 TiN 形成复合夹杂物，碳化物以 $MgO \cdot Al_2O_3$ 和 TiN 的复合夹杂物为核心析出，如图 5-27（a）所示。许多研究[20-22]都表明钢中加入镁后，会减小夹杂物的尺寸，而关于碳化物的异质形核研究发现，夹杂物尺寸在 1μm 以下有利于碳化物的异质形核。MgO 和碳化物复合析出时的形貌为树叶状，如图 5-27（b）所示，这说明 Mg 可以融入碳化物中，并且能够改变碳化物的析出形貌。当夹杂物和碳化物复合析出时尺寸都较小，基本都在 4μm 左右，说明通过含镁夹杂物诱导碳化物异质形核析出，碳化物尺寸较小。

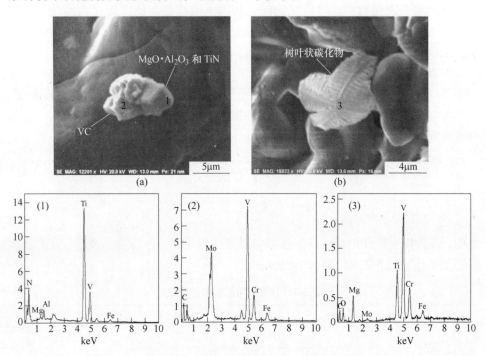

图 5-27　碳化物非均质形核 SEM-EDS

5.2.2　镁在 H13 电渣锭中偏聚的作用

镁含量对 H13 电渣锭凝固组织的影响如图 5-28 所示。

由图 5-28 可以看出，含镁 H13 电渣锭组织为马氏体、残余奥氏体以及最后凝固时枝晶内析出的一次碳化物。图 5-28 中的网状部分为凝固过程中碳和合金元素含量高的区域。随着镁含量的增加，网状偏析逐渐被打乱，残余奥氏体也相

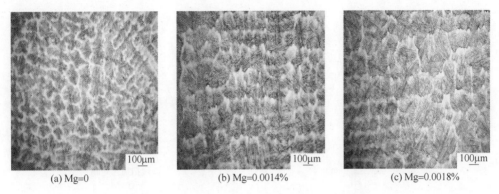

(a) Mg=0   (b) Mg=0.0014%   (c) Mg=0.0018%

图 5-28　镁含量对 H13 电渣锭凝固组织的影响

应减少，马氏体比例逐渐增高，组织由原来细小网状分布逐渐变为长链状及孤岛状弥散分布。由于钢中镁偏聚到晶界，减轻了碳化物形成元素的偏析，有助于抑制钢中一次碳化物的形成。

利用电子探针（EPMA）分析钢中的 Mg、V、Cr、Mo，图 5-29 所示为 100 倍视野下的线扫描结果。

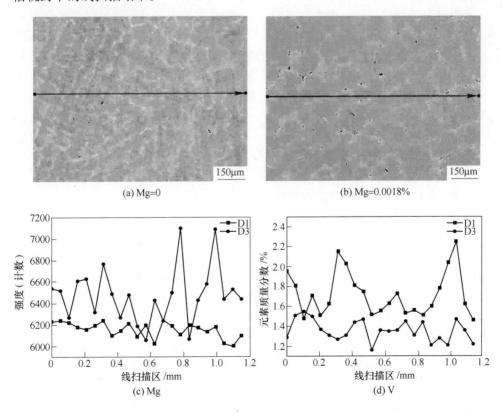

(a) Mg=0   (b) Mg=0.0018%

(c) Mg

(d) V

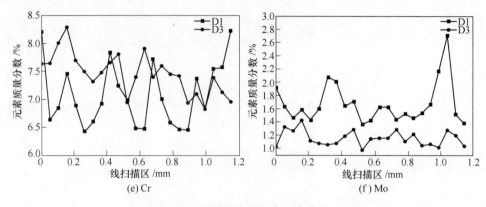

图 5-29　不同镁含量钢中元素偏析

　　由图 5-29 可以看出，含镁电渣锭中镁在不同位置的强度明显高于不含镁电渣锭，而且不含镁钢中镁的强度变化不大。将线扫描的结果（图 5-29（c）~（f））对应于照片（图 5-29（a）、（b））可以得到镁的跳跃点都在碳化物偏聚区，说明镁会偏聚在碳化物易于形成的区域，并且有部分镁会固溶于碳化物中。H13 钢中碳化物易于偏聚的区域在晶界上，所以镁也会偏聚在晶界的位置上，这与 Bor 及 Ge[23,24] 的研究结果一致。图 5-29（c）所示为镁在钢中的分布，可以得到含镁钢中镁的偏聚程度较大。镁主要影响钢中 V 和 Mo 的偏析，由图 5-29（d）~（f）可以看出含镁钢中 V 的偏析明显小于不含镁钢。含镁电渣锭偏析区，V 的平均质量分数为 1.6%，不含镁电渣锭中 V 的平均质量分数为 2.3%。两个电渣锭偏析区 Cr 元素的平均质量分数几乎没有差别，都为 8.5% 左右。含镁电渣锭中 Mo 元素的偏析明显小于不含镁电渣锭，含镁电渣锭偏析区中 Mo 的平均质量分数为 1.4%，而不含镁电渣锭偏析区中 Mo 的平均质量分数为 2.85%。以上结果说明电渣锭凝固过程，镁偏聚到晶界中阻碍钢中 V 和 Mo 的析出，减少了碳化物的析出。

　　含镁 H13 电渣锭中碳化物偏聚区的面扫描结果如图 5-30 所示，图 5-30 中深色区域表示合金元素含量低。

　　由图 5-30 可知，镁主要分布于碳化物的中心部位，说明碳化物形成过程中，镁会固溶在碳化物中并且作为碳化物形核核心，镁固溶于碳化物中可以使碳化物明显球化[25]。当镁偏聚到相界，碳化物与晶体的晶格畸变会增加，抑制碳化物的长大，达到球化的效果。

5.2.3　镁细化及球化碳化物机理分析

　　相对于不含镁的 H13 模具钢，含镁钢中带状偏析得到了改善，而且碳化物平均尺寸和圆形度减小。Mclean 以统计热力学为基础[26]，在假定晶体缺陷区域是无规则的理想固溶体、偏聚元素之间的相互作用忽略不计的基础上，认为溶质元

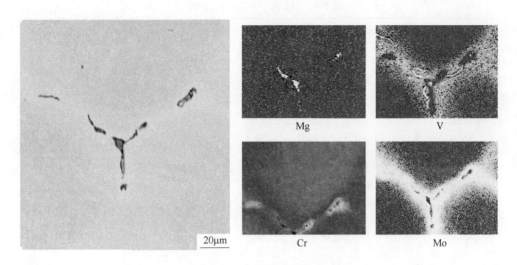

图 5-30　碳化物中合金元素分布

素在晶内浓度远小于 1% 时，导出平衡偏聚于缺陷处的热力学公式为：

$$C_g = C_o \exp\left(\frac{\Delta U}{RT}\right) \Rightarrow \beta = \frac{C_g}{C_o} = \exp\left(\frac{\Delta U}{RT}\right) \tag{5-16}$$

式中，C_o 为缺陷处浓度；ΔU 为 1mol 溶质元素的偏聚能（温度的函数）；R 为摩尔气体常数；T 为温度；β 为富集系数。

根据 Mott 和 Nabarro[27] 的理论，可以将 ΔU 表示为：

$$\Delta U \leqslant \frac{1}{3\pi} \frac{1+\nu}{1-\nu} G |\Delta V| N_A \tag{5-17}$$

式中，ν 为材料泊松比；G 为基体切变弹性模量；ΔV 为原子体积差；N_A 为阿伏伽德罗常数。

H13 钢中溶质对 α-Fe 的弹性模量影响规律正比于固溶元素的摩尔分数，如每 1% 摩尔分数的 Cr 能使 G 提高 0.35%，而每 1% 摩尔体积的 Si、Mn、Ni 等使 G 分别降低 0.12%、0.28%、1.08%，溶质元素对泊松比也有类似影响。假设 H13 钢中溶质元素对 G 的影响相互抵消、泊松比为 0.30，将 Mg 原子和基体参数（表 5-8）代入式（5-17）中得出 ΔU（ΔU 取最大值），再将 ΔU 代入式（5-16）中得到富集系数 β 与温度 T 的关系式（5-18）：

$$\beta = \begin{cases} \exp\left(\dfrac{11295.41}{T} - 3.76\right) & (293 \sim 1184\text{K}) \\ \exp\left(\dfrac{11691.28}{T} - 5.27\right) & (1184 \sim 1665\text{K}) \end{cases} \tag{5-18}$$

表 5-8　Mg 原子和基体的参数[28]

原子	配位数为 12 时原子直径/nm	原子体积/nm³	原子体积差 ΔV/nm³	基体切变模量/MPa	适用温度范围/K
α-Fe	0.25537	0.008720	0.008589	$89334 - 29.688T$	293~1184
γ-Fe	0.25787	0.008978	0.008331	$98637 - 44.45T$	1184~1665
Mg	0.32094	0.017309	—		

由式（5-18）可以得到温度为 1573K 时 Mg 的平衡偏聚常数为 8.69，退火温度（1133K）和回火温度（853K）下 Mg 平衡偏聚常数分别为 497.4、13121.2，偏聚程度高，镁原子可扩散到空位及缺陷处，减少碳化物网链状生长[29]。另外，镁还可以偏聚到碳化物择优生长界面上，阻碍 MC 型碳化物的生长[30,31]，所以含镁 H13 模具钢中碳化物的尺寸较小。

镁对碳化物具有球化作用，共格界面的比界面能公式[28]为：

$$\sigma = \frac{2}{3} G d \delta^2 \tag{5-19}$$

式中，G 为界面两侧刚性较低的晶体的切变模量；δ 为界面两侧晶体由于原子间距的差别而将产生的弹性晶格畸变即错配度；d 为碳化物直径。

取铁的切变模量，在温度一定时 G 不变。镁原子半径（0.16nm）大于铁原子半径（0.1276nm），相同退火温度下，对于同种类型的碳化物，由于大原子半径镁在相界面偏聚并进入两相点阵中，产生附加点阵弹性畸变能，破坏共格关系，使得碳化物在长大的过程中与基体变成半共格或非共格，引起错配度（δ）的增大，使比界面能增大。为降低系统能量，相界面面积将尽可能降低，对于被铁基体晶粒包裹的碳化物将趋于球化。比界面能越高，球化驱动力越大，所以经过镁处理的 H13 钢有利于碳化物球化。

镁处理 H13 模具钢中，存在 VC 沿细小的 $MgAl_2O_4$ 夹杂周围析出，尺寸比较小，如图 5-31 所示。

根据 Bramfitt 的理论，在非均匀形核的过程中当 $\delta < 6\%$ 时为强有效形核，当 $\delta = 6\% \sim 12\%$ 时为一般有效形核，当 $\delta > 12\%$ 时为非有效形核。

采用 Turnbull 公式计算错配度[32]：

$$\delta_{(hkl)_n}^{(hkl)_s} = \sum_{i=1}^{3} \frac{\dfrac{\left| d_{[uvw]_s^i} \cos\theta - d_{[uvw]_n^i} \right|}{d_{[uvw]_n^i}}}{3} \times 100 \tag{5-20}$$

式中，δ_n^s 为固相与新相之间的错配度；$(hkl)_s$ 为固相中一个低晶面指数；$[uvw]_s$ 为 $(hkl)_s$ 面中一个低指数晶向；$(hkl)_n$ 为新相中一个低晶面指数；$[uvw]_n$ 为 $(hkl)_n$ 面中一个低指数晶向；$d_{[uvw]_n}$ 为晶向 $[uvw]_n$ 上两相邻原子面间距；$d_{[uvw]_s}$ 为晶向

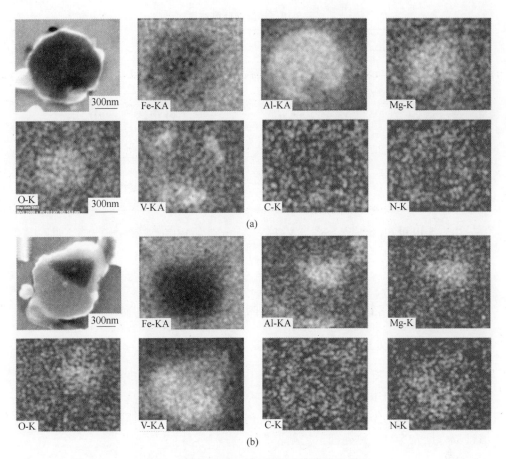

图 5-31 沿含镁夹杂物周围析出的碳化物形貌

$[uvw]_s$ 上两相邻原子面间距；θ 为晶向 $[uvw]_s$ 和 $[uvw]_n$ 之间的夹角。

H13 钢中有关相的晶格常数见表 5-9，其中考虑了钢中主要元素对奥氏体晶格常数的影响。计算结果和配合面见表 5-10。

表 5-9 相关相晶格常数

相（晶格类型）	1400℃时晶格常数	线膨胀系数
$MgAl_2O_4$（立方）	0.8132	8.6×10^{-6}
Al_2O_3（六方）	0.4812	7.5×10^{-6}
γ-Fe（立方）	0.3686	23×10^{-6}
M(CN)（立方）	0.4209	8.29×10^{-6}
M_6(CN)（立方）	1.118	10×10^{-6}

表 5-10　错配度计算结果

项　目	错配度值/%	配　合　面
$\delta_{\gamma\text{-Fe}}^{\mathrm{Al_2O_3}}$	11.7	$(0001)_{\mathrm{Al_2O_3}} \parallel (100)_{\gamma\text{-Fe}}$
$\delta_{\gamma\text{-Fe}}^{\mathrm{MgAl_2O_4}}$	4.0	$(100)_{\mathrm{MgAl_2O_4}} \parallel (100)_{\gamma\text{-Fe}}$
$\delta_{\mathrm{M_6(CN)}}^{\mathrm{Al_2O_3}}$	13.9	$(100)_{\mathrm{Al_2O_3}} \parallel (100)_{\mathrm{M_6(CN)}}$
$\delta_{\mathrm{M_6(CN)}}^{\mathrm{MgAl_2O_4}}$	2.8	$(100)_{\mathrm{MgAl_2O_4}} \parallel (100)_{\mathrm{M_6(CN)}}$
$\delta_{\mathrm{M(CN)}}^{\mathrm{Al_2O_3}}$	11.3	$(0001)_{\mathrm{Al_2O_3}} \parallel (110)_{\gamma\text{-Fe}}$
$\delta_{\mathrm{M(CN)}}^{\mathrm{MgAl_2O_4}}$	3.0	$(100)_{\mathrm{MgAl_2O_4}} \parallel (110)_{\gamma\text{-Fe}}$

由表 5-10 可知，$\delta_{\gamma\text{-Fe}}^{\mathrm{MgAl_2O_4}}$、$\delta_{\mathrm{M(CN)}}^{\mathrm{MgAl_2O_4}}$、$\delta_{\mathrm{M_6(CN)}}^{\mathrm{MgAl_2O_4}}$ 分别为 4.0%、2.8%、3.0%，明显小于 $\delta_{\gamma\text{-Fe}}^{\mathrm{Al_2O_3}}$、$\delta_{\mathrm{M(CN)}}^{\mathrm{Al_2O_3}}$、$\delta_{\mathrm{M_6(CN)}}^{\mathrm{Al_2O_3}}$。表明 $\mathrm{MgAl_2O_4}$ 比 $\mathrm{Al_2O_3}$ 更利于 γ-Fe、M(CN) 以及 $\mathrm{M_6}$(CN) 形核。

5.3　热处理对含镁 H13 钢中碳化物类型及分布的影响

5.3.1　H13 钢热处理过程碳化物的演变

H13 钢属过共析钢，经锻造后在 860~890℃ 退火可得到球状珠光体和少量碳化物，经 1000~1050℃ 淬火后组织为针状马氏体，能显著提高 H13 钢的强度和硬度，但韧性较差。淬火后立即回火（530~650℃），可明显提高其韧性。H13 电渣锭成分见表 5-11，热处理工艺见表 5-12。

表 5-11　H13 电渣锭主要化学成分　　　　　　（%）

元素	C	Si	Mn	Cr	Mo	V	P	S
含量	0.41	0.99	0.29	5.01	1.22	0.93	0.023	0.006

表 5-12　热处理工艺

锻造工艺	退火	淬火	回火
锻造温度范围 860~1150℃，锻造结束时 H13 钢直径 φ325mm	升温至 650~760℃ 保温 2h，再升温至 860℃ 保温 7~8h，炉冷至 500℃，随后空冷至室温	升温至 850℃ 1h，升温至 1050℃，保温 100min，随后油淬	升温至 590℃ 保温 4h，随后空冷至室温

5.3.1.1　H13 钢显微组织

不同热处理阶段 H13 钢组织如图 5-32 所示。

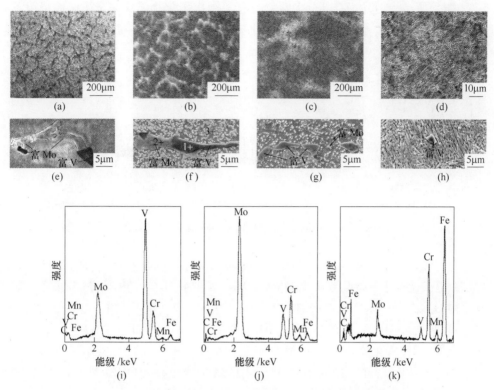

图 5-32　不同热处理阶段 H13 组织及一次碳化物形貌类型变化
（a），（e）电渣锭试样；（b），（f）退火态试样；（c），（g）锻造+退火处理试样；
（d），（h）淬火+回火处理试样；（i）~（k）图（f）中的点 1，2，3 的 EDS 能谱图

　　从图 5-32（a）（A1 样）可知，电渣锭中存在大量枝晶偏析，呈深色网带状。H13 钢属过共析钢，凝固时先析出奥氏体相，溶质元素在剩余液相富集，达到过饱时析出第二相，如一次碳化物等，如图 5-32（e）所示。H13 钢中的一次碳化物以富 V 和富 Mo 的一次碳化物为主，以单独或共生的方式存在，没有发现富 Cr 的一次碳化物。退火后析出的大量富 Cr 的二次碳化物，与图 5-32（a）中的深色偏析区相对应，如图 5-32（b）中白色偏析区所示。二次碳化物粒度多分布于几百纳米到几微米之间，一次碳化物与电渣锭中的相比，形貌几乎没有变化，可见 H13 电渣锭完全退火处理后，元素偏析及偏析区中的一次碳化物不能消除，并遗留到退火 H13 钢中。锻造+退火处理后，如图 5-32（c）所示，偏析等到了有效改善，偏析区中的一次碳化物被打断，少部分富 V 的一次碳化物分解，大部分富 Mo 的碳化物溶解于基体，与退火试样中富 Cr 二次碳化物相比，锻造退火后的试样中更加细小弥散，如图 5-32（g）所示。H13 钢淬火后大量碳化物溶解，回火后以更细小弥散的状态析出，已经无法观察到偏析现象，试样组织如图

5-32 (d) 所示。但是仍有部分大颗粒的富 V 一次碳化物无法完全溶解而遗留下来，如图 5-32 (h) 所示。H13 钢中碳化物类型变化如图 5-33 所示。

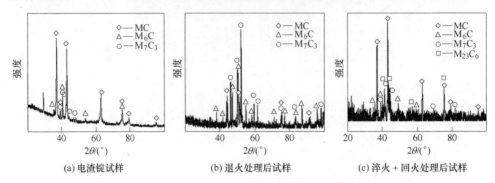

(a) 电渣锭试样　　　　　　　(b) 退火处理后试样　　　　　　(c) 淬火 + 回火处理后试样

图 5-33　不同状态下 H13 钢中碳化物 XRD 图谱

电渣锭直接退火和经锻造退火处理后碳化物种类没有变化。由图 5-33 (a) 可知，电渣锭中主要碳化物类型为 MC、M_6C 和少量 M_7C_3，MC 和 M_6C 多以一次碳化物形式存在，M_7C_3 以二次碳化物存在；由图 5-33 (b) 可知，退火处理后和锻造+退火处理钢中主要有 M_7C_3、MC 和少量 M_6C，说明退火过程中生成了大量二次 M_7C_3 型碳化物，大部分 M_6C 碳化物溶解，这与显微观察结果一致。由图 5-33 (c) 可知，淬火+回火处理后钢中碳化物主要有 MC、M_7C_3、M_6C 和 $M_{23}C_6$，说明 MC 溶解后重新析出，M_6C 完全溶解，M_7C_3 可以原位转变生成 $M_{23}C_6$，故 $M_{23}C_6$ 可能是回火时由 M_7C_3 转变生成的新相。

5.3.1.2　热处理过程钢中的碳化物相的理论计算分析

利用 Thermo-Calc 软件和 TCFE6 数据库计算了平衡条件下 H13 钢中碳化物类型及各类型成分随温度的变化情况，如图 5-34 (a) 所示。

表 5-13 是计算得到的 H13 钢中碳化物的相关数据。

表 5-13　Thermo-Calc 计算 H13 钢中碳化物相的相关数据

碳化物	MC	M_7C_3	$M_{23}C_6$	M_6C	M_2C
主要合金元素	V	Cr	Cr	Mo	Mo
温度区间	~1328	759~907	~795	861~867	862~882

图 5-34 (b) 为图 5-34 (a) 中 800~900℃温度区间的扩大图。由于 Thermo-Calc 利用系统吉布斯自由能全局最小化的方法计算碳化物生成情况，故平衡条件下计算得到的 H13 钢中不存在一次碳化物；但实际凝固过程为非平衡条件，随着钢液的凝固，碳和合金元素会由于偏析在固液前沿产生一次碳化物。为考虑元素

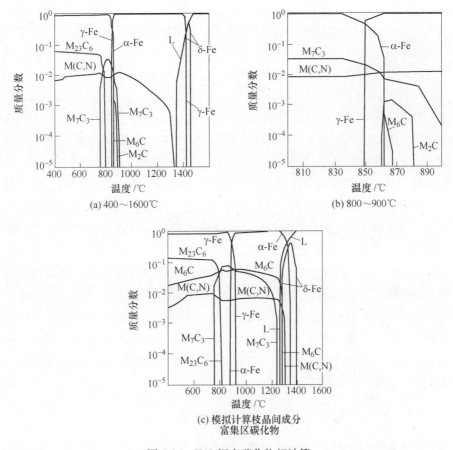

(a) 400～1600℃

(b) 800～900℃

(c) 模拟计算枝晶间成分
富集区碳化物

图 5-34 H13 钢中碳化物相计算

偏析富集现象及其偏析系数大小，将 C 元素含量扩大至 3 倍，金属元素扩大至 2 倍，模拟凝固过程中最后凝固的钢液成分，计算其生成的碳化物，如图 5-34（c）所示。

平衡条件下计算得到的钢中碳化物均为二次碳化物，包括 MC、M_7C_3、M_2C、M_6C、$M_{23}C_6$，其中 M_6C、M_2C 和 M_7C_3 三者在平衡态下仅存在于较小温度范围。根据图 5-34（a），可将平衡条件下碳化物生成情况描述如下：

（1）MC 在 H13 液相消失（1346℃）完全形成奥氏体后于 1328℃ 开始析出，此后一直存在于钢中；

（2）温度降到 907℃ 时 M_7C_3 开始析出，随后在 882℃ 时 M_2C 析出，由此 M_7C_3 析出速度减慢；

（3）M_2C 不稳定易分解成 M_6C 和 MC，M_6C 质量分数在 862℃ 达最大值 0.11%，随着温度下降 M_6C 迅速分解，随后 M_7C_3 又开始加速析出，直到达到峰值；

（4）$M_{23}C_6$ 于 795℃ 由 M_7C_3 转变形成并随后达到峰值平台。

碳化物析出与溶解需要同时满足热力学和动力学条件，因此可结合热、动力学与热处理工艺合理解释 H13 钢中碳化物实际存在形式[33]。

图 5-34（a）和（c）都显示平衡条件下 H13 铸态电渣锭中应存在较多 $M_{23}C_6$ 型碳化物，但 XRD 检测结果（图 5-33（a））与之相悖，这是因为铸态电渣锭快速冷却[34]，$M_{23}C_6$ 生成的动力学条件严重不足，钢中仅保留电渣锭呈液相或温度较高时生成的碳化物 MC、M_6C 和少量 M_7C_3。退火态 H13 钢中实际存在的三种碳化物分别是 M_7C_3、MC 和少量 M_6C，与铸态电渣锭中碳化物类型一致，但含量上有较大区别，因为此时热动力学条件保证了大量二次 M_7C_3 析出、M_6C 溶解而 MC 基本不变。$M_6C+MC \rightarrow M_2C$ 的热、动力学条件都较差，故退火条件下 M_2C 较难生成。淬回火 H13 钢中的碳化物为 MC、$M_{23}C_6$ 和少量 M_7C_3、M_6C。结合图 5-34（a）和（c）中三种碳化物的形成曲线可以预测，一次 MC 碳化物一旦形成必定存在于钢中而无法完全溶解，因为锻造和热处理的温度范围从热力学上保证了其存在的必然性，但可通过锻造将其破碎，并利用高温下较长时间保温使其在动态平衡中改变形貌，减小其不利影响[35]。随着成分偏析情况的改善，偏析区中的 M_7C_3 和 M_6C 存在的温度范围缩小，淬回火过程中仅部分保留。$M_{23}C_6$ 在较长时间的高温回火过程中，能较容易析出。

5.3.1.3　热处理过程碳化物数量及相成分变化分析

不同热处理阶段 H13 钢中碳化物含量见表 5-14。

表 5-14　各试样中碳化物含量百分数　　　　　　（%）

热处理阶段	铸态	退火	锻造+退火	淬火+回火
理论值	6.5	2.2	2.2	6.0
实际值	3.2	4.5	4.1	2.9

注：理论值为根据图 5-34（a）得到的不同热处理温度下各碳化物的加和值。

由表 5-14 可知，H13 钢在电渣重熔时有大量一次碳化物生成，二次碳化物来不及生成或生成较少。电渣锭中成分偏析严重，退火后生成大量二次碳化物且一次碳化物无法消除，故退火处理的钢中碳化物最多，而铸态电渣锭中碳化物较少。锻造退火处理后，大量一次碳化物被打断，部分溶于基体，钢中成分偏析得到缓解，但仍有大量二次碳化物 M_7C_3 生成，故锻造退火处理后，钢中碳化物含量仅次于退火处理后的钢。经高温淬火，成分偏析进一步消除，回火过程中二次碳化物细小弥散，且析出相对较少，故淬火+回火处理后的钢中碳化物含量最少。H13 钢服役期间工作温度较高，相当于对其进行多次回火处理，碳化物会不断析出长大，其含量将逐渐增加。

热处理过程中碳化物析出或转变需要一定时间的孕育期[36]，碳化物长大也需要时间，而热处理各阶段时间和温度条件无法满足碳化物各相达到平衡态，造成碳化物含量的理论值与实际值相差较大。

热处理后 H13 钢中碳化物得到有效改善，在较高的热处理条件下，合金元素扩散较快，而各相达到平衡态却需要很长时间，很难达到平衡。以退火处理的钢样为例，进行碳化物定量分析，成分见表 5-15。其中，W 为残余元素，MC 中含有少量 N，表中写成 M(C,N)，同样 M_6C 写成 $M_6(C,N)$。利用 Thermo-Calc 计算退火处理的钢样中三种碳化物成分随温度变化的情况如图 5-35 所示，从图 5-35 截取碳化物在 860℃ 时的各成分含量，计算出此温度下各碳化物中主要元素含量之比。从表 5-15 得到主要元素之比的实际值，实际值与计算值列于表5-16。

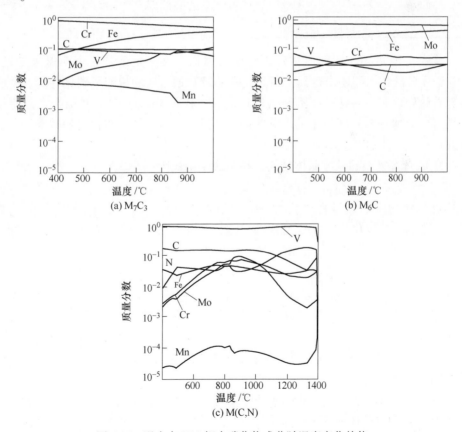

图 5-35 退火态 H13 钢中碳化物成分随温度变化趋势

表 5-15　A2 钢样中碳化物相分析

碳化物	晶体类型	Cr	Fe	Mn	Mo	W	V	C[①]	N	合计
M_7C_3	复杂六方	1.495	0.832	0.018	0.098		0.165	0.248		2.856
		$(Cr_{0.5961}Fe_{0.3088}Mn_{0.0068}Mo_{0.0211}V_{0.0672})_7C_3$								
$M_6(C,N)$	复杂立方	0.049	0.173	0.010	0.368	0.013	0.028	0.015	0.003	0.659
		$(Cr_{0.1091}Fe_{0.3572}Mn_{0.0205}Mo_{0.4427}W_{0.008}V_{0.0625})_6(C_{0.847}N_{0.153})$								
$M(C,N)$	立方	0.084		0.076	0.004	0.562	0.137	0.028		0.891
		$(Cr_{0.118}Mo_{0.059}W_{0.002}V_{0.821})(C_{0.850}N_{0.150})$								
合计		1.628	1.005	0.028	0.542	0.017	0.755	0.400	0.031	4.406

① C 含量为计算值。

表 5-16　退火态 H13 钢中碳化物主要元素之比（质量比）

碳化物	MC(V/(Cr+Mo+Fe))	M_6C(Mo/Fe)	M_7C_3(Cr/Fe)
理论值	4.67	1.78	1.69
实验值	3.51	2.13	1.80

从表 5-16 可知，实际值接近理论值，但仍存在一定差值，表明退火处理，H13 钢中各碳化物间还未达到平衡。文献［37］通过实验说明了碳化物的合金成分随着热处理时间的延长而不断接近理论值。利用 Thermo-Calc 并结合实际检测结果可以合理解释 H13 钢中的碳化物的转变过程，但具体各碳化物的转变行为及方式还需进一步研究。

M_7C_3 具有复杂的六方晶体结构，相组成结构式为：

$$(Cr_{0.5961}Fe_{0.3088}Mn_{0.0068}Mo_{0.0211}V_{0.0672})_7C_3$$

M_7C_3 在碳化物中的质量百分比为 64.82%（2.856/4.406），定量说明了 M_7C_3 为 H13 钢中的主要碳化物。M_7C_3 稳定性较差，易溶解和析出，具有较大的聚集长大速度[38]，热疲劳过程中球状 M_7C_3 粒子聚集粗化，会导致钢的热疲劳软化抗力减弱，故一般不能作为高温强化相。即使 H13 钢的成分中有 5.03% 的 Cr，也没有发现一次 M_7C_3，M_7C_3 被认为是由 M_3C 以原位机制转变而来，当温度较低时 M_3C 稳定存在，当升高到一定温度保温一段时间，Cr 原子进入 M_3C 至过饱和，转变为 M_7C_3。

$M_6(C,N)$ 具有复杂面心立方结构，其热稳定性比 M_7C_3 好，且不易长大，能提高钢的强度、耐磨性和红硬性，相结构式为：

$$(Cr_{0.1091}Fe_{0.3572}Mn_{0.0205}Mo_{0.4427}W_{0.008}V_{0.0625})_6(C_{0.847}N_{0.153})$$

虽然 H13 钢中单位体积 Mo 的含量高于 V，但 $M_6(C,N)$ 的含量仍少于 $M(C,N)$ 的含量，这是因为 V 与 C 的亲和力要强于 Mo[39]。从表 5-15 可知，在 $M(C,N)$

中 V 占据金属元素的 0.562，而 Mo 在 $M_6(C,N)$ 仅占有 0.368。

M(C,N) 相组成结构式为：

$$(Cr_{0.118}Mo_{0.059}W_{0.002}V_{0.821})(C_{0.850}N_{0.150})$$

M(C,N) 型碳化物稳定性高，颗粒细小弥散，不易聚集长大，与基体一般呈共格或半共格关系，故有良好的沉淀强化效果，同时对位错有良好的钉扎作用，可以增强位错强化效果和阻碍晶粒长大。但一次的 M(C,N) 对 H13 钢是有害的，其次 V 是强碳化物形成元素，过多的合金稀释了 V 的浓度，使 M(C,N) 的稳定性有所下降，需要合理的后续热处理工序消除其不利影响。

5.3.2 镁对退火处理后 H13 钢中碳化物类型及分布的影响

5.3.2.1 退火处理后 H13 钢碳化物类型及粒径分布

对镁含量为 0、0.0006%、0.0010%、0.0019% 和 0.0032% 的退火后 H13 电渣锭中碳化物进行分析，编号分别为 Z1、Z2、Z3、Z4 和 Z5，能谱如图 5-36 所示。

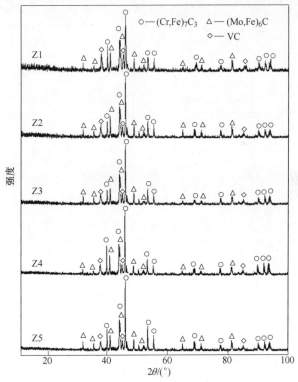

图 5-36 电渣重熔退火后碳化物 XRD 分析

由图 5-36 可以看出，H13 电渣锭退火后，主要有富 Cr 的 M_7C_3 型、富 Mo 的 M_6C 型以及 VC 型碳化物，其中以 M_7C_3 型碳化物为主。含镁电渣锭中 M_7C_3、M_6C

碳化物最高峰值均大于不含镁电渣锭，而 MC 型峰值较低。电渣锭退火后碳化物粒径分布如图 5-37 所示。

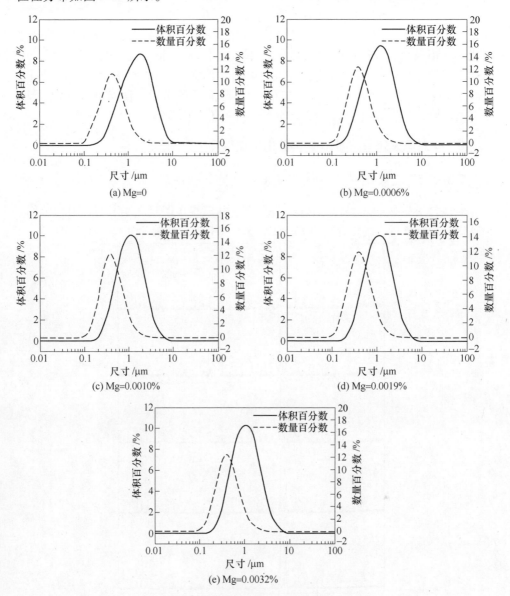

图 5-37　H13 模具钢退火态碳化物粒径分布

　由图 5-37 可知，无镁 H13 模具钢退火态碳化物尺寸主要分布在 1.5~2.5μm 之间，其中 0.4~0.6μm 之间碳化物的数量最多；随着钢中镁含量的升高钢中碳化物尺寸有所减小，当钢中 Mg 含量为 0.0032% 时，碳化物尺寸主要分布在 0.8~

1.5μm 之间，其中 0.3~0.5μm 之间碳化物的数量最多。由此表明，增加钢中镁含量，可以有效抑制碳化物在高温下的长大粗化。

5.3.2.2 退火处理后 H13 钢碳化物形貌

退火处理后，不同镁含量 H13 模具钢组织如图 5-38 所示。

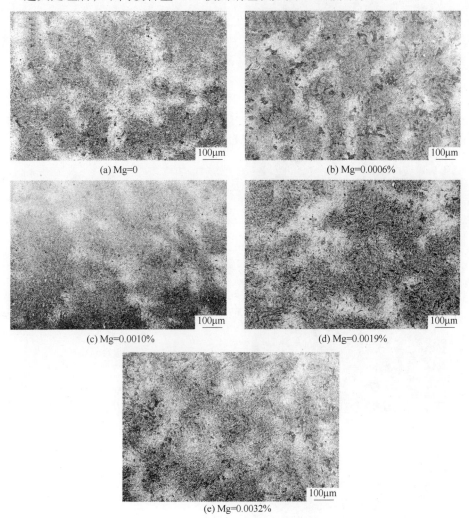

图 5-38 退火处理后 H13 模具钢组织

由图 5-38 可以看出，退火态 H13 模具钢碳化物分布很不均匀，存在大量沿晶界分布的带状组织。无镁钢中碳化物偏聚比较严重，呈鱼骨状；而一定镁含量的钢中碳化物偏聚相对较少，分布相对分散。钢中沿晶界析出的大型碳化物，如图 5-39 和图 5-40 所示。

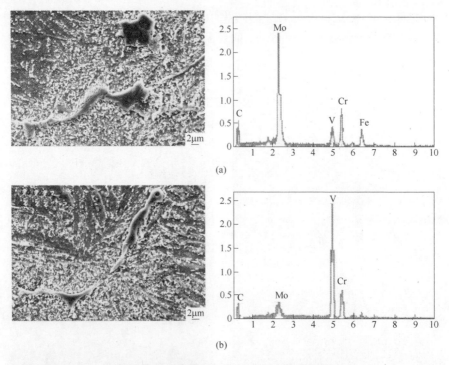

图 5-39　不含镁 H13 钢中典型大块碳化物

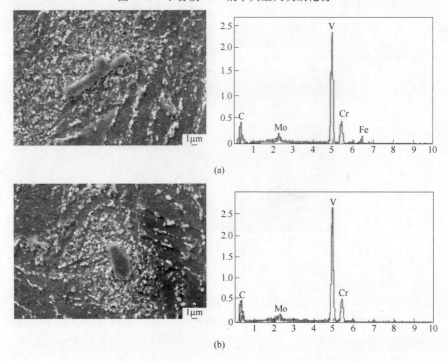

图 5-40　镁含量为 0.0010% H13 钢中典型大块碳化物

不含镁 H13 钢中碳化物偏聚区有大块状高 Mo 的 M_6C 型及 VC 型碳化物，尺寸比较大，在 $10\mu m$ 以上，而一定镁含量的 H13 钢中大块碳化物以 VC 碳化物为主，尺寸为 $5\sim10\mu m$。非偏聚区碳化物形貌及数量如图 5-41 所示。

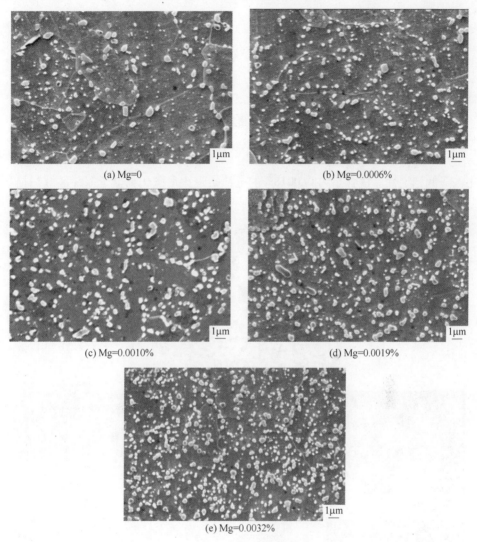

(a) Mg=0　　　　　　　　　　　　　　(b) Mg=0.0006%

(c) Mg=0.0010%　　　　　　　　　　　(d) Mg=0.0019%

(e) Mg=0.0032%

图 5-41　钢中非偏聚区碳化物形貌

由图 5-41 可以看出，随着钢中镁含量的增加非偏聚区碳化物尺寸有所减小。对钢中碳化物圆形度进行统计，结果如图 5-42 所示。由图 5-42 可以看出，随着钢中镁含量的增加，钢中碳化物圆形度逐渐减小。说明镁对碳化物具有球化作用。

镁偏聚到晶界后，将错配度较小的溶质原子从晶界驱逐到晶内点阵或晶界中，镁还可以增强间隙原子向晶界的偏聚。镁进入晶界相单胞中，促使晶界相球

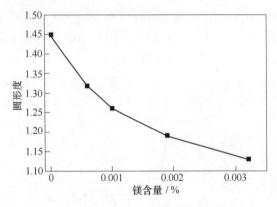

图 5-42　镁对钢中碳化物圆形度的影响

化，降低稳定性。镁含量为 0.0018% 的电渣锭退火后碳化物电子探针区域扫描显微图如图 5-43 所示。

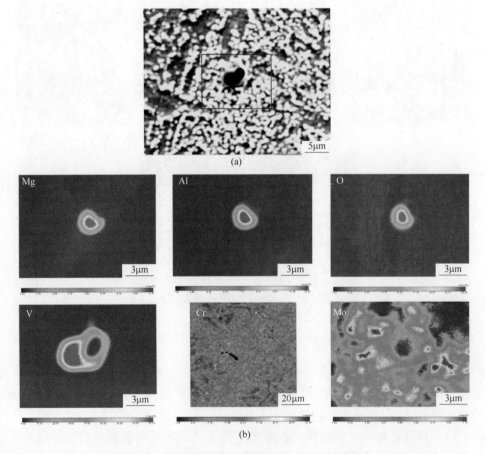

图 5-43　镁铝尖晶石与碳化物复合生长面扫描分布

由图 5-43 可知，碳化物有一次碳化物和二次碳化物，多数为球状且呈弥散分布状态。一次碳化物见图 5-43（a）中心黑色块状，二次碳化物见图 5-43（a）中为较小白亮颗粒状。镁处理后通过形成 MgO·Al₂O₃ 并且溶于碳化物中，MgO·Al₂O₃ 有利于促进碳化物的异质形核。碳化物的形貌尺寸取决于形核和长大两个方面，镁溶于碳化物后会提高碳化物的形核熵，具有高形核熵的合金体系，组织更为细小。镁能够以夹杂物的形态溶入碳化物中，通过影响碳化物的形核长大过程，改变碳化物的形貌及尺寸[40]。

5.3.3 镁对淬回火处理后 H13 钢中碳化物类型及分布的影响

5.3.3.1 淬回火处理后 H13 钢中碳化物类型及粒径分布

对镁含量为 0、0.0006%、0.0010%、0.0019% 和 0.0032% 的 H13 钢（编号分别为 H1、H2、H3、H4 和 H5）进行淬回火处理，XRD 分析结果如图 5-44 所示。

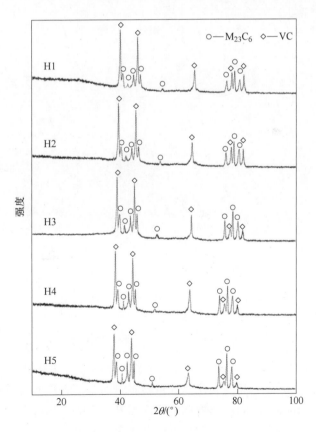

图 5-44 淬回火后碳化物 XRD 分析

由图 5-44 可知，淬回火后 H13 钢中以 VC 和 $M_{23}C_6$ 型碳化物为主。镁处理后钢中碳化物类型并无变化，但 $M_{23}C_6$ 型碳化物峰值有所增强。碳化物粒径分布如图 5-45 所示。

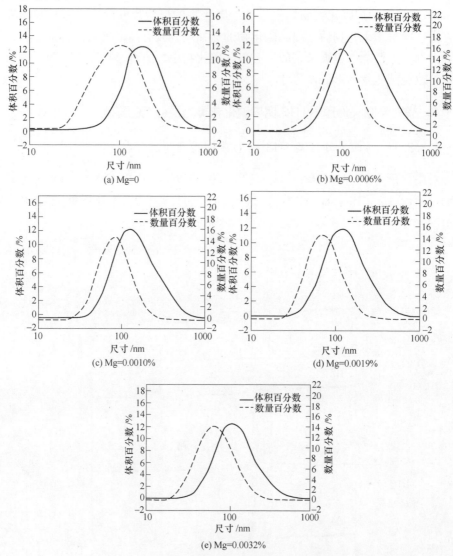

图 5-45   H13 模具钢回火态碳化物粒径分布

由图 5-45 可知，不含镁 H13 钢淬回火态碳化物尺寸主要分布在 120~300nm 之间，其中 80~160nm 之间的碳化物数量最多；而含镁钢淬回火态碳化物尺寸则主要分布在 80~200nm 之间。随着钢中镁含量升高，碳化物数量曲线逐渐向左移动，当钢中含有 0.0032% Mg 时，碳化物尺寸在 50~100nm 之间的数量最多。

5.3.3.2　淬回火后 H13 钢中碳化物分布及形貌

H13 钢经过淬回火后钢中碳化物比较细小，通过透射电镜观察钢中碳化物的分布，如图 5-46 所示。

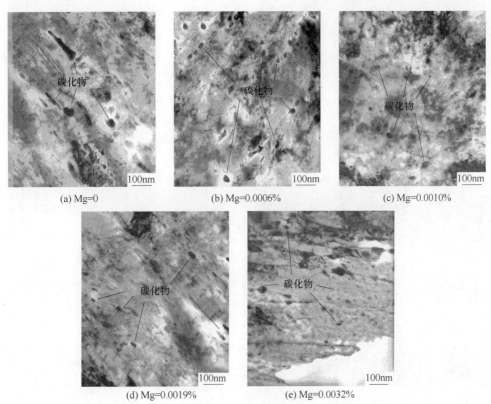

(a) Mg=0　　　　　　(b) Mg=0.0006%　　　　　　(c) Mg=0.0010%

(d) Mg=0.0019%　　　　　　(e) Mg=0.0032%

图 5-46　淬回火后碳化物 TEM 形貌

由图 5-46 可知，不含镁钢中碳化物尺寸比较大，而含镁钢中碳化物尺寸相对比较小。不加镁钢中析出的大型碳化物主要是富 V 类碳化物，外形棱角分明而且尺寸比较大，在 $10 \sim 20 \mu m$ 之间，如图 5-47 所示。这类碳化物硬度较大，难溶于奥氏体，可以显著降低钢的韧性[41]。

一定镁含量的钢中富 V 类碳化物在细小的含镁夹杂物周围析出，尺寸小于 $10 \mu m$，形状从尖锐的不规则形状变成球状，如图 5-48 所示。

淬回火处理后，Mg 及 V、Cr、Mo 在 H13 钢基体中的定量分析如图 5-49 所示。其中，D1 为不含 Mg 的 H13 钢，D3 为 0.0018% Mg 含量的 H13 钢。

由图 5-49（a）、（b）和（c）回火过程中 V、Cr、Mo 在基体中析出的质量分数可知，回火后，0.0018% Mg 含量钢 V 的质量分数最大为 4.0%，而不含镁

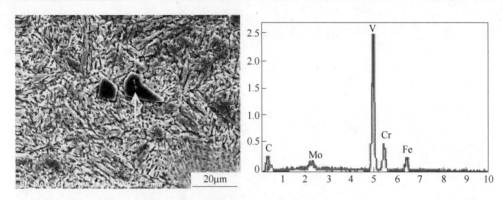

图 5-47　不含镁钢中富 V 类大块碳化物

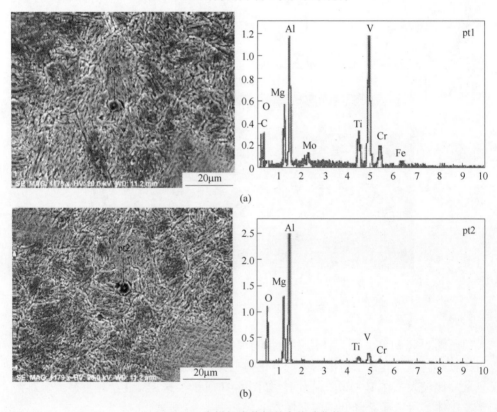

图 5-48　含镁钢中偏析的大块碳化物

钢中 V 的质量分数最大为 8.0%；0.0018% Mg 含量钢中 Cr 的质量分数最大为 9.15%，而不含镁钢中 Cr 的质量分数最大为 10.15%。由此可知，镁可以通过抑制钢基体中的合金元素（V、Mo、Cr）的偏析，从而减少碳化物在钢基体中的析出，提高力学性能。表 5-17 为淬回火后处理后，基体中合金元素的平均值及最大值。可以看出，淬回火处理后，钢中合金元素的偏析明显小于退火后的 H13

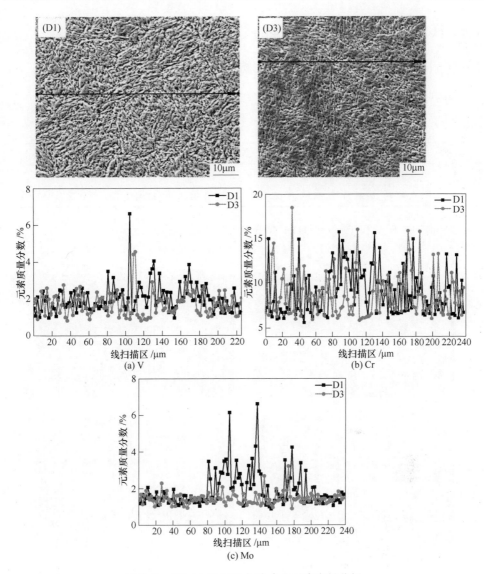

图 5-49 淬回火后 H13 钢中合金元素定量分析

钢，而且 0.0018% Mg 含量的 H13 钢中的合金元素偏析明显小于不含镁 H13 钢。

表 5-17 钢基体中合金元素含量平均值及最大值 （%）

编号	V	Mo	Cr	V_{max}	Mo_{max}	Cr_{max}
不含 Mg	1.84	1.79	8.81	8.41	2.34	10.15
0.0018% Mg	1.56	1.58	8.02	4.21	2.42	9.15

5.4　镁对 H13 模具钢力学性能的影响

5.4.1　镁对 H13 模具钢相变规律的影响

对退火处理后的 H13 模具钢进行 CCT 曲线测定，其成分见表 5-18。

表 5-18　材料成分　　　　　　　　　（%）

编号	C	Si	Mn	Cr	Mo	V	Ni	P	S	Mg
1	0.41	0.99	0.29	5.01	1.22	0.93	0.13	0.023	0.006	0
2	0.42	0.98	0.28	5.02	1.22	0.92	0.14	0.026	0.007	0.0032

不同冷速下，不含 Mg 的 H13 钢组织如图 5-50 所示。

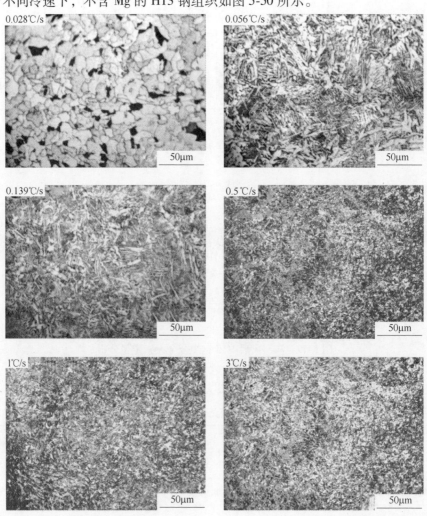

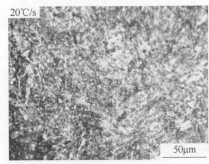

图 5-50　不含镁钢不同冷速下的组织

由图 5-50 可知，当冷速为 100℃/h 时，钢的组织为铁素体（F）+珠光体（P）组织；当冷速为 200℃/h 和 500℃/h 时，钢的组织为贝氏体（B）+马氏体（M）组织；当冷速大于 500℃/h 时，钢的组织为马氏体组织。结合膨胀曲线分析结果，得到不含 Mg 的 H13 钢 CCT 曲线，如图 5-51 所示。

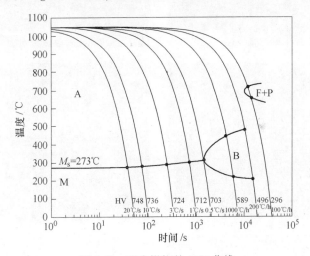

图 5-51　不含镁钢的 CCT 曲线

0.0032%镁含量的 H13 模具钢，不同冷速下的组织如图 5-52 所示。

由图 5-52 可知，当冷速为 100℃/h 时，钢的组织都为铁素体+珠光体组织，与不含 Mg 的 H13 钢相比，珠光体组织有所增多；当冷速为 200℃/h 和 500℃/h 时，钢的组织为贝氏体+马氏体组织，与不含 Mg 的 H13 钢相比，贝氏体组织有所减少；当冷速大于 500℃/s 时，钢的组织为马氏体组织。

结合膨胀曲线分析结果，得到 0.0032%镁含量的 H13 模具钢 CCT 曲线，如图 5-53 所示。

从图 5-51 和图 5-53 可以看出，两种钢的 CCT 曲线特征略有差别。镁对珠光

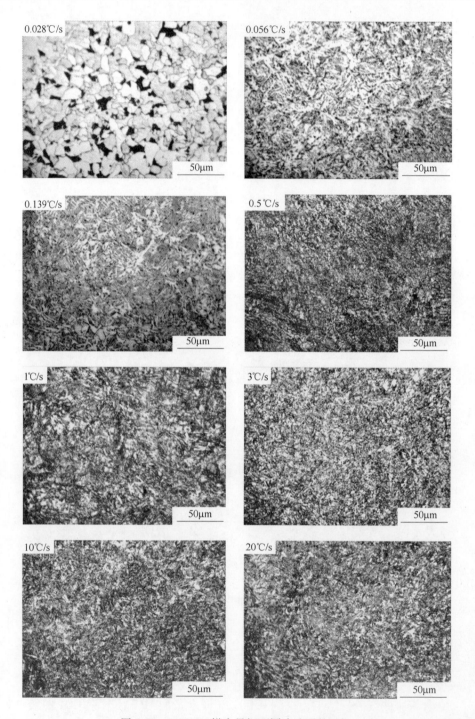

图 5-52　0.0032%镁含量钢不同冷速下的组织

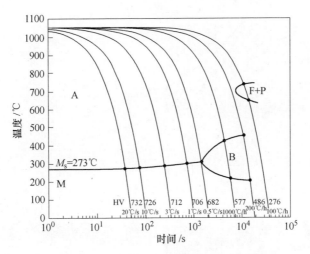

图 5-53　0.0032%镁含量钢的 CCT 曲线

体和贝氏体转变的影响不同，含镁 H13 钢的珠光体转变区向左移动，孕育期变短。这是由于镁铝尖晶石夹杂物为铁素体有效的形核核心，可以促进铁素体的形核，促使珠光体转变，导致 C 曲线左移，提高了钢的淬透性；而镁元素对贝氏体转变的影响趋势则相反，含镁钢的贝氏体转变区变小，孕育期变长。这是由于镁在低温区具有较大的偏聚倾向，易于向奥氏体晶界偏聚，降低晶界处的能量、减少晶界处渗碳体的有利形核位置。

5.4.2　镁对 H13 模具钢热稳定性的影响

钢的热稳定性表示钢在一定温度下加热保温过程中保持其内部组织及力学性能的能力，因此，热稳定性是热作模具钢最重要的性能之一。热作模具钢热稳定性的优劣取决于高温保温过程中回火固溶体分解的程度、合金碳化物沉淀析出量以及合金化合物在高温保温时聚集长大的程度[42]。

钢的热稳定性实验是将达到预定硬度后的淬回火钢进行加热保温，在不同保温时间下进行硬度测量，考察热作模具钢在高温条件下长时间服役时的热稳定性，不含镁和 0.0032%镁含量的 H13 模具钢在 580℃保温硬度随时间变化的曲线如图 5-54 所示。

由图 5-54 可知，0.0032%镁含量的 H13 模具钢在 580℃保温过程中，硬度始终高于无镁 H13 钢。580℃保温 20h 后，不含镁 H13 模具钢在长时间的高温回火条件下，硬度值已经降低到 HRC33.7，0.0032%镁含量的 H13 模具钢硬度值仍然可以达到 HRC37.6。

热稳定性前后钢的 TEM 形貌如图 5-55 所示。

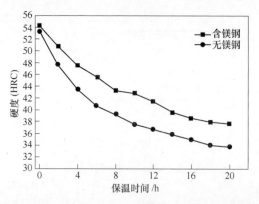

图 5-54　H13 钢在 580℃保温条件下的热稳定性曲线

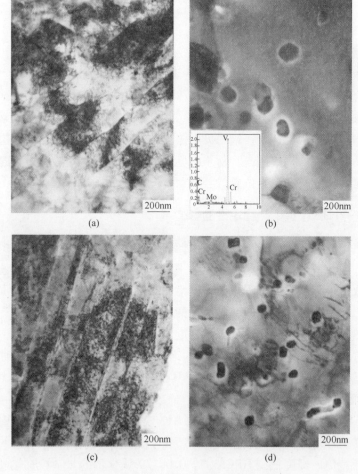

图 5-55　热稳定性前后钢的 TEM 形貌

（a）不含 Mg 钢淬火后组织形貌；（b）不含 Mg 钢热稳定性后碳化物形貌；

（c）Mg=0.0032%钢淬火后组织形貌；（d）Mg=0.0032%钢热稳定性后碳化物形貌

由图 5-55（a）和（c）可以看出，淬火后镁含量 0.0032%钢马氏体板条平均宽度小于不含镁钢，基体组织较为细小，硬度略大于不含镁钢。从图 5-55（b）和（d）可以看出，580℃保温 20h 后两种钢中马氏体板条形貌基本消失。不含镁钢中高密度的位错基本消失；镁含量 0.0032%钢中含有较多高密度的位错，并发现了较大的椭圆形碳化物，能谱分析为富 V、低 Cr 类碳化物，尺寸大于 200nm。两种钢中碳化物都发生了粗化，但是镁含量 0.0032%钢中碳化物尺寸相对较小，显示出较好的抗回火软化能力，这是由于镁在回火温度下具有较高的偏聚倾向，镁偏聚到碳化物择优生长界面上，阻碍碳化物的生长。

有无镁含量的钢在不同温度保温 4h 后的硬度见表 5-19。

表 5-19　在不同温度保温 4h 后的 HRC 硬度

温度	淬火后	580℃	600℃	620℃	640℃	660℃
不含镁钢	53.2	43.5	39.8	35.8	32.3	29.7
Mg=0.0032%钢	54.4	47.5	44.6	41.7	38.9	35.8

钢的组织转变是由碳、铬、钼、钒等合金元素固溶量的减少及碳化物的脱溶沉淀，弥散碳化物的聚集和长大等引起的[43]。这种以扩散为机制的组织转变过程，应满足 Arrhenius 方程模型。李平安等人[44]通过合金热力学推证，得出钢硬度变化与保温时间的关系式为：

$$\frac{(\Delta HRC)^2}{t} = A\exp\left(-\frac{Q}{RT}\right) \tag{5-21}$$

式中，t 为保温时间，s；Q 为扩散激活能，kJ/mol；R 为气体常数，8.315J/(mol·K)；T 为加热温度，K。

由式（5-21）可得：

$$2\ln(\Delta HRC) = (\ln A + \ln t) - \frac{Q}{RT} \tag{5-22}$$

根据式（5-22）分析所得数据，得到 $2\ln(\Delta HRC)$-$1/T$ 关系曲线，并进行线性拟合，如图 5-56 所示。

所得直线的方程为：

$$y_1 = 27.31 - 19352.68x \tag{5-23}$$

$$y_2 = 26.82 - 19495.82x \tag{5-24}$$

比较式（5-22）、式（5-23）和式（5-24），解得 $A_1=50522862$；$A_2=30909883$；$Q_1/R=19352.68$；$Q_2/R=19495.82$。则两种钢硬度变化、保温时间以及加热温度之间的关系式为：

$$\frac{(\Delta HRC_1)^2}{t} = 50522862\exp\left(-\frac{19352.68}{T}\right) \tag{5-25}$$

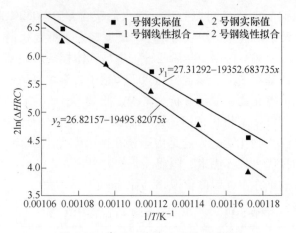

图 5-56 $2\ln(\Delta HRC)$-$1/T$ 关系曲线

$$\frac{(\Delta HRC_2)^2}{t} = 30909883\exp\left(-\frac{19495.82}{T}\right) \tag{5-26}$$

根据式（5-26），可以计算出无镁钢保温 2h 和 4h 硬度降至一般热作模具钢的失效硬度（HRC35）的最高加热温度分别为 656.7℃ 和 626.7℃；镁含量 0.0032% 钢保温 2h 和 4h 硬度降至一般热作模具钢的失效硬度的最高加热温度分别为 692.2℃ 和 660.2℃。在相同保温时间下，含镁钢的最高加热温度比无镁钢分别高 33.6℃ 和 33.5℃。"最高加热温度"可以代表 H13 模具钢正常工作 2h 或 4h 所能适应的最高工作温度，同时"最高加热温度"也很直观地给出了各钢种热稳定性能力的高低[44]。因此，含镁 H13 模具钢的热稳定性优于无镁 H13 钢。

5.4.3　镁对退火后 H13 模具钢力学性能影响研究

退火后不同镁含量 H13 钢的各项力学性能结果见表 5-20。镁含量为 0、0.0006%、0.0010%、0.0019% 和 0.0032% 的 H13 钢，编号分别为 Z1、Z2、Z3、Z4 和 Z5。

表 5-20　镁对退火后 H13 钢力学性能的影响

编号	断后伸长率/%	抗拉强度/ MPa	硬度（HRC）	冲击功/J
Z1	8.0	903.8	27.4	4.7
Z2	11.2	842.9	21.1	4.6
Z3	10.8	842.3	23.1	5.7
Z4	15.3	816.4	20.5	6.8
Z5	18.6	764.6	18.8	8.5

由表 5-20 可以看出，电渣锭退火后，不含镁的模具钢抗拉强度和硬度高于

含镁模具钢，而塑性和冲击韧性低于含镁模具钢。退火处理后 H13 模具钢组织如图 5-57 所示。

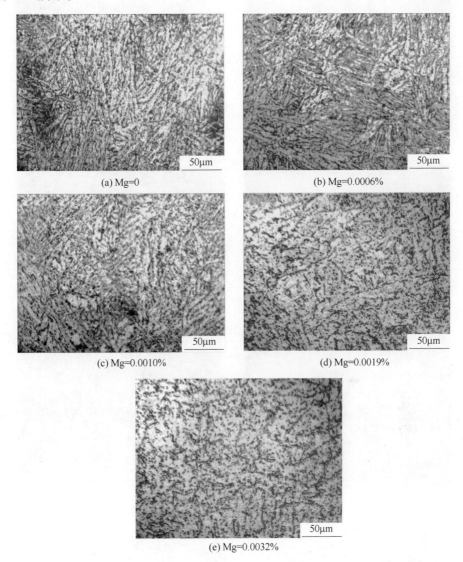

(a) Mg=0

(b) Mg=0.0006%

(c) Mg=0.0010%

(d) Mg=0.0019%

(e) Mg=0.0032%

图 5-57 电渣退火后组织形貌

由图 5-57 可以发现，钢组织均为片状珠光体和粒状珠光体混合组织。经过镁处理的电渣锭中粒状珠光体比较多。粒状珠光体是由片状珠光体转化而来，其表面能小于球状[45]，粒状珠光体相对于片状珠光体强度和硬度较低，所以无镁 H13 模具钢的强度和硬度较高，而塑性比较低[46]。退火后 H13 模具钢拉伸断口形貌如图 5-58 所示。

宏观断口形貌　　　　　　　　　　　撕裂区形貌

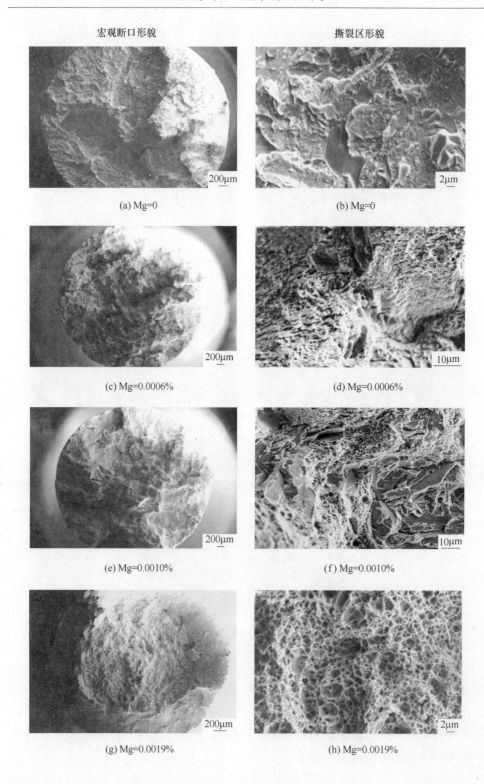

(a) Mg=0

(b) Mg=0

(c) Mg=0.0006%

(d) Mg=0.0006%

(e) Mg=0.0010%

(f) Mg=0.0010%

(g) Mg=0.0019%

(h) Mg=0.0019%

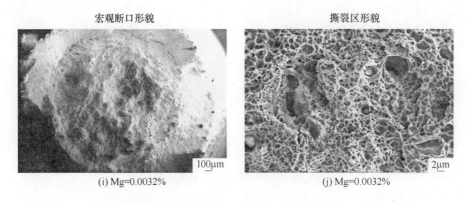

(i) Mg=0.0032%   (j) Mg=0.0032%

图 5-58　退火后 H13 模具钢拉伸断口形貌

由图 5-58 可以看出，无镁钢断口撕裂带大，约占整个断口面积 1/2，撕裂区有大型的碳化物，为断裂源，没有发现韧窝，为解理断裂形貌[47]。镁含量 0.0006% 钢整体断口已经没有大的撕裂区，为准解理断裂；裂纹扩展区断面不平整，为多源开裂；撕裂棱有微孔和小韧窝形貌存在。镁含量 0.0010% 钢断口相对比较平整，撕裂棱分布细小韧窝，为准解理断裂。镁含量 0.0019% 和镁含量 0.0032% 钢断口呈杯锥状，撕裂区为韧窝状，为韧性断裂；相对于镁含量 0.0019% 钢断口，镁含量 0.0032% 钢断口韧窝尺寸较大。韧窝的数量和尺寸反映了材料的韧脆程度，韧窝尺寸和深度越大，数量越多，则说明裂纹形成时经历了较大的局域塑性变形，使得材料断裂前的宏观塑性变形量也较高，材料整体表现为塑性和韧性也越好[48]。对断口碳化物及夹杂物的检测发现，无镁钢断口中存在簇状的 VN 碳化物和 Al_2O_3 夹杂物，尺寸在 $10\mu m$ 以上，如图 5-59 所示，这类夹杂物作为裂纹源对钢的危害很大。而含镁钢断口中存在 VC 类碳化物和 MgO·Al_2O_3 夹杂物，尺寸比较小，在 $5\mu m$ 以下，如图 5-60 所示。因此随着钢中镁含量的升高，钢的韧性逐渐增强，而硬度逐渐降低。

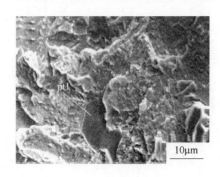

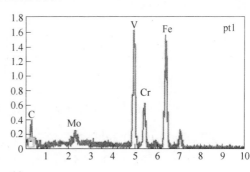

(a)

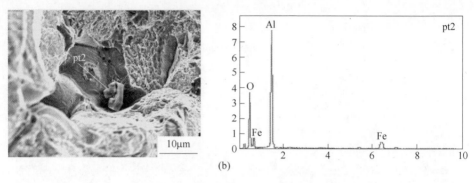

图 5-59　无镁钢断口碳化物及夹杂物

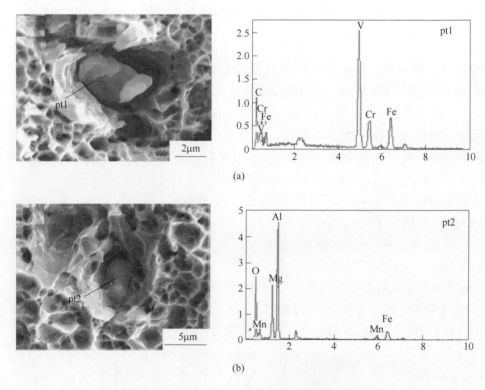

图 5-60　镁含量为 0.0032% 钢断口碳化物及夹杂物

5.4.4　镁对淬回火后 H13 模具钢性能的影响

对镁含量为 0、0.0006%、0.0010%、0.0019% 和 0.0032% 的 H13 钢（编号分别为 L1、L2、L3、L4 和 L5）进行淬回火处理后，各项力学性能见表 5-21。

表 5-21 镁对淬回火后力学性能的影响

编号	断后伸长率/%	抗拉强度/MPa	硬度（HRC）	冲击功/J
L1	7.7	1617.6	45.7	11.9
L2	6.3	1690.2	47.3	9.5
L3	3.6	1702.9	47.8	9.1
L4	6.7	1824.4	49.6	10.7
L5	8.5	1967.3	51.4	13.4

由表 5-21 可以看出，随着钢中镁含量的升高，H13 模具钢的抗拉强度、硬度都有逐渐升高。当钢中含镁量为 0.0006%和 0.0010%时断后伸长率有所下降；当钢中的镁含量大于 0.0010%时，随镁含量的升高，断后伸长率增大。冲击功波动与断后伸长率类似，随着镁含量升高先降低，然后升高。淬回火后组织形貌如图 5-61 所示。

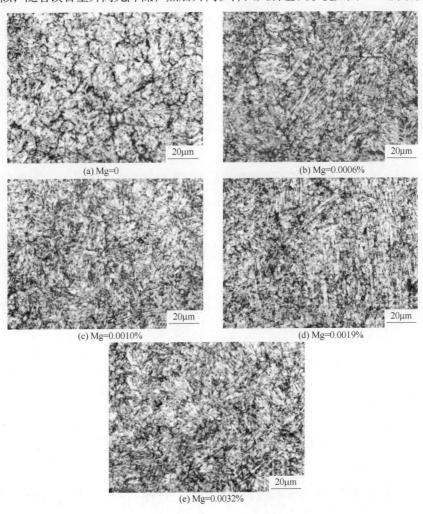

(a) Mg=0 (b) Mg=0.0006%

(c) Mg=0.0010% (d) Mg=0.0019%

(e) Mg=0.0032%

图 5-61 淬回火后组织形貌

由图 5-61 可知，在高温回火工艺下，无镁钢组织为回火索氏体组织，而含镁钢组织为回火索氏体和回火屈氏体混合组织。回火过程中，渗碳体重新溶入 α 相中形成细小针状铁素体和细粒状渗碳体的混合物，这时组织为回火屈氏体。随着温度的升高，针状铁素体再结晶生成等轴状铁素体和粒状渗碳体的回火索氏体组织。回火屈氏体基体的强度和硬度要比回火索氏体高，所以含镁 H13 模具钢的强度和硬度高于无镁 H13 模具钢[49]。

淬回火后 H13 钢拉伸断口形貌如图 5-62 所示。

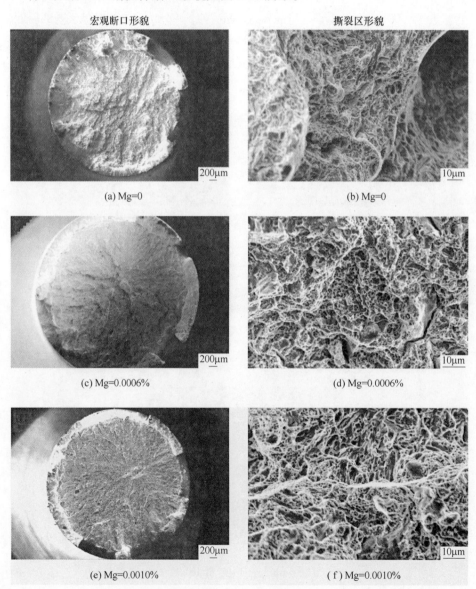

宏观断口形貌　　　　　　　　　　　　撕裂区形貌

(a) Mg=0　　　　　　　　　　　　　　(b) Mg=0

(c) Mg=0.0006%　　　　　　　　　　(d) Mg=0.0006%

(e) Mg=0.0010%　　　　　　　　　　(f) Mg=0.0010%

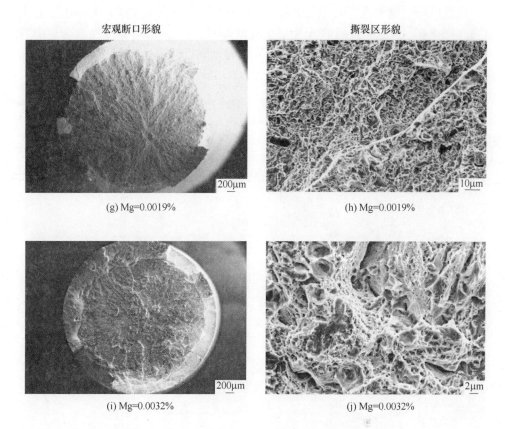

图 5-62　淬回火后 H13 钢拉伸断口形貌

由图 5-62 可以看出，H13 模具钢回火处理后拉伸断口都为典型的杯锥状。由图 5-62（a）中可以看出，无镁钢断口撕裂区面积占整个断面 1/2 左右；撕裂区为穿晶解理断裂，撕裂棱上出现细小的浅韧窝，如图 5-62（b）所示。镁含量 0.0006% 钢断口撕裂区占整个断口 3/4 左右，出现了沿晶二次裂纹，如图 5-62（c）所示；中心断裂源周围有明显的放射棱线，放射区明显比无镁钢大，如图 5-62（d）所示，因此钢的拉伸强度升高，韧性降低。镁含量 0.0010% 钢断面比较平滑，没有大的撕裂岭或凹坑，表明断口为脆性断裂。裂纹扩展区占整个断面的 3/5 左右，剪切唇面积最小，如图 5-62（e）所示，所以镁含量 0.0010% 钢的塑性、韧性最差。镁含量 0.0019% 钢断面裂纹扩展区占整个断面的 4/5 左右，强度升高；剪切唇面积与镁含量 0.0006% 钢类似。镁含量 0.0032% 钢整个断面非常平滑，中心瞬断区也相当平整；断面撕裂棱较少，但是在撕裂棱周围有较深的韧窝出现，如图 5-62（j）所示，另外剪切唇面积变宽。因此，镁含量 0.0032% 钢的强度和韧性最好。

　　经过扫描电镜分析，无镁钢中断口夹杂物主要有不规则的 Al_2O_3-SiO_2 复合夹杂物（图 5-63（a）），棱形的 AlN（图 5-63（b）），尺寸在 $10\mu m$ 左右，这两种夹杂物多存在于撕裂岭周围和接近表面的撕裂区附近，容易使钢产生裂纹；近球形的 Al_2O_3，尺寸在 $5\mu m$ 左右，如图 5-63（c）所示。

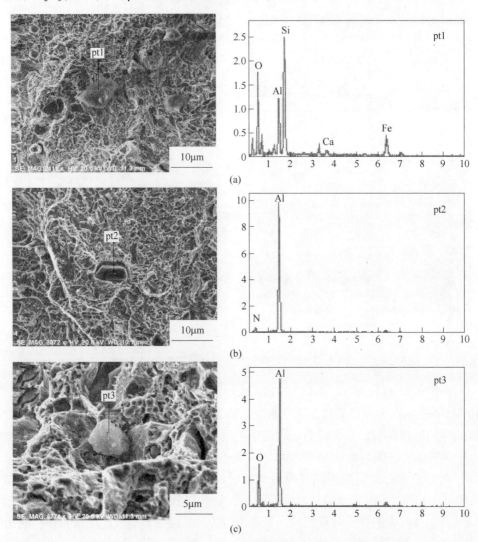

图 5-63　无镁 H13 钢断口夹杂物

　　含镁钢断口中夹杂物较少，主要是 $MgO \cdot Al_2O_3$ 夹杂物（图 5-64（a））以及 MgO-Al_2O_3-SiO_2-CaO 夹杂物（图 5-64（b）、（c）），夹杂物尺寸都小于 $5\mu m$，形状为球形或近球形。

　　钢断口的撕裂区附近有许多镶嵌在断面撕裂岭里的大块状碳化物，其形貌和

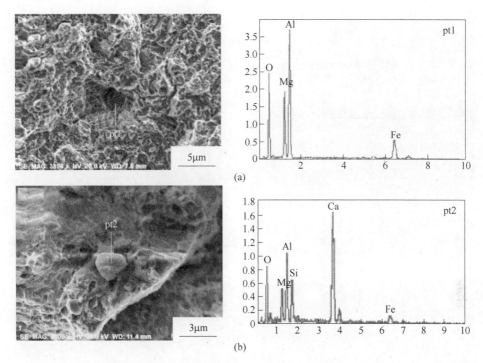

图 5-64　含镁 H13 钢断口夹杂物

成分如图 5-65 所示。

由图 5-65 可知，断口撕裂岭上的菱形碳化物主要成分是高 V 低 Cr、Mo 类碳化物，其熔点高、硬度大，分布在晶界附近，降低了晶界强度和附着力，促进晶界二次裂纹的产生，是明显的裂纹源。无镁钢断口中的碳化物呈簇状分布，尺寸在 10~20μm 之间，如图 5-65 (a) 所示；而含镁钢中碳化物分布相对比较均匀，大部分呈球形或近球形，尺寸小于 10μm。

碳化物形貌及尺寸对断裂行为的影响可以用 McClintock 模型解释[50]，剪切断裂的示意如图 5-66 所示。

根据 McClintock 断裂理论，满足以下条件时，材料时效断裂：

$$\frac{1}{\sigma}\left|\frac{\mathrm{d}\sigma}{\mathrm{d}\varepsilon}\right| < \sqrt{\frac{3}{8}}F_b^2\left(\frac{2b}{l_b}\right)^2\sqrt{\left(\frac{b}{a}\right)^2 + 1} \tag{5-27}$$

式中，σ 为真应力；ε 为真应变；a 和 b 分别为椭圆孔洞长半轴和短半轴；l_b 为孔洞在 b 轴上的间距；F_b 为孔洞在 b 方向上长大因子。

b 方向的孔洞间距 l_b 可以表示为：

$$l_b = \frac{4b}{3f}(1 - f) \tag{5-28}$$

式中，f 为碳化物的体积分数。

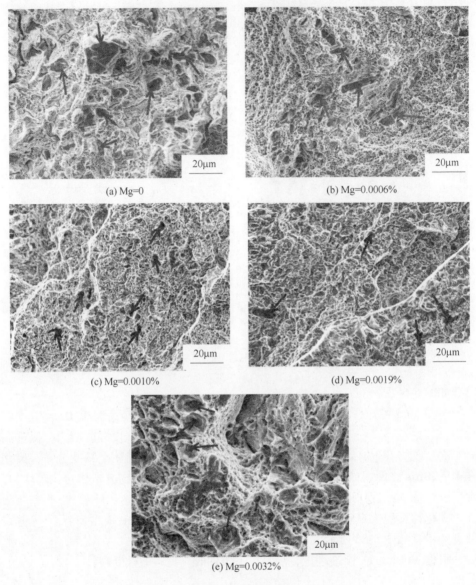

(a) Mg=0

(b) Mg=0.0006%

(c) Mg=0.0010%

(d) Mg=0.0019%

(e) Mg=0.0032%

图 5-65　断口碳化物

b/a 近似等于碳化物的形态比 $1/w$，将 l_b 代入即可得出：

$$\frac{1}{\sigma}\left|\frac{\mathrm{d}\sigma}{\mathrm{d}\varepsilon}\right| < kF_b^2\left(\frac{2f}{1-f}\right)^2\sqrt{\left(\frac{1}{w}\right)^2+1} \tag{5-29}$$

式中，k 为常数；$\mathrm{d}\sigma/\mathrm{d}\varepsilon$ 认为和材料条件无关；f 在合金成分一定的条件下为常数。

由式（5-29）可以得知，形态比减小导致
等式右边减小，使得剪切带的撕裂扩展更加困
难，相同的体积分数的情况下，增大了冲击断
裂所耗费的能量，由于含镁钢中碳化物尺寸比
较小，而且呈球状或近球状，因而改善了钢的
冲击韧性。

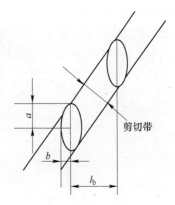

图 5-66 椭圆形空洞剪切
断裂示意图

5.4.5 镁对 H13 模具钢耐磨性能的影响

磨损性能采用磨损率来衡量，磨损率为磨损
体积与磨损路程的比值，单位为 mm^3/mm。磨损
率越小，钢的耐磨性能越好。回火态 H13 钢的磨
损率如图 5-67 所示。

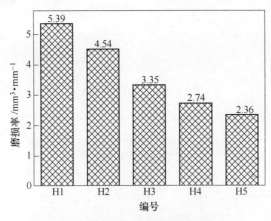

图 5-67 H13 钢磨损性能对比

由图 5-67 可以看出，当钢中无镁时，磨损率为 5.39mm^3/mm，随着钢中镁含
量的升高，磨损率逐渐减小。当钢中镁含量为 0.0032% 时，磨损率减小到
2.36mm^3/mm[51]。磨损表面的 SEM 形貌如图 5-68 所示。

由图 5-68 可知，无镁钢的磨损表面主要是细小的氧化物颗粒，还有少量的
氧化板块。滑动摩擦时摩擦副接触面局部发生金属黏着，在随后相对滑动中黏着
处破坏，生成黏着痕迹，如图 5-68（a）所示。这属于黏着磨损[52]。当钢中镁含
量为 0.0006% 时，如图 5-68（b）所示，磨损表面出现了链状的氧化板块，这种
链状的氧化板块是氧化物颗粒在黏着痕迹处不断聚集而成。另外，磨损表面局部
有少量光滑的氧化层。这种条件下黏着磨损仍占主导地位。磨损过程中氧化板块
和氧化层可以减少金属与金属的接触，大大减少磨损率[53]。因此，0.0006% 镁
含量的 H13 模具钢具有较低的磨损率。随着镁含量的升高，磨损表面的氧化层所

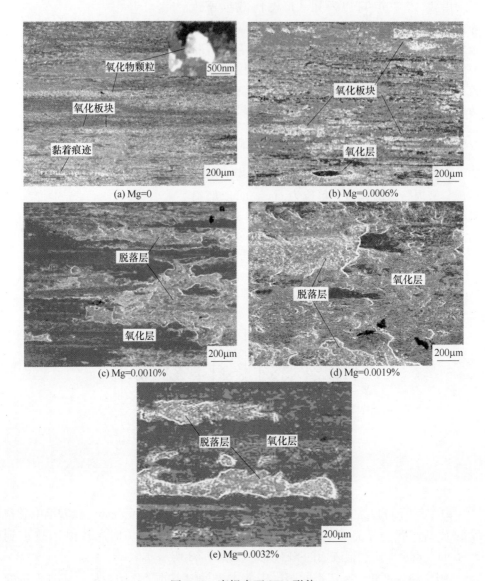

图 5-68　磨损表面 SEM 形貌

占比例也随之增加，钢的耐磨性提高。0.0032% 镁含量的 H13 模具钢磨损率降低到 2.36mm³/mm。随着摩擦的进行，氧化层逐渐破坏脱落，出现了坑状的脱落层，这属于典型的氧化磨损[54,55]。摩擦系数变化如图 5-69 所示。

　　由图 5-69 可知，摩擦 20～30m 时，摩擦系数达到平稳。随着摩擦的进行，摩擦系数开始呈下滑趋势，这是由于产生的摩擦热使试样接触面产生回火效应[56]。无镁钢的摩擦系数为 0.8 左右，而含镁钢摩擦系数在 0.6～0.7 之间。含

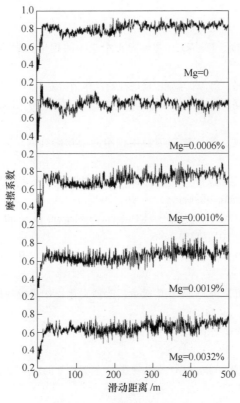

图 5-69　摩擦系数变化

镁钢摩擦系数的振幅比较大，这是由于氧化层不断形成与破坏所导致的[56]。这与磨损表面 SEM 形貌相吻合。

磨损量可按艾查德公式计算[50]：

$$W_v = k\frac{LS}{3H} \tag{5-30}$$

式中，W_v 为磨损体积；k 为摩擦系数；L 为法相载荷；S 为滑动距离；H 为材料的布氏硬度。

由式（5-30）可知，材料的磨损量与摩擦系数成正比，与材料的硬度成反比。由图 5-69 及表 5-21 可知，随着钢中镁含量的升高摩擦系数逐渐减小，硬度逐渐增大，所以随着钢中镁含量的升高磨损率逐渐减小。

另外，在晶界析出的大型碳化物可以明显降低钢的抗断裂性[41]，所以滑动摩擦过程中，大型碳化物周围更容易生成裂纹，促使裂纹生长，造成磨损率高[57]。因此，含镁钢中的碳化物细小而且分布均匀[40,58]是含镁钢具有较好耐磨性的原因。

参 考 文 献

[1] 陈斌，姜敏，王灿国，等. Mg 在超纯净钢中应用的理论探索 [J]. 钢铁，2007 (7)：30-33.

[2] 周德光，傅杰，李晶，等. 轴承钢中镁的控制及作用研究 [J]. 钢铁，2002 (7)：23-25.

[3] 王昊，李晶，王亮亮. 镁对 H13 模具钢中夹杂物变性的影响 [J]. 中国科技论文，2014，9 (2)：175-177.

[4] 王亮亮，李晶，周文，等. Mg 对刀剪用钢中夹杂物影响的试验研究 [J]. 南方金属，2012 (3)：1-3.

[5] 李晶，王福明，张祥艳，等. 含镁脱氧剂对 SS400 板材夹杂物及性能影响研究 [C]：2006 年薄板坯连铸连轧国际研讨会，广州，2006.

[6] Park J H, Todoroki. Control of MgO · Al$_2$O$_3$ spinel inclusions in stainless steels [J]. ISIJ International, 2010, 50 (10)：1333-1346.

[7] 孙文山，丁桂荣，罗铭蔚，等. 镁在 35CrNi3MoV 钢中的作用 [J]. 兵器材料科学与工程，1997 (4)：3-8.

[8] 刘军，陆青林，李铮，等. 轴承钢中微量镁改善碳化物作用机理研究 [J]. 钢铁研究学报，2011，23 (5)：39-44.

[9] 李贵阳，李太全. 含镁夹杂物对一种管线钢固体相变的影响 [J]. 钢铁，2010，45 (7)：76-80.

[10] 郭洛方，李宏，王耀，等. Al$_2$O$_3$ 夹杂物在钢-渣界面处的运动特性及去除率 [J]. 钢铁，2012，47 (4)：23-27.

[11] Zhang L F, Thomas B G. Alumina inclusion behavior during steel deoxidation [C]. 7th European Electric Steelmaking Conference, Venice, Italy, 2002.

[12] Yin H, Blazek K, Lanzi O. "In-situ" observation of remelting phenomenon after solidification of Fe-B alloy and B-bearing commercial steels [J]. ISIJ International, 2009, 49 (10)：1561-1567.

[13] Wikström J, Nakajima K, Shibata H, et al. In situ studies of the agglomeration phenomena for calcium-alumina inclusions at liquid steel-liquid slag interface and in the slag [J]. Materials Science and Engineering：A, 2008, 495 (1-2)：316-319.

[14] Du G, Li J, Wang Z, et al. Effect of magnesium addition on behavior of collision and agglomeration between solid inclusion particles on H13 steel melts [J]. Steel Research International, 2017, 88 (3)：1600185.

[15] Wang H, Li J, Shi C B, et al. Evolution of Al$_2$O$_3$ inclusions by magnesium treatment in H13 hot work die steel [J]. Ironmaking & Steelmaking, 2016, 44 (2)：128-133.

[16] 周健，马党参，刘宝石，等. H13 钢带状偏析演化规律研究 [J]. 钢铁研究学报，2012 (4)：47-52.

[17] Li J, Li J, Shi C B, et al. Effect of trace magnesium on carbide improvement in H13 steel [J]. Canadian Metallurgical Quarterly, 2016, 55 (3)：321-327.

[18] Mirzadeh H, Niroumand B. Effects of rheocasting parameters on the microstructure of rheo-cen-

trifuged cast Al-7. 1 wt% Si alloy [J]. Journal of Alloys and Compounds, 2009, 474 (1-2): 257-263.

[19] He B, Li J, Shi C, et al. Effect of Mg addition on carbides in H13 steel during electroslag remelting process [J]. Metallurgical Research & Technology, 2018, 115 (5): 501.

[20] Wu Z, Li J, Shi C, et al. Effect of magnesium addition on inclusions in H13 die steel [J]. International Journal of Minerals, Metallurgy, and Materials, 2014, 21 (11): 1062-1067.

[21] Jiang Z H, Wang C, Gong W, et al. Evolution of inclusions and change of as-cast microstructure with Mg addition in high carbon and high chromium die steel [J]. Ironmaking & Steelmaking, 2016, 42 (9): 669-674.

[22] Zou X, Zhao D, Sun J, et al. An Integrated Study on the Evolution of Inclusions in EH36 Shipbuilding Steel with Mg Addition: From Casting to Welding [J]. Metallurgical and Materials Transactions B, 2018, 49 (2): 481-489.

[23] Bor H Y, Chao C G, Ma C Y. The influence of magnesium on carbide characteristics and creep behavior of the Mar-M247 superalloy [J]. Scripta Materialia, 1997, 2 (38): 329-335.

[24] Ge H L, Youdelis W V, Chen G L. Effect of interfacial segregation of magnesium on high carbon (18% Cr) cast steel [J]. Materials Science and Technology, 1989, 5 (12): 1207-1211.

[25] 孙心宝. 微量 Mg 在 GH99 合金中分布形态的研究 [J]. 四川冶金, 2003 (6): 16-19.

[26] Mclean D. Grain Boundaries in Metals [M]. London: Oxford Univ. Press, 1957.

[27] Speight M V. Growth kinetics of grain-boundary precipitates [J]. Acta Metallurgica, 1968, 16 (1): 133-135.

[28] 雍岐龙. 钢铁材料中的第二相 [M]. 北京: 冶金工业出版社, 2006.

[29] 周健, 马党参, 张才明, 等. 不同退火工艺对 H13 钢组织和力学性能的影响 [J]. 金属热处理, 2012, 37 (5): 53-58.

[30] Bor H Y, Chao C G, Ma C Y. The effects of Mg microaddition on the mechanical behavior and fracture mechanism of MAR-M247 superalloy at elevated temperatures [J]. Metallurgical and Materials Transactions A, 1999, 30 (3): 551-561.

[31] Bor H Y, Ma C Y, Chao C G. The influence of Mg on creep properties and fracture behaviors of Mar-M247 superalloy under 1255K/200MPa [J]. Metallurgical and Materials Transactions A, 2000, 5 (31): 1365-1373.

[32] Bramfitt L B. The effect of carbide and nitride additions on the heterogeneous nucleation behavior of liquid iron [J]. Metallurgical Transactions, 1970, 1 (7): 1987-1995.

[33] Wang H, Li J, Shi C, et al. Evolution of carbides in H13 steel in heat treatment process [J]. Materials Transactions, 2017, 58 (2): 152-156.

[34] 贺宝, 李晶, 史成斌, 等. 电渣重熔过程冷却强度对含镁 H13 钢中碳化物的影响 [J]. 工程科学学报, 2016, 38 (12): 1720-1727.

[35] 都影祁, 孙建林, 郑亚旭, 等. 保护气氛电渣重熔 H13 模具钢组织和性能研究 [J]. 锻压技术, 2015, 40 (11): 71-76.

[36] Ning A, Guo H, Chen X, et al. Precipitation behaviors and strengthening of carbides in H13

steel during annealing [J]. Materials Transactions, 2015, 56 (4): 581-586.

[37] Zhou B, Shen Y, Chen J. Evolving mechanism of eutectic carbide in as-cast AISI M2 High-speed steel at elevated temperature [J]. Journal of Shanghai Jiaotong University (Science), 2010, 15 (4): 463-471.

[38] Pigrova G D. Carbide diagrams and precipitation of alloying elements during aging of low-alloy steels [J]. Metallurgical and Materials Transactions A, 1996, 27 (2): 498-502.

[39] Wang Z, Zhang H, Guo C, et al. Effect of molybdenum addition on the precipitation of carbides in the austenite matrix of titanium micro-alloyed steels [J]. Journal of Materials Science, 2016, 51 (10): 4996-5007.

[40] Li J, Li J, Wang L, et al. Study of the Effect of Trace Mg Additions on Carbides in Die Steel H13 [J]. Metal Science and Heat Treatment, 2016, 58 (5-6): 330-334.

[41] Medvedeva A, Bergström J, Gunnarsson S, et al. High-temperature properties and microstructural stability of hot-work tool steels [J]. Materials Science & Engineering A, 2009, 523 (1): 39-46.

[42] N E C, Da C, Viana C. Effect of ausforming on microstructure and hardness of AISI H-13 tool steel modified with niobium [J]. Materials science and technology, 1992, 8 (9): 785-790.

[43] 宁安刚, 郭汉杰, 陈希春, 等. H13 钢电渣锭、锻造及淬回火过程中碳化物析出行为 [J]. 北京科技大学学报, 2014, 36 (7): 895-902.

[44] 李平安, 高军. 热作模具钢的热稳定性研究 [J]. 金属热处理, 1997 (12): 10-12.

[45] 文九巴. 金属材料学 [M]. 北京: 机械工业出版社, 2011.

[46] 李勇勇, 王亮亮, 宁博. Mg 对退火后 H13 模具钢力学性能的影响 [J]. 南方金属, 2013 (2): 48-53.

[47] 赵明汉, 张继, 冯涤. 高温合金断口分析图谱 [M]. 北京: 冶金工业出版社, 2006.

[48] 张伟强, 郭金. 42CrMo 钢在不同温度下单向拉伸的流变特征 [J]. 金属热处理, 2012, 37 (7): 94-97.

[49] 王亮亮, 李晶, 李勇勇, 等. Mg 对热作模具钢 H13 组织和力学性能的影响 [J]. 特殊钢, 2013, 34 (5): 68-70.

[50] Archard J F. Contact and Rubbing of Flat Surfaces [J]. Journal of Applied Physics, 1953, 24 (8): 981-988.

[51] Wang L, Li J, Ning B. Effects of Magnesium on wear resistance of H13 steel [J]. Materials Transactions, 2014, 55 (7): 1104-1108.

[52] Wei M X, Wang S Q, Wang L, et al. Effect of tempering conditions on wear resistance in various wear mechanisms of H13 steel [J]. Tribology International, 2011, 44 (7): 898-905.

[53] Stott F H, Glascott J, Wood G C. Models for the generation of oxides during sliding wear [J]. Proc. R. Soc. Lond. A, 1985, 402 (1822): 167-186.

[54] Quinn T F J. Review of oxidational wear part I: the origins of oxidational wear [J]. Tribology International, 1983, 16 (5): 257-271.

[55] Quinn T F J. Review of oxidational wear part II: recent developments and future trends in oxidational wear research [J]. Tribology International, 1983, 16 (6): 305-315.

[56] Bahrami A, Anijdan S H M, Golozar M A, et al. Effects of conventional heat treatment on wear resistance of AISI H13 tool steel [J]. Wear, 2005, 258 (5): 846-851.

[57] Oh H, Yeon K, Yun Kim H. The influence of atmospheric humidity on the friction and wear of carbon steels [J]. Journal of Materials Processing Tech., 1999, 95 (1): 10-16.

[58] Li J, Li J, Shi C B, et al. Effect of trace magnesium on carbide improvement in H13 steel [J]. Canadian Metallurgical Quarterly, 2016, 55 (3): 321-327.

6 稀土元素对钢中碳化物的影响

稀土元素形成的夹杂物与 Fe 基晶格错配度小，在一定的条件下能作为液相金属凝固过程的非均匀形核核心，并能使合金元素分配系数 K 增大，因此，稀土元素能影响钢凝固组织、减轻合金元素的枝晶偏析、细化晶粒尺寸。晶体中的各种晶体缺陷，如晶界、相界、位错、空穴等，对新相形核有着比较明显的促进作用。因为缺陷周围晶格畸变具有较高的能量，这些区域形核比较容易，可以促进新相的形成。稀土元素在晶界上富集，溶入奥氏体钢后填充了晶界空穴等缺陷，减少了晶体中缺陷的数量，降低了晶界的界面能，使碳化物在晶界形核困难。Y元素外层电子排列的阵点是 $5d$ 层电子严重不饱和，是强烈的碳化物形成元素，它和碳之间可以形成 YC、Y_2C_3、YC_2 等类型特殊碳化物，并且这些碳化物的熔点很高，一次结晶时就弥散于晶内，成为形核核心，减少了碳化物的数量。另外稀土元素填充晶界空穴等缺陷后，阻碍了原子借晶界进行跃迁式扩散，阻碍碳化物沿晶界长大[1-6]。稀土能改变钢中碳化物形态、尺寸、数量及其分布，稀土进入渗碳体中，可改变渗碳体的组成和结构；稀土能使共晶碳化物断网、改变高合金工模具钢中一次碳化物的三维结构。

稀土元素加入高锰奥氏体钢中，能细化晶粒，使碳化物呈颗粒状弥散分布，有效改善了高锰钢的强度与塑韧性[7]；稀土元素加入工具钢 D2，细化了铸态组织，为共晶碳化物 M_7C_3 的形成提供了非均匀形核质点[8]，明显减小共晶碳化物尺寸，降低所占面积比，使共晶碳化物弥散均匀分布。Fe85Cr4Mo8V2C1 加入稀土后，明显减少了粗大共晶碳化物所占面积比，缩小了共晶碳化物片层间距，使其更加致密且球状化[9]。

稀土元素原子半径较大，原子的固溶引起晶界附近点阵扩张，晶界能量升高，更易于碳化物的形核；而且晶粒细化后，晶界增加，析出的碳化物更加细小、弥散[10]。高锰钢中的稀土可作为表面活性元素富集在新生碳化物的表面，阻碍碳化物的择优长大速度，碳化物难于连接成封闭圈而变成断网状[11]。不锈钢和耐热钢中添加稀土元素，再经固溶和敏化处理后，晶界碳化物为粒状，或者晶界析出减少。稀土有阻碍碳化物沿晶析出的作用，并使碳化物碎化。不同类型晶界上析出的碳化物具有明显不同的形貌特征，碳化物形貌还受不同类型晶界能量的影响，重位点阵 $\Sigma 3$ 晶界能量最低，析出的碳化物尺寸最小；重位点阵 $\Sigma 27$ 和随机晶界能量最高，析出碳化物尺寸最大。Inconel600 合金钢中添加稀土后，有利于大量的重位点阵Σ3晶界形成，从而控制沿晶界分布的碳化物的析出行为[12]。基于稀土元素的以上作用，研究了稀土元素对工模具钢中碳化物的影响，特别是稀土夹杂物对碳化物的影响。

6.1 稀土对电渣前后钢中夹杂物行为的影响

6.1.1 稀土含量对夹杂物数量及形貌的影响

8Cr13MoV钢成分见表6-1，不含稀土钢编号为A，稀土含量为0.015%钢编号为B，稀土含量为0.024%钢编号为C。

表6-1 感应炉熔炼8Cr13MoV钢锭元素含量 （%）

试样	C	Si	Mn	S	Cr	Ni	Mo	V	Al$_s$	Ce
A	0.72	0.33	0.46	0.0041	14.02	0.25	0.20	0.14	0.004	0
B	0.79	0.47	0.50	0.0011	14.66	0.25	0.20	0.18	0.012	0.015
C	0.78	0.46	0.52	0.0012	14.78	0.22	0.20	0.20	0.017	0.024

经电渣重熔后，8Cr13MoV钢成分见表6-2。对应电渣前编号为A、B、C钢，电渣后钢分别编号为A1、B1、C1。

表6-2 电渣后8Cr13MoV钢锭元素含量 （%）

试样	C	Si	Mn	S	Cr	Ni	Mo	V	Al$_s$	Ce
A1	0.72	0.30	0.41	0.0037	14.02	0.25	0.20	0.14	0.004	0
B1	0.79	0.45	0.50	0.0011	14.66	0.24	0.21	0.18	0.043	0.0052
C1	0.78	0.43	0.47	0.0013	14.76	0.23	0.22	0.21	0.048	0.0082

根据多相、多组元平衡的热力学计算方法，钢中含有Al元素时，Ce元素首先与钢中的Al、O元素反应，生成$CeAlO_3$（反应的ΔG最小），反应式如式(6-1)[13,14]所示：

$$[Ce] + [Al] + 3[O] = CeAlO_3(s)$$
$$\Delta G^{\ominus} = -1366460 + 364.3T(J/mol) \tag{6-1}$$

若钢液中已含有细小的Al_2O_3，Ce元素可以与Al_2O_3反应来变质Al_2O_3夹杂，反应式如式(6-2)[14]所示。

$$[Ce] + Al_2O_3(s) = CeAlO_3(s) + [Al]$$
$$\Delta G^{\ominus} = 423900 - 247.7T(J/mol) \tag{6-2}$$

炼钢温度下（1600℃），反应式(6-2)的$\Delta G < 0$，即此温度时反应可以发生，从而使棱角状高硬度的Al_2O_3夹杂转变为低硬度的粒状稀土铝酸盐夹杂。

稀土元素含量较高，钢中还会发生反应(6-3)[14]：

$$CeAlO_3(s) + [Ce] + [S] === [O] + [Al] + Ce_2O_2S(s)$$
$$\Delta G^{\ominus} = -288550 + 18.1T(J/mol) \tag{6-3}$$

表 6-1 中 0.015%Ce 含量和 0.024%Ce 含量的钢中的酸溶铝 Al_s 含量高，可认为进行了式（6-2）的反应。0.015%Ce 含量和 0.024%Ce 含量的钢 S 含量均降低，一方面是活泼的稀土元素的脱硫效果，另一方面则是反应式（6-3）所示的夹杂物变质过程。

钢中的酸溶铝含量过高或过低都会引起夹杂总量的变化，产生滞留在钢中的 Al_2O_3 夹杂[15]。通过钢中添加合金元素 Ce，可有助于减少钢中的夹杂物含量。

6.1.2　稀土含量对夹杂物形貌和成分的影响

8Cr13MoV 钢中典型的含 Ce 夹杂物的形貌如图 6-1 所示。

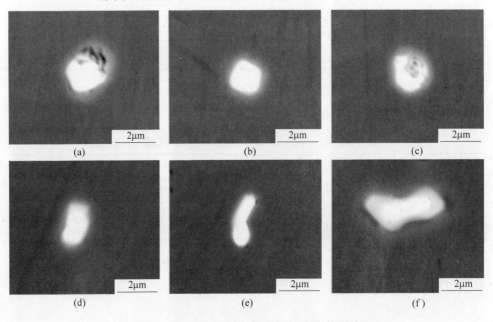

图 6-1　8Cr13MoV 钢中典型含 Ce 夹杂物形貌

由图 6-1 可以看出，含 Ce 夹杂物有圆形、长条形，形状分布不规则。含 Ce 夹杂物的元素组成见表 6-3，稀土元素 Ce 的原子含量在 7.29%~15.13%之间。

表 6-3　8Cr13MoV 钢中典型含 Ce 夹杂物成分（摩尔分数）　　　　（%）

编号	Fe	Cr	C	O	S	Ce
1	24.33	9.26	30.12	17.91	7.99	7.29
2	25.34	8.34	30.97	17.63	9.12	8.59
3	18.53	7.16	29.70	18.53	4.32	9.05

编号	Fe	Cr	C	O	S	Ce
4	18.47	8.40	24.09	27.77	2.77	14.59
5	15.08	10.95	12.02	36.31	0.51	15.13
6	19.93	11.15	17.93	32.11	0.31	15.06

图 6-1 与表 6-3 对应分析，钢中含 Ce 的夹杂物可分为三类，图 6-1（a）、（b）为一组，Ce/S 原子比接近 1:1，夹杂物形状接近圆形；图 6-1（c）、（d）为一组，Ce/S 原子比在 2~5 之间，夹杂物形状不规则，近似椭球状；图 6-1（e）、（f）为一组，Ce/S 原子比大于 10，夹杂物的形貌为长条状。可见，随着 Ce/S 原子比的下降，即稀土 Ce 与更多 S 结合，夹杂物形貌趋向于圆形。稀土元素可变质 MnS 夹杂物[16]，形成圆形、椭圆形的稀土硫化物、稀土氧硫化物。球状硫化物在轧制时改善了钢材的横向韧性、焊接性能和疲劳性能[17]。

对含 Ce 钢中复合夹杂物进行面扫描观察，如图 6-2 所示。

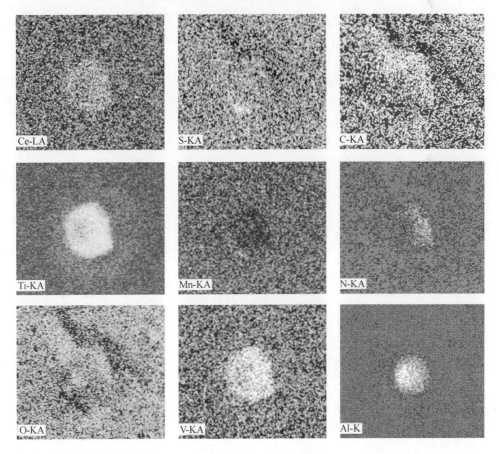

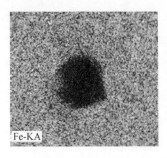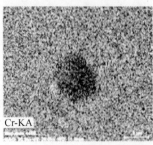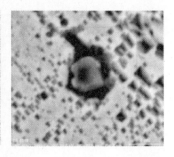

图 6-2　含 Ce 复合夹杂物面扫描观察

从图 6-2 可以看出，复合夹杂物中含有 Ce 元素，根据 Ce 与钢中元素的反应，可认为添加 Ce 元素生成的 CeAlO₃ 也作为了复合夹杂物的形核核心。有研究认为[18]，添加 Ce 元素形成的 Ce 的氧化物和 Ce-Al 的氧化物，会形成以 CeO₂ 为核心，CeAlO₃ 为外围的复合夹杂物结构。这里简单认为核心是 CeAlO₃。

钢中加入稀土后，通过将棱角状高硬度的 Al_2O_3 夹杂转为软质颗粒 $CeAlO_3$ 夹杂，并进一步转变为球状 Ce_2O_2S，实现夹杂物的塑性化控制。

6.1.3　稀土元素对钢组织的影响

针对钢中 Ce 的反应产物，一些研究[19,20]采用二维错配度表征稀土作为形核核心的有效性，计算了钢中含铈的夹杂物与 α-Fe 相在 1185K 时（γ→α 开始转变温度）的晶格错配度，指出钢中含铈的夹杂物与 α-Fe 相之间的错配度均较小，其中 CeAlO₃ 与 α-Fe 相的错配度是 7%，即稀土元素可作为 α-Fe 相的形核核心，促进晶内铁素体，细化组织。

不同 Ce 含量的钢样侵蚀后的组织如图 6-3 所示。

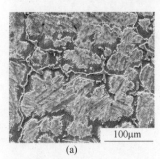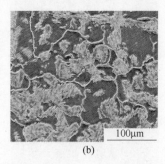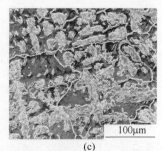

(a)　　　　　　　　　　(b)　　　　　　　　　　(c)

图 6-3　不同 Ce 含量钢样组织观察

从图 6-3 可以看出，无 Ce 钢晶粒尺寸较大，含 Ce 钢晶粒尺寸有所减小。添加稀土元素后，固溶在钢中的稀土往往通过扩散机制富集于晶界，减少了杂质元素在晶界的偏聚，细化晶粒[21]。同时，稀土夹杂物还对晶内针状铁素体的生成[22]和 δ-

Fe 的生成[23,24]起到非均质形核的作用。稀土容易形成较高熔点的化合物，细密分布在钢液，作为非均质形核质点，起到降低钢液结晶的过冷度、细化钢的凝固组织、减少偏析、实现凝固过程组织控制[13]的作用。稀土在钢中固溶量不大，95%稀土都以夹杂物形式存在[25]，因而，稀土夹杂物对钢组织的细化影响较大。

6.2 稀土夹杂物对碳化物的影响

6.2.1 稀土夹杂物对奥氏体热作模具钢中碳化物的影响

不同稀土含量的奥氏体热作模具钢电渣锭成分见表 6-4。电渣锭依次标记为 Y0、Y1、Y2 和 Y3。

表 6-4 稀土微合金化电渣铸锭合金元素 （%）

编号	C	Si	Mn	Cr	Mo	V	Al	P	Y	S	O
Y0	0.70	0.54	14.90	3.53	1.55	1.73	0.012	0.013	0	0.0020	0.0017
Y1	0.71	0.59	15.38	3.28	1.91	1.78	0.010	0.012	0.0005	0.0021	0.0015
Y2	0.68	0.50	14.90	3.36	1.56	1.65	0.011	0.013	0.0060	0.0018	0.0016
Y3	0.71	0.54	14.50	3.37	1.60	1.65	0.013	0.011	0.0086	0.0016	0.0015

不同稀土含量对电渣铸锭枝晶组织的影响如图 6-4 所示。

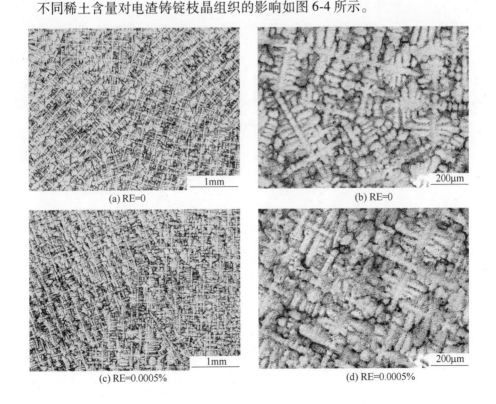

(a) RE=0   (b) RE=0

(c) RE=0.0005%   (d) RE=0.0005%

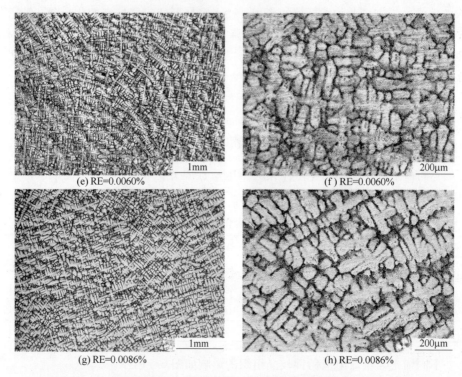

图 6-4 稀土微合金化奥氏体热作模具钢电渣铸锭光镜枝晶组织（OM）

由图 6-4 可知，随着电渣锭中稀土含量增加，枝晶组织先呈细化趋势，后转变为粗化行为。当稀土含量增加到 0.0060% 时，枝晶组织最为致密；当稀土含量增加到 0.0086% 时，枝晶组织粗化，比不加稀土的钢枝晶组织还大。稀土含量对电渣铸锭二次枝晶间距的影响如图 6-5 所示。

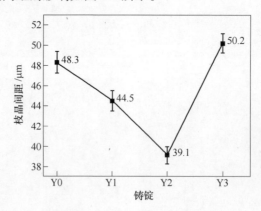

图 6-5 稀土合金化奥氏体热作模具钢电渣铸锭中二次枝晶间距统计

　　由图 6-5 可知，随着稀土含量的增加，二次枝晶间距明显减小，电渣锭中稀土含量为 0.0060% 时，二次枝晶间距最小，为 39.1μm；当稀土含量继续增加到 0.0086% 时，二次枝晶间距明显增加，为 50.2μm，比不加稀土的钢枝晶间距还大。

　　稀土含量对电渣铸锭中合金元素偏析比（δ）的影响如图 6-6 所示，其中，偏析比为 $\delta_i = C_{imax}/C_{imin}$，其中 C_{imax} 为元素 i 的在溶质原子富集的枝晶间隙区域的浓度；C_{imin} 为元素 i 的在溶质原子贫瘠的枝晶干区域的浓度。合金元素偏析比（δ）越接近 1，表明电渣锭中元素偏析程度越小。

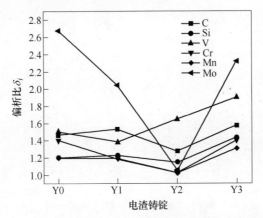

图 6-6　不同稀土含量的电渣铸锭中合金元素的偏析行为

　　由图 6-6 可知，与其他电渣铸锭相比，稀土含量为 0.0060% 的电渣锭，合金元素的偏析比更加接近于 1，元素偏析程度最小。

　　利用差热分析法（DTA）检测碳化物分解过程中热量的波动，以分析稀土元素对电渣锭中一次碳化物的分解温度转变点的影响。不含稀土电渣锭和稀土含量为 0.0060% 电渣锭中一次碳化物在升温过程中发生分解转变的曲线如图 6-7 所示。其

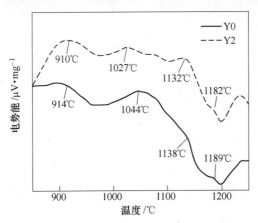

图 6-7　碳化物分解温度对比曲线（DTA）

中，差热分析法的工艺为：以 20℃/s 的升温速度升温至 1300℃，保温 5min；然后以 20℃/s 的冷却速度冷却至 600℃后，快速冷却，过程中始终保持氩气保护。

　　由图 6-7 可知，稀土元素的添加明显降低了一次碳化物的分解温度，使得一次碳化物在凝固过程中析出温度降低，相对减轻了高温下析出一次碳化物的体积分数。王明家等[26]研究了稀土对轧辊用高速钢中一次碳化物的影响，结果表明稀土可明显减少一次碳化物析出的体积分数。稀土含量对电渣铸锭中一次碳化物尺寸、数量及分布的影响如图 6-8 所示。

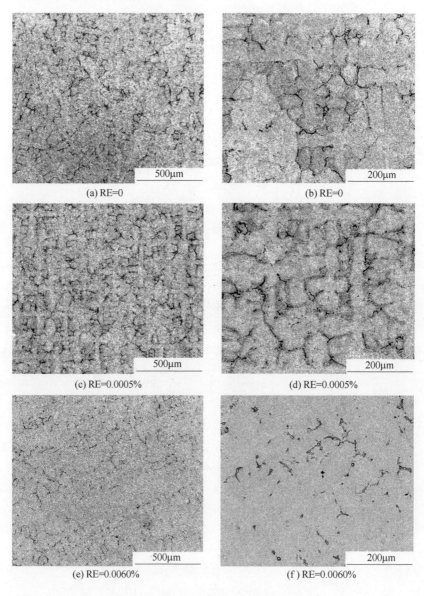

(a) RE=0

(b) RE=0

(c) RE=0.0005%

(d) RE=0.0005%

(e) RE=0.0060%

(f) RE=0.0060%

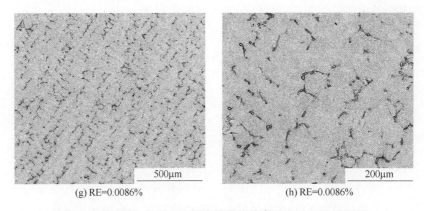

(g) RE=0.0086%　　　　　　(h) RE=0.0086%

图 6-8　不同稀土含量电渣锭中碳化物分布对比图（SEM-BSE）

由图 6-8 可知，随着稀土含量增加到 0.0060%，一次碳化物的数量逐渐减少，尺寸逐渐降低，且分布得更加均匀；但当稀土含量继续增加到 0.0086% 时，一次碳化物的数量增加，尺寸变大，且沿晶界表现为聚集分布形态。

表 6-5 为采用碳化物统计方法统计的一次碳化物特征结果。

表 6-5　一次碳化物的特征统计结果

试样号	定量金相基本参数							碳化物特征参数	
	碳化物统计参数					照片尺寸			
	N	$A/\mu m^2$	$\bar{D}/\mu m$	$L'/\mu m$	$W'/\mu m$	$L/\mu m$	$W/\mu m$	$V_v/\%$	N_v
Y0	956	16890	6.32	12.71	2.89	595.92	507.29	5.56	0.031
Y1	1117	15651	5.78	8.32	2.36	595.92	507.29	5.18	0.028
Y2	1306	6807	3.19	4.01	2.02	595.92	507.29	2.25	0.015
Y3	1562	13741	4.37	6.04	3.78	595.92	507.29	4.55	0.027

由表 6-5 可知，适量的稀土含量可以明显减小一次碳化物体积分数及其平均尺寸和所占的面积分数，但一次碳化物的数量随稀土含量的增加而增加，说明一次碳化物更加细小。因此，适量的稀土含量，可以有效控制凝固过程中一次碳化物形成的数量、尺寸及其分布。

添加适量的稀土，可为凝固过程中一次碳化物的形成提供非均匀形核质点，有效细化碳化物尺寸，改善碳化物的分布；同时，稀土还可以影响碳化物的长大驱动力；适量的稀土可以降低一次碳化物的析出温度，减少一次碳化物析出数量；当添加过量的稀土时，稀土元素偏聚在固/液界面前沿，即稀土溶质原子在枝晶间隙处聚集，形成稀土化合物的簇拥效应，会析出大尺寸的稀土化合物或碳化物。因此，为控制电渣凝固过程中一次碳化物的析出行为，应将电渣铸锭中的稀土含量控制在最佳值。Liu[27] 和 Gao[28] 等的研究工作也表明，添加适量的稀土可以有效地细化铸锭组织和减轻合金元素的偏析程度。

6.2.2　稀土夹杂物对碳化物的影响

8Cr13MoV 电渣锭的化学成分见表 6-6。电渣重熔后电渣锭中 Ce 含量为 0.0097%。

表 6-6　8Cr13MoV 刀剪用钢的化学成分　　　　　　　（%）

C	Si	Cr	Mo	Mn	V	Ni	S	N	Ce
0.8	0.28	14.02	0.391	0.45	0.453	0.065	0.0043	0.011	0.0097

添加稀土的原电极和电渣重熔后电渣锭中典型的夹杂物如图 6-9 所示。

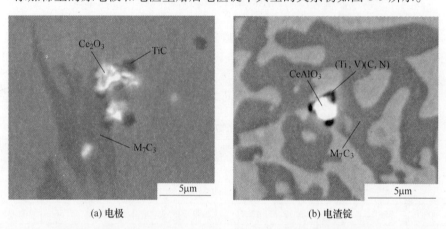

(a) 电极　　　　　　　　　　(b) 电渣锭

图 6-9　含稀土元素 Ce 的原电极和电渣锭中典型的稀土夹杂物

由图 6-9 可知，原电极中含稀土元素 Ce 的夹杂物尺寸较大，分布不均匀。电渣重熔后，稀土元素 Ce 与 Al 结合为尺寸更加细小的 $CeAlO_3$，同时也能作为 $(Ti, V)(C, N)$ 和 M_7C_3 的形核核心。电渣锭中夹杂物和碳化物如图 6-10 所示。

图 6-10 (a) 和 (b) 为不加稀土元素的电渣锭中的夹杂物，主要为大颗粒的 Al_2O_3 夹杂物。图 6-10 (c) 和 (d) 为含稀土元素电渣锭中的夹杂物，未发现大颗粒的 Al_2O_3 夹杂物，加稀土处理后电渣锭中的夹杂物平均尺寸由 Al_2O_3 夹杂物的 $5.1\mu m$ 变性减小到 $CeAlO_3$ 夹杂物的 $1.5\mu m$。钢中发现大量具有三层结构的析出相，这些析出相的核心为尺寸非常细小的 $CeAlO_3$，外层为 $(Ti, V)(C, N)$，在 $(Ti, V)(C, N)$ 外层生成 M_7C_3 型碳化物。因此，通过添加稀土元素 Ce 能够使 Al_2O_3 夹杂物变性为细小、弥散的 $CeAlO_3$ 夹杂物，成为 $(Ti, V)(C, N)$ 的形核核心，最终成为一次碳化物的形核核心，起到细化一次碳化物的作用。

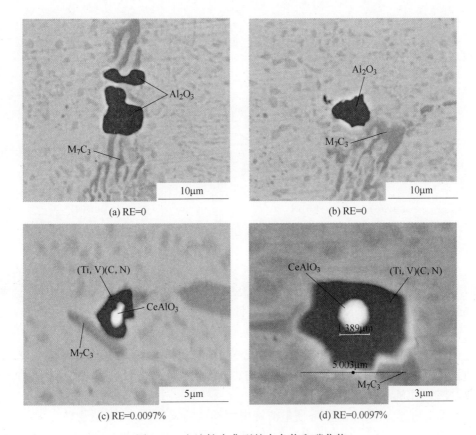

图 6-10 电渣锭中典型的夹杂物和碳化物

非均质形核过程中，$\delta<6\%$ 时为强有效形核，$\delta=6\%\sim12\%$ 的核心中等有效，而 $\delta>12\%$ 的核心无效。式（6-4）为改进的二维错配度公式：

$$\delta_{(hkl)_{n}}^{(hkl)_{s}}=\sum_{i=1}^{3}\frac{\left|d_{[uvw]_{s}}^{i}\cos\theta-d_{[uvw]_{n}}^{i}\right|}{d_{[uvw]_{n}}^{i}}\times100\% \tag{6-4}$$

式中，s、n 分别代表基底和结晶相晶面；$(hkl)_{s}$、$(hkl)_{n}$ 为基底和结晶相的一个低晶面指数；$[uvw]_{s}$、$[uvw]_{n}$ 分别为晶面 $(hkl)_{s}$ 和 $(hkl)_{n}$ 上的一个低指数方向；$d_{[uvw]_{s}}$、$d_{[uvw]_{n}}$ 分别为沿 $[uvw]_{s}$ 和 $[uvw]_{n}$ 方向的面间距，θ 为 $[uvw]_{s}$ 与 $[uvw]_{n}$ 之间的夹角。

由于 $(Ti,V)(C,N)$ 和 TiN 结构相近，因此，以 $CeAlO_3$、Al_2O_3 与 TiN 的错配度分析 $CeAlO_3$、Al_2O_3 与 $(Ti,V)(C,N)$ 的匹配程度，如图 6-11 匹配模型所示。

由图 6-11 可知，$CeAlO_3$ 的（001）晶面与 TiN 的（110）晶面的错配度匹配

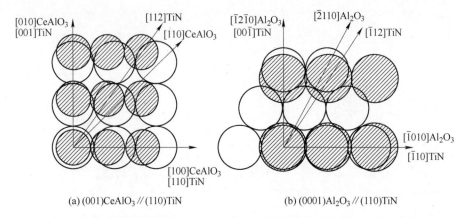

(a) (001)CeAlO₃∥(110)TiN　　　　　　　(b) (0001)Al₂O₃∥(110)TiN

图 6-11　CeAlO₃、Al₂O₃ 与 TiN 晶体取向关系

关系最小，其错配度为 2.63%；Al₂O₃ 的（0001）晶面和 TiN 的（110）晶面的错配度匹配关系最小，其错配度为 5.35%。添加稀土元素 Ce 后，Al₂O₃ 变成 CeAlO₃，CeAlO₃ 与 TiN 的错配度更小，即与 Al₂O₃ 相比，CeAlO₃ 更容易成为核心，生成复合夹杂。

TiN 和 M_7C_3 的晶格结构分别为面心立方和密排六方，分别选取晶面（001）和晶面（0001）为配合面，计算得到的错配度为 4.7%。证明 TiN 对 M_7C_3 也是有效形核，对 M_7C_3 的细化起较大作用。

综上所述，稀土元素 Ce 使电渣锭中大颗粒的硬质 Al₂O₃ 夹杂物转变为细小、弥散分布的软质 CeAlO₃ 夹杂物。这些细小弥散的软质 CeAlO₃ 夹杂物一方面避免了 Al₂O₃ 夹杂物对后续轧制过程的危害，另一方面改性后的 CeAlO₃ 夹杂物作为一次碳化物的形核核心，细化了电渣锭中一次碳化物。

6.3　热处理对稀土奥氏体热作模具钢中碳化物的影响

6.3.1　稀土微合金化奥氏体热作模具钢组织

对不同稀土含量的电渣铸锭锻造退火处理后，进行固溶和时效热处理，热处理工艺曲线如图 6-12 所示。

稀土含量对热处理后热作模具钢组织的影响如图 6-13 所示。由图 6-13 可知，随着稀土含量的增加，热作模具钢奥氏体晶粒尺寸逐渐减小。

利用截线法统计图 6-13 中的奥氏体晶粒尺寸分布，如图 6-14 所示。明显看出，随着稀土含量的增加，奥氏体晶粒尺寸呈现逐渐降低的趋势，其中，无稀土钢和 0.0005% 稀土含量钢中的奥氏体晶粒尺寸大小不一，尺寸分布不均匀；0.0060% 和 0.0086% 稀土含量钢中的奥氏体晶粒尺寸分别集中于 100~120μm 和 80~100μm 之间，奥氏体晶粒尺寸分布均匀。适量的稀土可以细化奥氏体晶粒尺

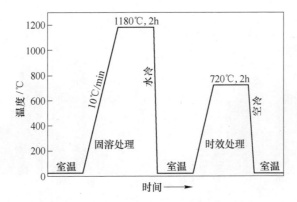

图 6-12　奥氏体热作模具钢的热处理工艺曲线

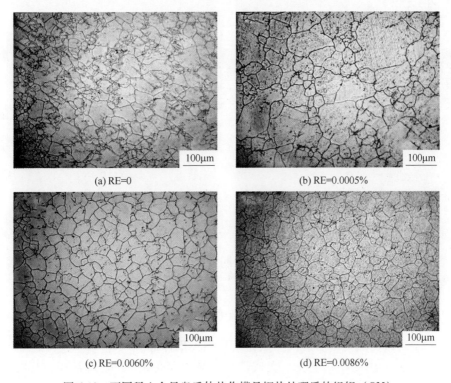

图 6-13　不同稀土含量奥氏体热作模具钢热处理后的组织（OM）

寸，阻碍奥氏体晶界在高温条件下的迁移，抑制奥氏体晶粒的长大。

　　一般地，溶剂原子和溶质原子的尺寸差异越大，奥氏体再结晶行为被溶质原子推迟的效应就越强。溶质原子稀土钇和溶剂铁原子之间的尺寸差异很大，使得稀土溶质原子容易偏聚在奥氏体晶界上，稀土和晶界的相互作用及其对晶界迁移的影响，势必影响再结晶过程中晶核的形成和生长速率。因此，稀土溶质原子对

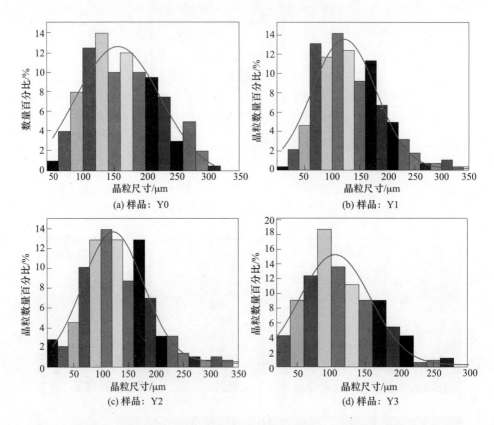

图 6-14　不同稀土含量奥氏体热作模具钢热处理后晶粒尺寸统计分布
(a) RE=0；(b) RE=0.0005%；(c) RE=0.0060%；(d) RE=0.0086%

再结晶具有很强的固溶拖拽作用，可以明显地细化再结晶晶粒尺寸和提高再结晶温度。

6.3.2　稀土奥氏体热作模具钢晶界的影响

稀土含量对热处理后奥氏体热作模具钢奥氏体晶粒尺寸（EBSD）的影响如图 6-15 所示。由图 6-15 可知，奥氏体晶粒晶内存在大量的孪晶组织，且随着稀土含量的增加，孪晶晶界所占的面积比逐渐增加，同时，奥氏体晶粒尺寸相应地被切分为更加细小的晶粒。

稀土含量对热处理后奥氏体热作模具钢孪晶晶界分布影响如图 6-16 所示，其中，奥氏体晶内的孪晶晶界采用黑色线条表示。由图 6-16 可知，随着稀土含量的增加，奥氏体晶粒内部孪晶晶界所占晶界比例逐渐增加。奥氏体晶粒尺寸被孪晶晶界切分，呈细小的晶粒。

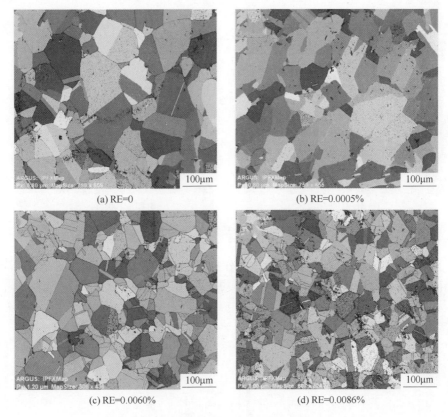

(a) RE=0　　　　　　　　　　　　　(b) RE=0.0005%

(c) RE=0.0060%　　　　　　　　　　(d) RE=0.0086%

图 6-15　不同稀土含量奥氏体热作模具钢热处理后组织图（EBSD）

　　奥氏体钢中孪晶的形成主要受奥氏体钢的层错能的影响，稀土的添加可以有效地降低奥氏体钢的层错能，增加奥氏体钢在高温形变后产生大量的孪晶晶界比例，细化奥氏体晶粒尺寸；此外，稀土可促进奥氏体钢的再结晶行为，增加细小奥氏体晶粒的比例。

(a) RE=0　　　　　　　　　　　　　(b) RE=0.0005%

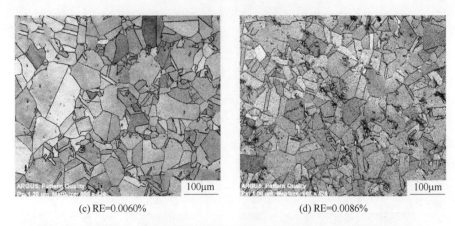

(c) RE=0.0060%   (d) RE=0.0086%

图 6-16 不同稀土含量奥氏体热作模具钢热处理后晶界分布对比图（EBSD）

热处理后不同稀土含量的奥氏体热作模具钢晶界取向差分布如图 6-17 所示。由图 6-17 可知，随着稀土含量的增加，奥氏体热作模具钢中小角度晶界所占比

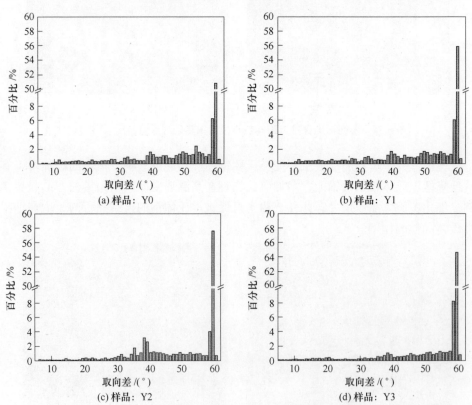

图 6-17 不同稀土含量奥氏体热作模具钢热处理后晶界取向差分布图

（a）RE=0；（b）RE=0.0005%；（c）RE=0.0060%；（d）RE=0.0086%

例逐渐减小，大角度晶界所占比例逐渐增加，尤其是重位点阵 $\Sigma 3$（60°）孪晶晶界比例增加的最为明显。

已有大量研究结果表明[29,30]高锰系奥氏体钢在高温形变过程中形成的孪晶晶界可起到奥氏体普通晶界的作用。因此，可通过稀土的添加，增加奥氏体热作模具钢中的孪晶晶界面积比，利用晶界细化奥氏体晶粒尺寸，阻碍位错运动，达到提高基体的强度和韧性的目的。

6.4　稀土对奥氏体热作模具钢力学性能的影响

稀土对热处理后奥氏体热作模具钢的硬度和冲击韧性的影响如图 6-18 所示。由图 6-18 可知，随着稀土含量的增加，奥氏体热作模具钢的硬度和冲击韧性均有所增加。当稀土含量为 0.0060% 时，硬度和冲击韧性最大，分别为 HRC49.2 和 19.6J；稀土继续增加到 0.0086% 时，硬度和韧性降低，特别是韧性急剧下降。

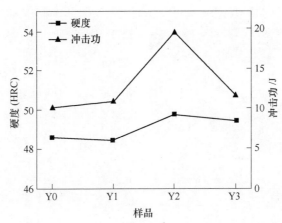

图 6-18　稀土含量奥氏体热作模具钢热处理后硬度和冲击韧性的影响

稀土含量对热处理后奥氏体热作模具钢抗拉强度的影响如图 6-19 所示。由图 6-19 可知，随着稀土含量的增加，抗拉屈服强度逐渐增加。当稀土含量增加到 0.0060% 时抗拉屈服强度达到最大值，为 1380MPa。继续增加稀土含量到 0.0086% 时，抗拉屈服强度有所降低。

稀土含量对热处理后奥氏体热作模具钢冲击断口形貌的影响如图 6-20 所示。由图 6-20 可知，无稀土钢和稀土含量 0.0005% 钢的冲击断口表面存在少量的韧窝，主要为沿晶断裂，呈脆性断裂；稀土含量 0.0060% 钢断口表面存在大量细小的韧窝，属于韧性断裂；稀土含量 0.0086% 钢断口表面再次存在部分沿晶断裂面，属于混合断口。此外，在断口表面的晶界上或韧窝深处可以明显观察到部分碳化物，其中稀土含量 0.0060% 钢断口表面合金元素的分布如图 6-21 所示，与其他试样相比，断口韧窝处的碳化物尺寸更加细小、分布更加均匀。

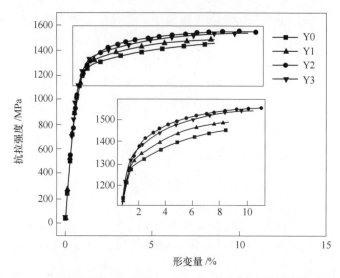

图 6-19　稀土含量对奥氏体热作模具钢热处理后抗拉强度的影响

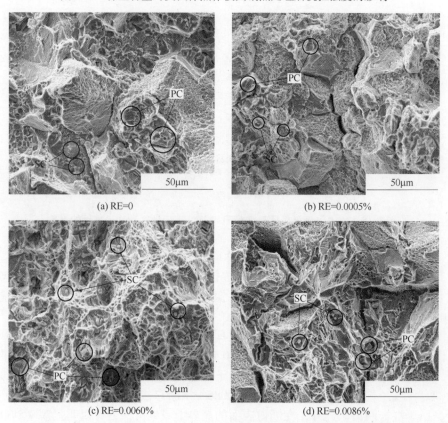

(a) RE=0

(b) RE=0.0005%

(c) RE=0.0060%

(d) RE=0.0086%

图 6-20　稀土含量对奥氏体热作模具钢热处理后的冲击断口形貌的影响

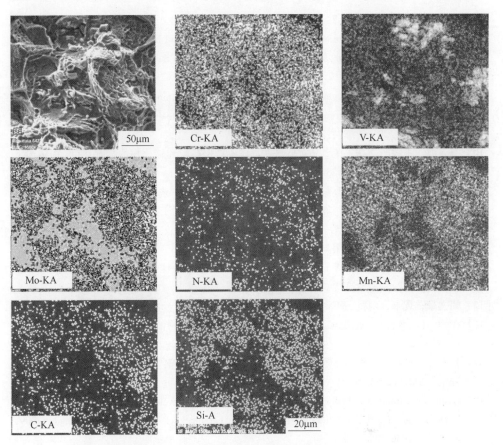

图 6-21　0.0060%稀土含量电渣锭经热处理后断口形貌元素面扫描图

参 考 文 献

［1］Yu S C, Wu S Q, Yan J Q. Influence of rare earth on microstructure and mechanical properties of 5Cr21Mn9Ni4N steel［J］. Journal of Rare Earth, 2004, 22（S1）：122-125.

［2］Yang J, Hao F F, Li D, et al. Effect of RE oxide on growth dynamics of primary austenitic grain in hardfacing layer medium-high carbon steel［J］. Journal of Rare Earths, 2012, 30（8）：814-819.

［3］Lan J, He J J, Ding W J. Study on heterogeneous nuclei in cast H13 steel modified by rare earth［J］. Journal of Rare Earths, 2001, 19（2）：280-283.

［4］兰杰，贺俊杰，丁文江，等 . RE 对 H13 钢凝固组织及冲击韧性的影响［J］. 钢铁，2000，35（10）：48-50.

［5］徐光宪 . 稀土（下册）［M］. 北京：冶金工业出版社，1995.

［6］杨乘东 . 钇基稀土变质高锰钢工艺及性能研究［D］. 昆明：昆明理工大学，2009.

［7］霍文霞，任慧平，金自力，等 . 不同稀土加入量对高锰钢组织及力学性能的影响［J］.

热加工工艺，2012，41（7）：15-17.

［8］ Hamidzadeh M A，Meratian M，Saatchi A. Effect of cerium and lanthanum on the microstructure and mechanical properties of AISI D2 tool steel［J］. Materials Science & Engineering A，2013，571：193-198.

［9］ Hufenbach J，Helth A，Lee M H，et al. Effect of cerium addition on microstructure and mechanical properties of high-strength Fe85Cr4Mo8V2C1 cast steel［J］. Materials Science & Engineering A，2016，674：366-374.

［10］ 李亚波，王福明，李长荣. 铈对低铬铁素体不锈钢晶粒和碳化物的影响［J］. 中国稀土学报，2009，27（1）：123-127.

［11］ 王仲珏. 稀土变质处理改善高锰钢性能［J］. 新技术新工艺，2001（1）：28-29.

［12］ 张悦悦，马佳荣，苏诚，等. Inconel600 合金的晶界工程工艺及晶界处碳化物的析出形貌［J］. 上海金属，2015，37（6）：46-50.

［13］ 李春龙. 稀土在钢中应用与研究新进展［J］. 稀土，2013（3）：78-85.

［14］ 林勤，叶文，杜垣胜，等. 稀土在钢中的作用规律与最佳控制［J］. 北京科技大学学报，1992（2）：225-231.

［15］ 胡文豪，袁永，刘骁，等. 酸溶铝在钢中行为的探讨［J］. 钢铁，2003（7）：42-44.

［16］ 张峰，吕学钧，王波，等. 稀土处理无取向硅钢中夹杂物的控制［J］. 钢铁钒钛，2011（3）：46-50.

［17］ 杨吉春，刘晓，高学中，等. 稀土元素 Ce 对 2Cr13 不锈钢中夹杂物变性的影响［J］. 特殊钢，2007（3）：30-31.

［18］ Casper V，Grong O，Haakonsen F，et al. Progress in the development and use of grain refiner based on cerium sulfide or titanium compound for carbon Steel［J］. ISIJ International，2009，49（7）：1046-1050.

［19］ Song M M，Song B，Xin W B，et al. Effects of rare earth addition on microstructure of C-Mn steel［J］. Ironmaking & Steelmaking，2015，42（8）：594-599.

［20］ Wen B，Song B. In situ observation of the evolution of intragranular acicular ferrite at Ce-containing inclusions in 16Mn Steel［J］. Steel Research International，2012，83（5）：487-495.

［21］ 王龙妹，杜挺，卢先利，等. 微量稀土元素在钢中的作用机理及应用研究［J］. 稀土，2001（4）：37-40.

［22］ 邓小旋，王新华，姜敏，等. 稀土处理钢中夹杂物对晶内针状铁素体形成的影响［J］. 北京科技大学学报，2012（5）：535-540.

［23］ 潘宁，宋波，翟启杰，等. 钢液非均质形核触媒效用的点阵错配度理论［J］. 北京科技大学学报，2010，32（2）：179-182，190.

［24］ 潘宁，宋波，翟启杰. 固态化合物对钢液非均质形核的触媒作用［J］. 金属学报，2009（12）：1441-1445.

［25］ 林勤，宋波，郭兴敏，等. 钢中稀土微合金化作用与应用前景［J］. 稀土，2001（4）：31-36.

［26］ Wang M J，Chen L，Wang Z X，et al. Effect of rare earth addition on continuous heating transformation of a high speed steel for rolls［J］. Journal of Rare Earths，2012，30（1）：84-89.

[27] Liu H H, Fu P X, Liu H W, et al. Carbides evolution and tensile property of 4Cr5MoSiV die steel with rare earth addition [J]. Metals, 2017, 7 (10): 436-449.

[28] Gao J Z, Fu P X, Liu H W, et al. Effect of rare earth on the microstructure and impact toughness of H13 steel [J]. Metals, 2015 (5): 383-394.

[29] Rajib K, Lailesh K, Satyam S. Grain boundary engineering of medium Mn TWIP steel: a novel method to enhance the mechanical properties [J]. ISIJ International, 2018, 58 (7): 1324-1331.

[30] Choi W S, Sandlöbes S, Malyar N V, et al. On the nature of twin boundary-associated strengthening in Fe-Mn-C steel [J]. Scripta Materialia, 2018, 156: 27-31.

7 氮元素对钢中碳化物的影响

传统热作模具钢大多为马氏体型钢,这类钢具有高硬度和高耐磨性,例如 H13[1];但使用温度不能超过650℃,超过650℃后马氏体基体的回复和碳化物粗化,强度将迅速下降,导致模具失效[2]。因此,能够适用于700℃以上服役温度的模具材料应为奥氏体型热作模具钢或高温合金。氮作为一种合金元素加入奥氏体热作模具钢中,可以稳定奥氏体结构、扩大奥氏体相区[3],同时,通过形成 VN 起到析出强化的作用[4-6]。经过固溶时效处理后的钢,析出相更加细小、分布均匀弥散、高温热稳定性提高[7]。氮的添加,在钢中形成氮化物或碳氮化物,可提高析出相的析出温度,可作为钢液最初凝固过程中的形核质点,阻碍晶界迁移扩展,从而细化初始奥氏体晶粒尺寸。

7.1 氮对奥氏体热作模具钢析出相影响的热力学分析

7.1.1 氮对析出相析出温度的影响

奥氏体热作模具钢化学成分组成见表 7-1。奥氏体钢中氮的溶解度较高,可达 0.4%,其中,含氮钢采用添加氮化铬铁的方式提高奥氏体钢中氮的含量。

表 7-1 奥氏体热作模具钢成分 （%）

钢种	C	Mn	Cr	Mo	V	Si	P	S	N	Fe
HMAS-N	0.56	14.5	3.192	1.641	1.723	0.52	0.015	0.029	0.15	Bal.
HMAS	0.59	14.9	3.53	1.55	1.726	0.54	0.013	0.026	0.0014	Bal.

奥氏体热作模具钢中添加氮元素,不仅可以稳定奥氏体基体,而且可以析出耐高温的碳氮化物（M(C,N)）,提高其高温强度。利用热力学软件 Thermo-Calc 计算氮含量对高锰奥氏体热作模具钢（HMAS）中析出相析出行为的影响,如图 7-1 所示。

高锰奥氏体热作模具钢（HMAS-N）和（HMAS）析出相种类相同,均为奥氏体相、MC 或者 M(C,N) 相、M_2C、$M_{23}C_6$、M_6C、M_7C_3 相;但是各相的析出、消失温度有较大的区别,具体平衡析出相的临界温度见表 7-2。

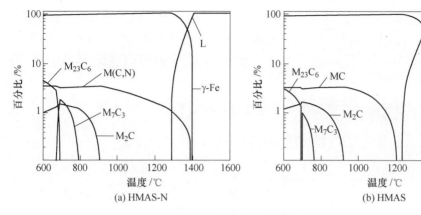

图 7-1 析出相与温度的关系

表 7-2 平衡相转变温度 (℃)

钢号	平衡相相析出温度 T_s					平衡相消失温度 T_f		
	MC	M_2C	$M_{23}C_6$	M_6C	M_7C_3	M_2C	$M_{23}C_6$	M_7C_3
HMAS-N	1390	930	670	453	810	453	437	652
HMAS	1200	1200	699	453	77.0	453	399	699

对于含氮 0.15% 高锰奥氏体热作模具钢 HMAS-N，1394.79℃ 开始形成奥氏体，当温度下降到 1389.85℃ 时，开始析出面心立方钒的碳氮化物（M(C,N)）；当温度下降到 930℃ 时，开始析出密排六方型碳化物，可能是 M_2C；当温度下降到 810℃ 时，开始析出 M_7C_3 型碳化物；温度下降到 679.5℃ 时，开始析出 $M_{23}C_6$ 型碳化物，温度继续下降过程中 M_7C_3 相不断地向 $M_{23}C_6$ 相转化直至完全，当温度下降到 660℃ 时，析出的 M_7C_3 相消失。

对于含氮 0.0014% 的奥氏体热作模具钢 HMAS，在 1390℃ 开始形成奥氏体，含氮高锰奥氏体热作模具钢在 1394.79℃ 开始形成奥氏体，所以氮含量对奥氏体析出温度几乎没有影响。当温度降低到 1200℃ 时，开始析出 MC 相，而对于含氮 0.15% 高锰奥氏体热作模具钢 HMAS-N，M(C,N) 的析出温度为 1394.79℃，两者析出温度差接近 200℃，说明氮元素的添加提高了 MC 相析出温度。含氮 0.0014% 的奥氏体热作模具钢 HMAS 中 M_2C、$M_{23}C_6$、M_6C 析出温度和含氮 0.15% 的奥氏体热作模具钢 HMAS 析出温度几乎一样，说明氮元素对这些相的析出温度没有影响。含氮 0.0014% 的奥氏体热作模具钢 HMAS 中 M_7C_3 析出温度为 770℃，比含氮 0.15% 的奥氏体热作模具钢 HMAS-N 中 M_7C_3 析出温度低 40℃，并且相析出和消失的温度区间更小。

由以上热力学分析可知，向钢中加入一定量的氮元素可以显著提高 MC 相的析出温度，说明 V(C,N) 稳定性很高，细小弥散的 MC 相将会在后期固溶处理过程中通过钉扎晶界，起到缓解奥氏体晶粒粗化的作用，提高钢的强度和韧性。

但是如果在晶界析出大尺寸的大量 V(C,N)，易成为裂纹源，显著降低热作模具钢的韧性[8]，因此，需要在后期的锻造过程中，通过工艺控制，减小 V(C,N) 尺寸；通过固溶处理使其尽可能多地溶于基体；通过时效处理析出弥散细小的二次相，提高钢的强韧性。

7.1.2　氮对奥氏体热作模具钢析出相成分的影响

氮对析出相合金元素组成的影响如图 7-2 所示。

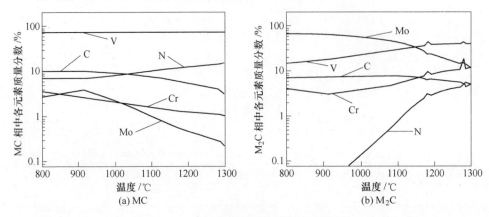

图 7-2　典型析出相合金元素组成

由图 7-2（a）可知，MC 型析出相主要组成元素为 V、N、C，即 MC 相主要为 V(C,N)。V(C,N) 为高温析出相，1390℃ 开始析出时，N 含量最高，C 的含量很低；随着温度的降低，MC 相中 N 的含量不断下降，C 含量不断上升。800~1300℃ 温度区间内 MC 相中 V 的含量几乎不变，由此说明 MC 相在高温段主要以富 N 的 VC_xN_{1-x} 形式存在。随着温度的降低，VN 中的 N 元素逐渐被 C 元素取代，因此，低温阶段 MC 相主要以富 C 的 VC_xN_{1-x} 形式存在，同时 M(C,N) 相中还固溶了少量的 Cr 和 Mo 元素。

由图 7-2（b）可知，M_2C 是密排六方晶体结构，可以推断出是 Mo_2C 型[9]合金碳化物。M_2C 型析出相的主要组成元素为 Mo、V、C 和少量的 Cr 及 N。

7.2　氮对退火态电渣锭组织和析出相的影响

7.2.1　氮对退火态电渣锭枝晶的影响

在其他参数不变的情况下，研究氮元素对退火后电渣锭组织的影响。分别在电渣锭边缘、1/2 半径处、中心处取样，经过腐蚀后用光学显微镜进行观察，如图 7-3 所示。对不同位置取样样品进行枝晶间距测量，样品取不同现场测量 20 组数据，取其平均值作为该位置的枝晶间距值，以减小随机性，枝晶间距随取样位置的变化情况如图 7-4 所示。

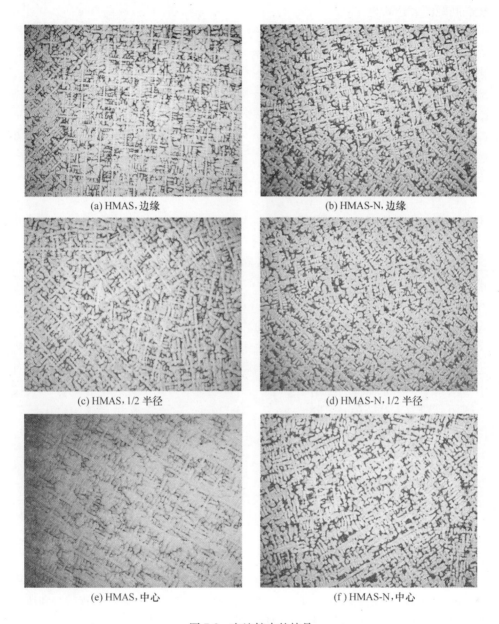

(a) HMAS,边缘

(b) HMAS-N,边缘

(c) HMAS,1/2 半径

(d) HMAS-N,1/2 半径

(e) HMAS,中心

(f) HMAS-N,中心

图 7-3　电渣锭中的枝晶

由图 7-3 和图 7-4 可知，从电渣锭边缘到电渣锭中心位置一次枝晶间距逐渐增大，含氮 0.15%的奥氏体热作模具钢电渣锭边缘、1/2 半径处和中心处的枝晶组织比含氮 0.0014%的奥氏体热作模具钢的一次枝晶间距都要大。这可以用

Kurz-Fisher 理论[10]进行解释。一次
枝晶间距的表达式为：

$$\lambda_1 = \frac{4.3(\Delta T_0 D\Gamma)^{0.25}}{(KR)^{0.25}G^{0.25}} \quad (7\text{-}1)$$

式中，$\Delta T_0 = mC_0(1-k)/k$，为凝固
温度区间；D 为溶质扩散系数；
Gibbs 系数 Γ 为固-液表面能与熔化
熵之比；K 为平衡溶质分配系数；
R 为凝固速度；G 为温度梯度。

在其他变量都相同的情况下，

$$\Delta T_0 = mC_0(1-k)/k \quad (7\text{-}2)$$

式中，m 为液相线斜率；C_0 为溶质
元素在液体中的初始固溶量。

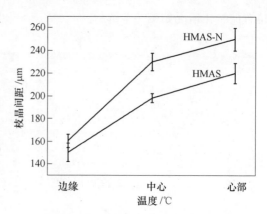

图 7-4　HMAS 和 HMAS-N 枝晶间距
随着位置变化情况

通过式（7-2），可以将一次枝晶间距公式写成与固溶量相关的简化形
式，即：

$$\lambda_1 = A(C_0)^{0.25} \quad (7\text{-}3)$$

式中的常数 A 综合了除固溶量 C_0 以外的其他因素。

可以看出，枝晶间距随氮含量的增加而增加，宏观上表现为枝晶的粗
化[11]。在其他变量相同的情况下，一次枝晶间距与合金原始成分成正比。对
于含氮 0.0014% 的奥氏体热作模具钢电渣锭边缘、1/2 位置、中心处，一次枝
晶间距分别为 150±8μm、198±4μm、220±9μm；对于含氮 0.15% 的奥氏体热
作模具钢电渣锭边缘、1/2 位置、中心处一次枝晶间距分别为 160±6μm、230±
8μm、250±10μm。

7.2.2　氮对电渣锭析出相的影响

由图 7-1 和表 7-2 可知，M(C,N)、M_2C、$M_{23}C_6$ 和 M_7C_3 随着温度降低逐渐析
出。M(C,N) 是高温稳定相，M(C,N) 析出温度超过 1300℃，在热处理过程不
会固溶到基体中。

为了预测电渣重熔实际凝固过程中的组织和析出相的变化规律，采用
Thermo-Calc 软件中的 Scheil-Gulliver 模型计算 HMAS-N 非平衡凝固过程组织和析出
相随温度变化情况，如图 7-5 所示。M(C,N) 和 M_2C 均为一次析出相，M(C,N)
和 γ-Fe 几乎同时析出，析出温度接近 1400℃。当钢液固相部分达到 0.9 时，开始
析出 M_2C 型碳化物。

含氮 0.0014% 的奥氏体热作模具钢 HMAS 和含氮 0.15% 的奥氏体热作模具钢
HMAS-N 电渣锭退火后的组织、碳化物及碳化物成分分析如图 7-6 所示。

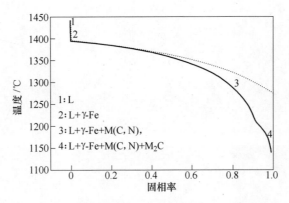

图 7-5 HMAS-N 非平衡凝固过程中组织和析出相随温度的变化

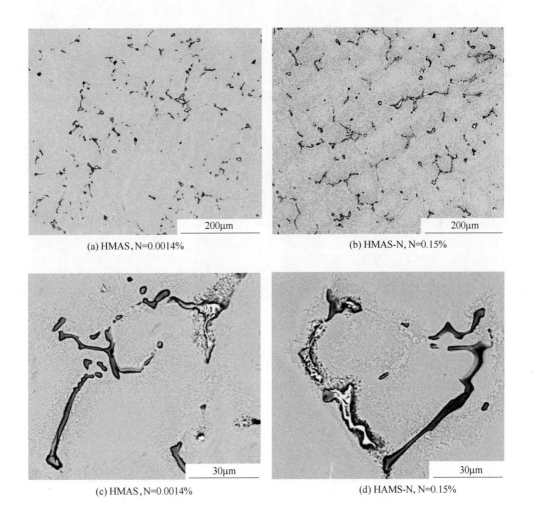

(a) HMAS, N=0.0014%

(b) HMAS-N, N=0.15%

(c) HMAS, N=0.0014%

(d) HAMS-N, N=0.15%

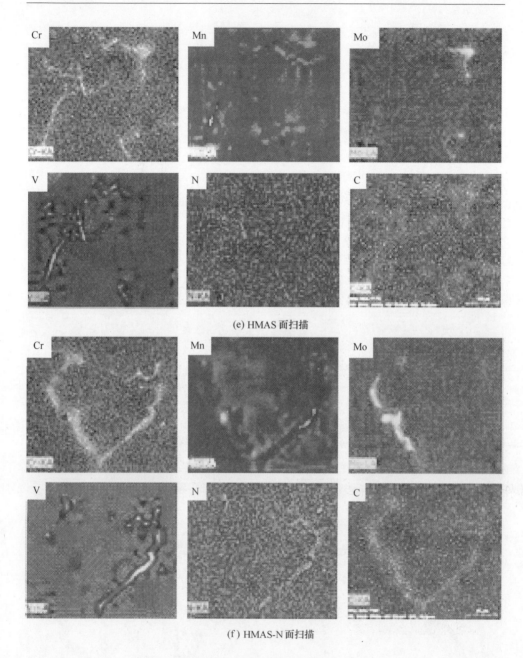

图 7-6　电渣锭退火态组织

　　图 7-6（a）和（b）分别为含氮 0.0014% 的奥氏体热作模具钢 HMAS 和含氮 0.15% 的奥氏体热作模具钢 HMAS-N 电渣锭退火后的组织，观察可知，存在两种类型析出相，析出数量均较多；图 7-6（c）和（d）为高倍数两种类型析出相：一种

是不规则长条形，尺寸为10~50μm，另外一种是鱼骨架状，尺寸为5~25μm，大部分分布在晶界上，少部分分布在基体上。图7-6（e）、（f）为与图7-6（c）、（d）相对应的面扫描图片，由面扫描照片可知，对于含氮0.0014%的奥氏体热作模具钢HMAS电渣锭中钒和铬以及碳分布在长条状析出相上，说明长条状析出相主要为V的合金碳化物，钼、铬和碳分布在鱼骨架析出相，即鱼骨架状析出相为Mo的合金碳化物，并含一定量Cr元素；而含氮0.15%的奥氏体热作模具钢HMAS电渣锭中除了钒、铬以及碳分布在长条状析出相，还含有较多的氮元素，即钒的碳氮化物和钼的合金碳化物。

　　为了进一步观察析出物的三维形貌，电解萃取含氮0.15%的奥氏体热作模具钢HMAS-N中析出相，图7-7（b）~（d）所示为扫描电镜背散射电子下电解提取出的析出相。

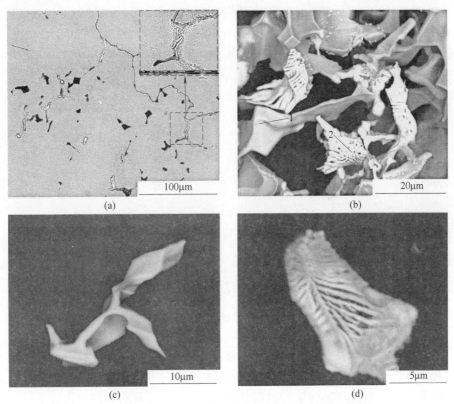

图7-7　二次电子下的组织和析出相电镜照片（a）和背散射电子下
电解提取出的析出相（b）、（c）和（d）

　　由图7-7（c）和（d）分析可知，观察到的不规则长条状或短棒状析出相三维形貌应为不规则多边条状或片状，且外形棱角分明；观察到的鱼骨状、螺旋状的为典型的共晶碳化物形貌。表7-3为图7-7（b）不同形貌碳化物的能谱分析。

表 7-3　析出相能谱分析结果　　　　　　　　　（%）

位置	元　素						
	C	V	Mo	Cr	N	Fe	Mn
1	14. 68	41. 60	0. 64	1. 68	33. 11	6. 31	1. 98
2	56. 69	6. 88	17. 35	7. 94	0. 05	5. 55	5. 54

　　由表 7-3 可知，不规则多边条状或片状析出相主要组成元素为 V、N、C，并含有少量的 Cr 和 Mo 元素，说明该析出相为 M(C,N)，即 V(C,N) 的合金碳氮化物；鱼骨状、螺旋状析出相主要组成元素为 Mo、C 和少量的 V 及 Cr 元素，该析出相为 M_2C，可以推测是 Mo_2C 型合金碳化物。

　　对含氮 0.0014% 的奥氏体热作模具钢 HMAS 和含氮 0.15% 的奥氏体热作模具钢 HMAS-N 电渣锭退火后电解萃取的析出相进行 XRD 衍射分析，结果如图 7-8 所示。含氮 0.0014% 的奥氏体热作模具钢析出相分别是 V_8C_7 和 Mo_2C；含氮 0.15% 的奥氏体热作模具钢 HMAS-N 析出相为 V(C,N) 和 Mo_2C。

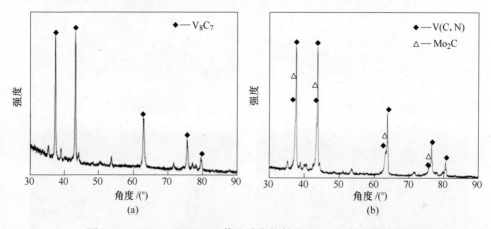

图 7-8　HMAS-N 和 HMAS 萃取碳化物粉末 XRD 衍射分析结果

　　含氮 0.15% 奥氏体热作模具钢电渣锭组织里有很多钒的氮化物。在时效过程中，过饱和的氮优先在晶界等缺陷附近偏聚，使得氮化物比碳化物更易形核。由于氮含量较高，使奥氏体中铬的扩散系数降低，阻碍了碳化物的析出[12]。

　　氮对奥氏体热作模具钢析出相的形貌和尺寸没有影响。但是与含氮 0.0014% 的奥氏体热作模具钢 HMAS 相比，含氮 0.15% 的奥氏体热作模具钢 HMAS-N 存在更多的一次析出相，而且一次析出相的尺寸相对较大，即碳氮化物的尺寸偏大，这可能与 N 的添加有利于提高 MC 析出温度有关。含氮 0.0014% 的奥氏体热作模具钢 HMAS 和含氮 0.15% 的奥氏体热作模具钢 HMAS-

N 均存在尺寸较大的一次析出相，需要进行高温锻造将大型的碳化物或碳氮化物变得更加弥散均匀。

7.3 热处理工艺对含氮奥氏体模具钢中组织和析出相的影响

7.3.1 固溶热处理对钢中碳化物的影响

固溶热处理的目的是将粗大的一次碳化物和合金元素固溶于基体中，然后通过时效热处理析出细小弥散的二次析出相，达到析出强化的目的。如果固溶温度太低，尺寸较大的一次析出相将很难固溶于基体中；如果固溶温度过高，奥氏体晶粒尺寸将会迅速长大。奥氏体晶粒尺寸影响扩散型相变及析出相，对强度、硬度、韧性等机械性能有很大的影响[13]。因此，合理的固溶热处理工艺对钢的组织和性能十分重要。

不同固溶温度和固溶时间下组织演变情况如图 7-9 所示。

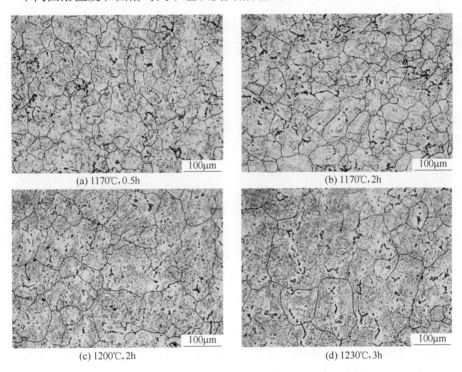

(a) 1170℃, 0.5h   (b) 1170℃, 2h

(c) 1200℃, 2h   (d) 1230℃, 3h

图 7-9 固溶时间和固溶温度对析出相的影响

由图 7-9（a）和（b）可知，在 1170℃时，钢中基体上的析出相分布较多，未溶 V（C,N）还可起到阻碍晶粒长大的钉扎作用[14]，抑制奥氏体晶粒尺寸的增长[15]。

当1170℃固溶热处理，保温时间从0.5h增加到2h时，随着保温时间的增加，部分的碳化物或者碳氮化物和合金元素溶入基体。当温度超过1200℃时，大部分碳氮化物发生分解，溶于基体，提高了固溶强化作用，但是奥氏体晶粒尺寸迅速增加。这是高温促进了晶粒的长大和碳氮化物的分解导致其钉扎作用减弱甚至消失的原因。此外，在较高的温度条件下，析出物更容易发生溶解和粗化[16,17]，使得合金元素在高温下的溶质拖拽效果减弱[18]。固溶温度的提高对晶粒长大有很大的驱动，因此，在1230℃较高温度下进行固溶热处理时，奥氏体晶粒粗化明显。

7.3.2　时效热处理对钢中碳化物的影响

为了消除固溶水淬热处理过程中产生的残余应力，同时析出细小弥散的二次析出相，将固溶热处理后的样品进行时效热处理[19,20]。图7-10（a）所示为含氮0.0014%的奥氏体热作模具钢的透射电镜照片，图7-10（b）是图7-10（a）局部放大结果，图7-11为图7-10（b）中粒子透射衍射斑标定结果，经过标定析出相均为V_8C_7。

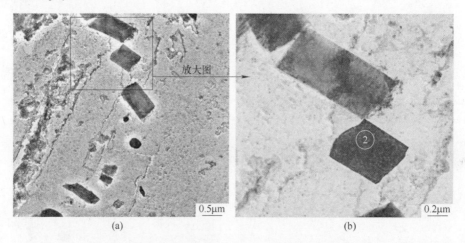

图7-10　HMAS透射电镜照片（a）及局部放大结果（b）

由图7-10可以明显看出，最佳热处理工艺后，含氮0.0014%的奥氏体热作模具钢存在较大的二次析出相，尺寸为0.5~1μm，形貌大部分呈长条形，也存在少量呈近球形纳米级析出相。

含氮的奥氏体热作模具钢经过在650℃预时效1h，780℃再时效1h后，组织如图7-12所示。

由图7-12（a）可知，钢中既有微米级未溶的一次V（C,N），又有大量的纳米级二次析出相。图7-11（b）所示为析出相TEM照片及衍射花样标定结果，图

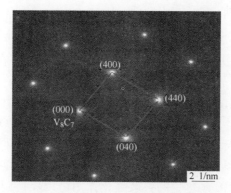

图 7-11 透射电镜照片及衍射斑标定结果

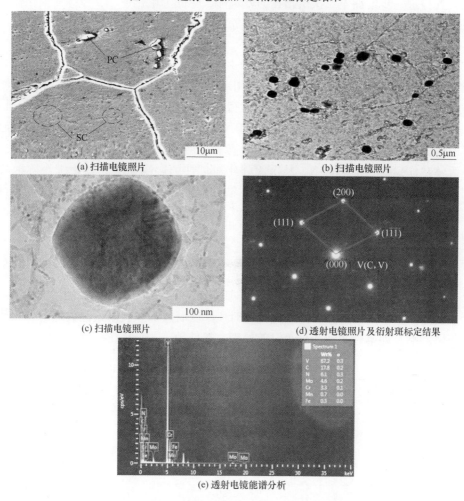

图 7-12 经过最佳热处理工艺后 HMAS-N 组织

PC——一次析出相；SC——二次析出相

7-12（c）所示为图 7-12（b）中 TEM 能谱结果，分析可知二次析出相在钢中均匀分布，尺寸在 100～200nm 左右，形状呈球形或者近球形貌，分布均匀弥散。这是因为奥氏体与析出的微合金碳化物与奥氏体之间存在如下的平行位向关系[21]：(100)V(C,N)//(100)γ，(010)V(C,N)//(010)γ，在这种平行的位向关系支配下，奥氏体和析出相之间的界面能作用显著，各个方向上的错配度均相同，所以奥氏体晶体中沉淀析出的 V(C,N) 应该为球形。对纳米级析出相进行衍射花样标定，经过标定析出相均为 V(C,N)。V(C,N) 硬度较高，在 HV1200以上，具有面心立方结构，与奥氏体基体存在共格关系，在一定温度下不易熟化长大。一般情况下，MC 碳化物的弥散强化作用可以保持到 650～700℃[22]左右，添加 N 后进一步增加了二次析出相的稳定性，降低了粗化速率，使弥散强化作用保持更高的温度，保证材料具有较高的高温热稳定性能，以满足模具钢更高温度要求的工作。

　　综上所述，含氮 0.15% 奥氏体热作模具钢 HMAS-N 尺寸更小的粒子居多，形状呈球形或者近球形貌，分布均匀弥散，但是体积分数明显多于含氮 0.0014% 的奥氏体热作模具钢 HMAS。说明 N 元素有利于促进第二相的析出，并且使二次析出相更细小。对于含氮 0.0014% 奥氏体热作模具钢 HMAS 钢而言，较大尺寸的二相粒子容易成为裂纹源，导致钢韧性降低；对于含氮 0.15% 奥氏体热作模具钢 HMAS-N，从沉淀强化对韧性的影响来看，数量细小弥散二相粒子的大量析出，会增加模具钢的耐磨性，同时二相粒子大量析出也将使钢基体固溶的合金变少，使钢基体"变软"，使钢具有更高的韧性，这与实际冲击韧性的测量值吻合。

7.3.3　热处理工艺对含氮奥氏体模具钢性能的影响

　　时效热处理工艺对奥氏体模具钢洛氏硬度和冲击功的影响如图 7-13 所示。为了提高热作模具钢的强韧性，此处将对比单次时效和双次时效热处理对钢组织性能的影响，即单级时效和分级时效处理，热处理工艺见表 7-4 和表 7-5。

表 7-4　单级时效热处理工艺

样品编号	时效温度/℃	保温时间/h
S-680	680	
S-700	700	
S-710	710	
S-720	720	2
S-740	740	
S-760	760	

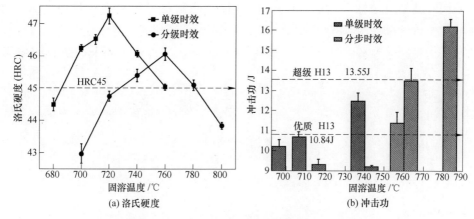

图 7-13　时效工艺对洛氏硬度和冲击功的影响

表 7-5　双级时效热处理工艺

样品编号	预时效温度/℃	预时效时间/h	再时效温度/℃	再时效时间/h
T-700			700	
T-720			720	
T-740	650	1	740	1
T-760			760	
T-780			780	
T-800			800	

由图 7-13（a）可知，对于单级时效，时效温度从 680℃增加到 720℃时，洛氏硬度逐渐增加，720℃时发生了显著的二次相析出硬化，达到了 HRC47.24；当时效温度继续增加到 760℃时，洛氏硬度降低到 HRC45.04。对于双级时效，当再时效温度从 700℃增加到 760℃时，洛氏硬度增加，在 760℃洛氏硬度达到最大值（HRC46.06）；随着再时效温度升高到 800℃，洛氏硬度降低到 HRC43.84。与单级时效相比，相同的温度下，经过双级时效处理后的钢洛氏硬度低。另外达到洛氏硬度最大值时对应的温度，双级时效比单级时效要高。为了保证模具钢在服役过程中不仅具有较高洛氏硬度，而且还具有较高的冲击韧性以抑制裂纹的萌生，将经过两种时效热处理且洛氏硬度大于 HRC45 的样品，进行冲击韧性测试实验。冲击功如图 7-13（b）所示。对于单级时效，720℃的时洛氏硬度达到最大值 HRC47.27，但是此时冲击功最小，为 9.2J；740℃时，洛氏硬度为 HRC46.05，但此时冲击功达到最大值 12.5J。对于双级时效，随着再时效温度从 740℃增加到 780℃，冲击功逐渐增加，在 780℃达到最大值，为 16.2J。与单级时效相比，冲击功最大时，对应的洛氏硬度比单级时效低 HRC1~2。

经过双级时效处理后，含氮的奥氏体热作模具钢钢的最大冲击功不仅比优质 H13（10.84J）要高，而且超过超级 H13[23]（13.55J）的冲击功。与单级时效最大冲击功相比，双级时效最大冲击功增加了 29.6%。尽管达到最大冲击功时，对应的洛氏硬度相对较低（HRC45.1），但是仍然能满足热作模具钢服役要求。图7-14 所示为经过不同时效热处理后断口组织扫描电镜照片。

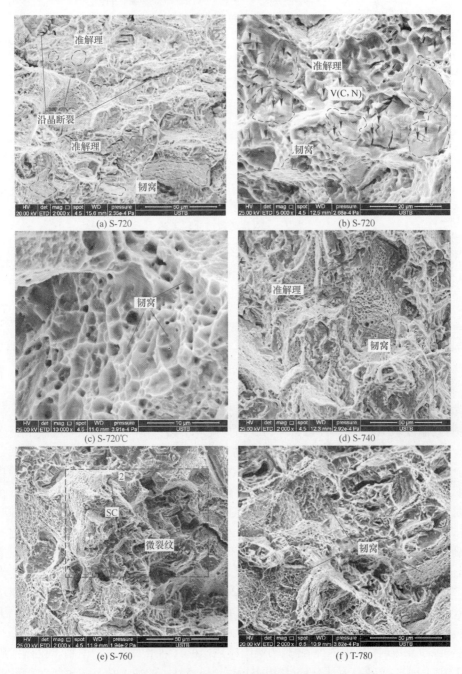

图 7-14　经过不同时效热处理后断口组织扫描电镜照片

SC—二次析出相

由图 7-14 分析可知，所有的冲击断口，既有准解理面又有韧窝，这表明是混合断裂机制。由图 7-14（a）可知，样品 S-720 主要是脆性断裂，断口表面呈现穿晶准解理和沿晶断裂的特点。准解理断面的尺寸比奥氏体晶粒尺寸小很多，这是由于准解理断裂的裂纹源是碳化物。沿晶断裂晶粒尺寸（约 60μm）和奥氏体晶粒尺寸（58.4μm）接近，说明沿晶断裂的裂纹源是奥氏体晶界。如图 7-14（b）所示，准解理面有大量的一次碳化物，这与图 7-14（b）观察是一致的，这表明一次粗大的析出相是解理源头。如图 7-14 所示的一些断口表面有大量的韧窝，呈现出塑性断裂特征。当温度从 720℃升高到 760℃的时候，韧窝百分比逐渐上升。样品 S-740 和 S-760 主要呈现出塑性特征，有大量的韧窝。并且析出了一些球形的二次析出相。图 7-15 所示为图 7-14（e）面扫描的结果，表 7-6 为断裂面上析出相的能谱分析结果。

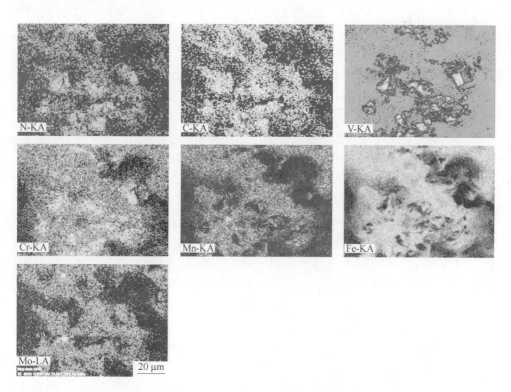

图 7-15　样品 S-760 能谱元素面扫描照片

由图 7-15 可知，V、C 和 N 在相同的区域，进一步说明了未溶的一次析出相是碳氮化钒，并含有一定量的 Cr 元素。球形二次析出相为含 Mo 碳化物。对于 T-780，如图 7-14 所示，呈现出更多的塑性韧窝和少量的准解理断面。

表 7-6　析出相能谱分析结果　　　　　　　（%）

位置	元　素						
	C	V	Mo	Cr	N	Fe	Mn
1	28.48	40.50	0.24	0.92	27.57	1.72	0.57
2	37.07	0.26	16.57	1.65	0.00	43.62	0.83

　　未溶的一次析出相、奥氏体晶粒尺寸、基体强度、二次析出相和晶界强度对冲击功有很大的影响[24]。时效过程对一次析出相和奥氏体晶粒度尺寸几乎无影响，对于 S-720 样品，因为存在大量的一次析出相和 V(C,N)，洛氏硬度较高，难以发生塑性变形，产生冲击功较小（9.3J），发生脆性断裂。析出相和基体之间的结合力比较弱，导致在一次 V(C,N) 富集的地方产生裂纹。

　　当温度从 720℃ 增加到 740℃，二次析出相的数量不断增加，二次析出相的增加降低了冲击功，同时由于固溶于基体中的合金元素减少，基体中过饱和度降低，导致基体"变软"[25]。钢基体越软，裂纹尖端附近塑性区越大，应力集中越大，塑性变形越大。较大的塑性区导致较大的裂纹扩展和较大的冲击能量[26]。对于 S-720 和 S-740 样品，与二次相的析出降低冲击功相比，基体强度变化对冲击功值得影响占主要因素。因此，单级时效温度从 720℃ 提高到 740℃ 的时候，冲击能量从 9.3J 增加到 12.5J。随着单级时效温度升高到 760℃，二次析出量增加和奥氏体晶界粗化对冲击性能起主要作用，使冲击能从 12.5J 下降到 11.4J。

　　双级时效过程的低温预时效相当于成核阶段，高温时效是稳定阶段[27]。第一阶段的时效是促进 GP 的形成（Guinier Preston），获得大量分散的 GP 区。与单级时效相比，时效分两段进行，低温预时效析出有利于溶质的扩散和二次析出相的形核，高温阶段能够在第一阶段接着析出，使析出相不易粗化长大。两阶段时效更有利于二次析出相的均匀析出，缓解二次析出相的长大，与单级时效相比，可减弱冲击功的减少。如图 7-13（b）所示，再时效温度从 740℃ 提高到 780℃ 时，冲击强度从 9.2J 增加到 16.2J，强度略有下降。

参 考 文 献

[1] 计天予，吴晓春. H13 改进型热作模具钢的组织与性能 [J]. 钢铁研究学报，2013，25 (5)：31-38.

[2] Jiang Q C, Sui H L, Guan Q F. Thermal fatigue behavior of new type high-Cr cast hot wore die steel [J]. ISIJ International, 2004, 44 (6)：1103-1107.

[3] 陆世英，张廷凯，康喜范. 不锈钢 [M]. 北京：原子能出版社，1995.

[4] Grabovskii V Y, Kanyka V I. Austenitic die steels and alloys for hot deformation of metals [J].

Metal Science and Heat Treatment, 2001, 43: 402-405.

[5] 江浩, 吴晓春, 石楠楠. 氮对奥氏体型热作模具钢组织和性能的影响 [J]. 机械工程材料, 2012, 36 (1): 58-61.

[6] 何燕霖, 朱娜琼, 吴晓瑜, 等. 富 Cr 碳化物析出行为的热力学与动力学计算 [J]. 材料热处理学报, 2011, 32 (1): 134-137.

[7] Zhang Y, Li J, Shi C B. Effect of heat treatment on the microstructure and mechanical properties of nitrogen-alloyed high-Mn austenitic hot work die steel [J]. Metals, 2017, 7 (3): 94.

[8] Medvedeva A, Gunnarsson S, Andersson J, et al. High-temperature properties and microstructural stability of hot-work tool steels [J]. Materials Science & Engineering A, 2009, 523 (1): 39-46.

[9] 吴华林, 王福明, 李长荣, 等. Nb 对转 K2 弹簧钢中 MX 析出相的影响 [J]. 北京科技大学学报, 2011, 33 (8): 927-935.

[10] Kurz W, Fisher D J. Fundamentals of solidfication [M]. New York: Trans. Tech. Publications, 1984.

[11] 颜伟, 张鑫, 杨弋涛. 碳氮对铁素体不锈钢铸锭宏观凝固组织的影响 [J]. 特种铸造及有色合金, 2012, 32 (9): 801-803.

[12] 高福彬. 氮对 201 不锈钢组织和性能的影响 [D]. 包头: 内蒙古科技大学, 2014.

[13] Lee S J, Lee Y K. Prediction of austenite grain growth during austenitization of low alloy steels [J]. Materials & Design, 2008, 29 (9): 1840-1844.

[14] Speer J G, Michael J R, Hansen S S. Carbonitride precipitation in niobium/vanadium microalloyed steels[J]. Metallurgical and Materials Transactions A, 1987, 18A (2): 211-222.

[15] Matsuo S, Ando T, Grant N J. Grain refinement and stabilization in spray-formed AISI 1020 steel [J]. Materials Science & Engineering A, 2000, 288 (1): 34-41.

[16] Lin Y L, Lin C C, Tsai T H, et al. Microstructure and mechanical properties of 0.63C-12.7Cr martensitic stainless steel during various tempering treatments [J]. Materials and Manufacturing Processes, 2010, 25: 246-248.

[17] Dutra J C, Siciliano F, Padilha A F. Interaction between second-phase particle dissolution and abnormal grain growth in an austenitic stainless steel [J]. Materials Research, 2002, 5 (3): 379-384.

[18] Leyson G P M, Curtin W A, Hector L, et al. Quantitative prediction of solute strengthening in aluminium alloys [J]. Nature Materials, 2010, 9 (9): 750-755.

[19] Lee S J, Jung Y S, Baik S, et al. The effect of nitrogen on the stacking fault energy in Fe-15Mn-2Cr-0.6C-xN twinning-induced plasticity steels [J]. Scripta Materialia, 2014, 92: 23-26.

[20] Jack D H, Jack K H. Invited review: Carbides and nitrides in steel[J]. Materials Science and Engineering, 1973, 11(1): 1-27.

[21] Gong W M, Yang C F, Zhang Y Q, et al. Precipitation kinetics of V (C,N) in austenite for low carbon steel microalloyed with vanadium and nitrogen [J]. Journal of Iron & Steel Research, 2004, 16 (6): 41-46.

[22] Teng Z K, Liu C T, Ghosh G. Effects of Al on the microstructure and ductility of NiAl-strength-

ened ferritic steels at room temperature [J]. Intermetallics, 2010, 18 (8): 1437-1443.

[23] NADCA recommended procedures for H13 tool steel [C]. North America Die Casting Association. NADCA Die Material Committee. NADCA, 2003: 207.

[24] Mesquita R A, Barbosa C A, Morales E V, et al. Effect of silicon on carbide precipitation after tempering of H11 hot work steels [J]. Metallurgical and Materials Transactions A, 2011, 42 (2): 461-472.

[25] Yan P, Liu Z D, Bao H S, et al. Effect of tempering temperature on the toughness of 9Cr-3W-3Co martensitic heat resistant steel [J]. Materials & Design, 2014, 54 (2): 874-879.

[26] 丁仁亮. 金属材料及热处理 [M]. 北京: 机械工业出版社, 2009.

[27] Werenskiold J C, Deschamps A, Brechet Y. Characterization and modeling of precipitation kinetics in an Al-Zn-Mg alloy [J]. Materials Science and Engineering: A, 2000, 293 (1): 267-274.

8 钛对高碳合金钢碳化物控制作用的可行性分析

凝固过程中合金元素的偏析会导致组织中生成大量的共晶碳化物。该类碳化物会成为显微裂纹的萌生核心[1]，并且会夺走基体中的铬元素，造成材料耐腐蚀性下降。调整凝固过程工艺参数对改善偏析非常有限，因此许多研究通过改性碳化物结构来改善材料性能，包括降低碳化物体积分数和碳化物尺寸、缩短碳化物间距和改变碳化物形貌等。常用方法有增加形核或抑制共晶碳化物长大[2-12]。

利用合金元素钛对高碳高铬铸铁和模具钢中的碳化物进行控制是近年来的研究热点[13-17]。研究表明，钛是一种强碳化物形成元素，能有效地改善碳元素的偏析，细化共晶碳化物，并且降低碳化物的体积分数，提高材料的冲击韧性和耐磨性。高碳马氏体不锈钢与高铬铸铁中具有相同共晶类型的碳化物，因此，有必要研究钛对工模具钢中碳化物的影响。本章以高碳马氏体钢 8Cr13MoV 钢为例，分析钛对高碳合金钢中碳化物控制作用的可行性。

8.1 钛对铸态钢中碳化物的影响

8.1.1 钛对碳化物类型的影响

不同钛含量的 8Cr13MoV 电渣锭的成分见表 8-1。

表 8-1　不同钛含量的 8Cr13MoV 电渣锭的化学成分　　　　　（%）

试样号	C	Cr	Mo	Mn	Si	V	Ni	Ti	Fe
No. 1	0.78	13.6	0.20	0.50	0.44	0.14	0.16	0.043	Bal.
No. 2	0.79	14.12	0.20	0.48	0.44	0.20	0.20	0.50	Bal.
No. 3	0.77	13.44	0.21	0.44	0.33	0.16	0.16	0.77	Bal.
No. 4	0.78	14.05	0.21	0.42	0.35	0.16	0.16	1.20	Bal.

对电解萃取的碳化物进行 XRD 物相分析，结果如图 8-1 所示。0.043%钛含量电渣锭中碳化物都是 M_7C_3 型，随着钛含量增加，Ti 与 C、N 元素结合生成 TiC 和 Ti(C,N)，0.50%钛含量电渣锭中碳化物主要为 M_7C_3 型和少量的 TiC。随着钛含量进一步增加，TiC 成为主要碳化物，而 Cr 元素的碳化物类型也随之改变，0.77%钛含量和 1.20%钛含量电渣锭中 M_7C_3 已经完全转变为 $M_{23}C_6$。

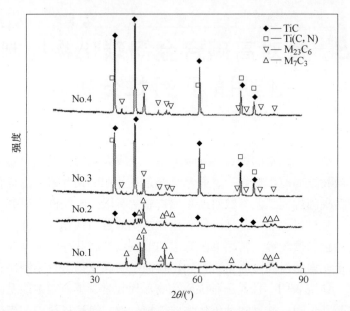

图 8-1 碳化物 XRD 物相分析结果

8.1.2 钛对碳化物成分的影响

电渣锭凝固组织如图 8-2 所示。由图 8-2 可知，钛的加入对钢晶粒度有所细化，但并不明显。含钛钢中碳化物尺寸较大，主要分布在晶界上，是典型的共晶碳化物特征[18]。如图 8-2 （f）和（g）所示，0.50%钛含量和 0.77%钛含量电渣锭中有两种形貌的碳化物，一种是单独的黑色颗粒状，另一种为黑色和灰色复合的碳化物，复合碳化物的尺寸随着钛含量的增加而减小。

对图 8-2 中的碳化物进行 EDS 能谱分析，结果见表 8-2。由表 8-2 可知，黑色碳化物中 Ti 为主要元素，灰色碳化物中 Cr 为主要元素，结合 XRD 结果判断，图 8-2 （f）和（g）中复合碳化物分别是以 TiC 为核心生长的 M_7C_3 和 $M_{23}C_6$。1.20%钛含量电渣锭中碳化物有三种形貌：第一种是单独的颗粒状；第二种呈不规则片状；第三种大部分为不规则椭圆形，内部呈细小的层片结构。

表 8-2 碳化物能谱分析结果　　　　　　　　　　　（%）

标号	元　　素				
	C	Cr	Fe	Ti	Mo
1	13.22	51.89	31.25	—	1.45
2	13.45	50.22	31.88	2.12	2.33
3	26.33	—	1.18	70.10	2.38

续表 8-2

标号	元　素				
	C	Cr	Fe	Ti	Mo
4	13.81	53.38	26.94	1.05	2.48
5	23.86	4.43	8.89	51.76	7.79
6	20.28	2.91	12.2	61.47	3.14
7	8.68	42.53	47.90	—	1.40

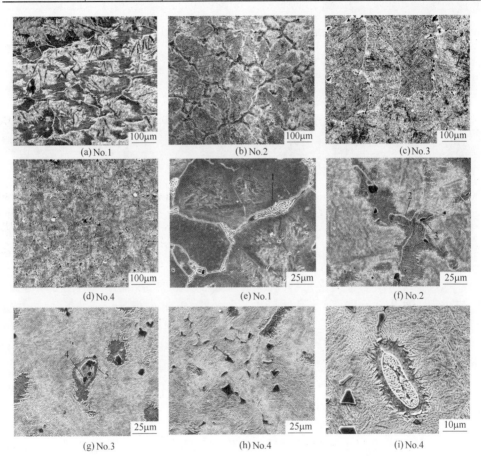

图 8-2　电渣锭凝固组织

1，2，4，7—M_7C_3 型一次碳化物；3，5，6—TiC

　　碳化物的 SEM 照片和 EDS 面扫描结果如图 8-3 所示。由图 8-3（a）可知，0.043%钛含量电渣锭中共晶碳化物中 Ti、V、N 元素富集在一个区域，形成（Ti，V）N。这种氮化物熔点高，在液相中先析出，可以作为共晶碳化物的形核核心，说明在钛含量较低的情形下，Ti 优先与 N 结合。由图 8-3（b）可知，0.77%

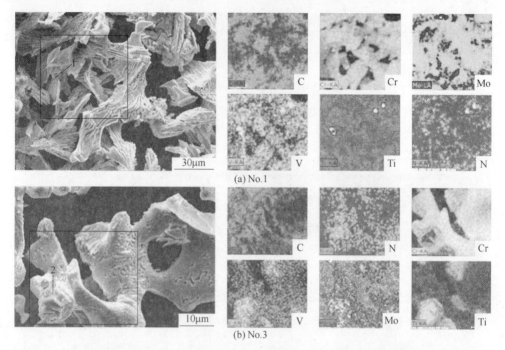

图 8-3　碳化物的 SEM 照片和 EDS 面扫描结果

钛含量电渣锭中碳化物中 N、V、Mo 和 Ti 元素在同一区域呈富集趋势。

8.1.3　钛对碳化物形貌的影响

通过电解萃取获得的碳化物的 SEM 显微形貌如图 8-4 所示。由图 8-4 可知，0.043%钛含量电渣锭中一次碳化物尺寸较大，最大尺寸大于 $50\mu m$，呈典型的共晶碳化物形貌，整体为骨骼状，个体大多由长条状碳化物成簇组成，由于这些碳化物都是沿晶界生长，也有位置因晶粒挤压成片状。0.50%钛含量电渣锭中存在两种形貌的碳化物，其中 M_7C_3 型碳化物的形貌与 0.043%钛含量电渣锭中基本相同，整体尺寸较小，部分与 TiC 附着在一起，如图 8-4（f）所示；另一种为单独存在的 TiC 颗粒。0.77%钛含量电渣锭中碳化物尺寸明显减小，少数为单独存在的 TiC 颗粒，主要为 TiC 与 $M_{23}C_6$ 共生的碳化物，其 SEM 和 EDS 面扫描结果分别如图 8-4（g）和图 8-3（b）所示，可明显发现 $M_{23}C_6$ 包裹在 TiC 外部。这类复合碳化物尺寸较大，呈共晶碳化物形貌，但与 0.043%钛含量电渣锭中共晶碳化物不完全相同。从形貌上判断，这种尺寸较大的 $M_{23}C_6$ 是由共晶碳化物 M_7C_3 转变而成的，而不是由奥氏体中析出的 M_7C_3 转变生成的。1.20%钛含量电渣锭中碳化物大多数都是不规则、尺寸更小的 TiC 或 Ti(C，N)，呈片状结构，只有少量外形非常规则、内部呈层片状的 $M_{23}C_6$ 型碳化物，如图 8-4（f）所示，这与图 8-2（i）中观察到的铸态下碳化物的形貌一致。这种较小的 $M_{23}C_6$ 与 0.77%钛含量电渣锭中不同，不是包裹在 TiC 外侧生长，是由奥氏体中析出的 M_7C_3 转变而来的。

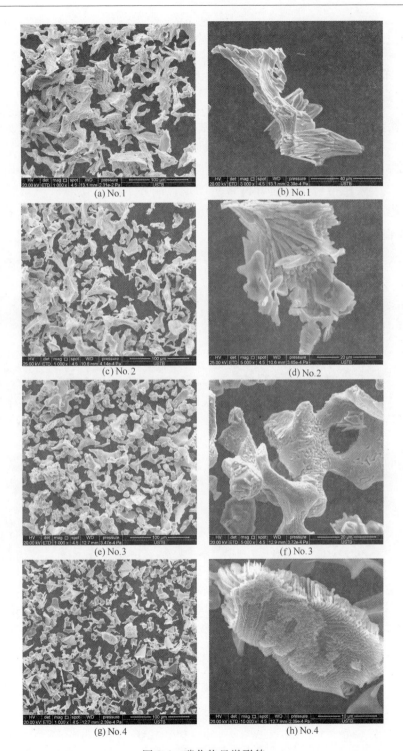

(a) No.1

(b) No.1

(c) No.2

(d) No.2

(e) No.3

(f) No.3

(g) No.4

(h) No.4

图 8-4 碳化物显微形貌

8.2 钛对锻造和球化退火后钢中碳化物的影响

8.2.1 钛对锻造后钢中碳化物的影响

电渣锭经锻造后显微组织如图 8-5 所示。由图 8-5 可知，0.043%钛含量和 0.50%钛含量电渣锭中原始共晶碳化物被破碎拉长，并且有小颗粒的二次碳化物在共晶碳化物周围析出，且呈一定方向性。0.77%钛含量和 1.20%钛含量电渣锭中碳化物也在外力下被破碎，在碳化物周围没有小颗粒的二次碳化物析出。晶界上都有二次碳化物析出，随着钛含量增加，晶界上碳化物的析出量减少，在 1.20%钛含量电渣锭中碳化物只呈点状在晶界析出。

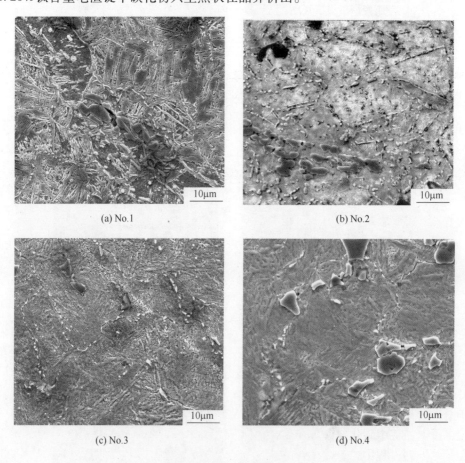

(a) No.1

(b) No.2

(c) No.3

(d) No.4

图 8-5 锻造后显微组织

8.2.2 钛对球化退火后钢中碳化物的影响

球化退火后的显微组织如图 8-6 所示。统计结果表明，随着钛含量增加，碳

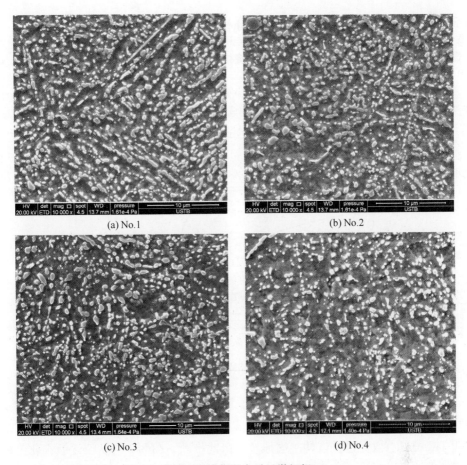

(a) No.1　　　　　　　　　　(b) No.2

(c) No.3　　　　　　　　　　(d) No.4

图 8-6　球化退火后显微组织

化物数量逐渐减少，分别为 1.27 个/μm²、1.18 个/μm²、1.06 个/μm² 和 0.93 个/μm²。0.043%钛含量电渣锭中碳化物大多呈链状，表现出一定的方向性，0.77%钛含量和 1.20%钛含量电渣锭中则没有此特点，这是由于退火前马氏体组织不同而造成的。退火过程中，碳化物在马氏体组织的针状边缘和晶界处析出[19]，且容易形成长条状。如果原始马氏体针状组织粗大，析出的条状碳化物在退火过程中分断不完全，在退火后就容易形成呈方向性分布的碳化物。1.20%钛含量电渣锭中碳化物数量和尺寸都明显低于其他两个试样。综合分析，钛的加入使热处理过程中二次碳化物的析出受到抑制，随钛含量增加抑制程度增强。Ti是强碳化物形成元素，具有较高熔点，在热处理过程中 Ti 元素对 C 元素的"固定"能力较强，球化退火过程中碳化物的长大主要依靠元素的扩散，随着钛含量增加 TiC 数量增多，碳的扩散逐渐受到抑制，导致球化退火过程中二次碳化物的析出量减少。

8.3 钛处理高碳合金钢的可行性分析

8.3.1 钛对高碳合金钢中碳化物的影响机理

利用 Thermo-Calc 计算了 Ti 元素对 8Cr13MoV 平衡凝固相的影响，计算结果如图 8-7 所示。相图固定 C 和 Cr 元素的含量，以 Ti 元素含量和温度作为变量。

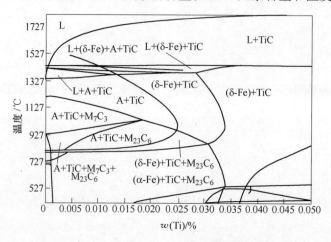

图 8-7　Ti 元素对 8Cr13MoV 平衡凝固相的影响

由图 8-7 可知，随着钛含量的升高，TiC 的析出温度明显提高，当钛含量达到 0.5% 时，TiC 的析出温度达到 1600℃ 以上。TiC 与 δ-Fe 的错配度为 5.9%[20]，说明 TiC 可以有效促进铁液的凝固形核。由此推断，图 8-2 中晶粒逐渐细化是由于 TiC 在液相中析出，为 δ-Fe 提供了大量的形核核心所致。有研究表明[3]，在高碳高铬铸铁中加入 Ti，不仅能细化晶粒，而且可有效减轻 C 元素和 Cr 元素的偏析，这与共晶碳化物 M_7C_3 减少的结果一致。利用 Bramfitt[20,21] 提出的错配度计算公式对 TiC 与 M_7C_3 的错配度进行计算，得到二者之间错配度为 4.7%。证明 TiC 对 M_7C_3 是有效形核，对 M_7C_3 的细化起较大的作用。利用 Thermo-Calc 中 Scheil 模块进行了非平衡凝固的模拟计算，结果如图 8-8 所示。由图 8-8 可知，当固相摩尔质量分数达到 90% 左右时，液相中开始析出 M_7C_3，此时固相为铁素体和 TiC。

在平衡凝固状态下，M_7C_3 从奥氏体中析出，由图 8-7 可知，随着钛含量提高，M_7C_3 的析出温度范围缩小，表明 Ti 元素对 M_7C_3 的析出起到了抑制作用。此外，Ti 元素使 M_7C_3 向 $M_{23}C_6$ 的转变温度升高，促进了 M_7C_3 向 $M_{23}C_6$ 转化。当电渣锭中的钛含量达到 0.77% 时，虽然在凝固时有 M_7C_3 生成，但是由于钛的作用，使 M_7C_3 最终转变为 $M_{23}C_6$。

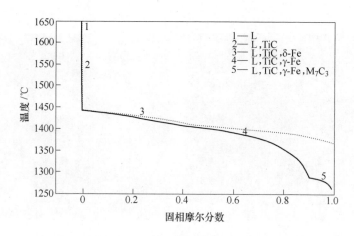

图 8-8　非平衡凝固条件下固相摩尔质量分数与温度对应关系

　　高铬铸铁中析出的大尺寸 M_7C_3 型碳化物会严重降低其耐磨性和韧性，研究者通过添加 Ti 元素细化 M_7C_3 型碳化物来改善高铬铸铁的使用性能。本章研究发现的钛对高碳合金钢中碳化物的影响机理，与其他学者[22-24]报道的钛对高铬铸铁中碳化物影响机理类似。Ti 作为一种强碳化物形成元素，在液相易与碳反应生成 TiC。液相中先析出的 TiC 颗粒作为后生成的 M_7C_3 型碳化物的非均匀形核核心，起到细化碳化物的作用。

8.3.2　钛处理高碳合金钢的可行性

　　在热加工和热处理过程中，$M_{23}C_6$ 比 M_7C_3 更容易溶解到基体中，M_7C_3 转变为 $M_{23}C_6$ 有利于热处理中碳化物的控制。为了进一步验证电渣锭中大块的 $M_{23}C_6$ 能否溶入基体，将电渣锭锻造后再进行球化退火处理，通过阳极电解萃取碳化物并利用 SEM 进行观察，结果如图 8-9 所示。

　　由图 8-9 可知，球化处理后组织中析出大量细小二次碳化物，附着在大颗粒碳化物上。从图 8-9（c）中可知，0.77%钛含量电渣锭中大块的复合碳化物消失，证明包裹在 TiC 外层的 $M_{23}C_6$ 型碳化物已经基本溶解。TiC 颗粒上部分没有完全溶解的 $M_{23}C_6$ 已经发生球化，如图 8-9（b）所示。从碳化物的尺寸看，0.043%钛含量电渣锭中碳化物的尺寸最大，0.77%钛含量和 1.20%钛含量电渣锭中碳化物的尺寸相近，1.20%钛含量电渣锭中有部分碳化物尺寸甚至大于 0.77%钛含量电渣锭中。由图 8-9（b）和（e）可知，退火后的 0.77%钛含量和 1.20%钛含量电渣锭中存在尺寸约为 5~10μm 的 TiC 颗粒，表明液相中析出的大尺寸 TiC 颗粒经热处理过程后依旧大量存在于钢中。

　　不同钛含量电渣锭的力学性能测试结果见表 8-3。

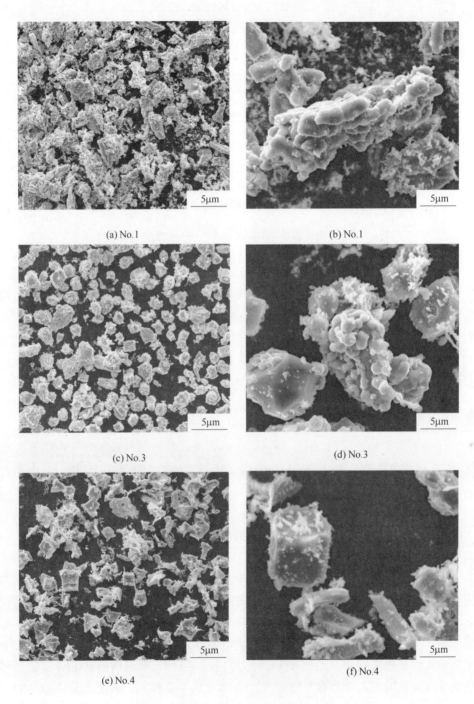

(a) No.1　　　　　　　　　　　　(b) No.1

(c) No.3　　　　　　　　　　　　(d) No.3

(e) No.4　　　　　　　　　　　　(f) No.4

图 8-9　锻造并球化退火后碳化物的形貌

表 8-3 力学性能测试结果

试样号	硬度		抗拉强度/MPa		断后伸长率/%	
	热处理前（HRC）	热处理后（HRB）	热处理前	热处理后	热处理前	热处理后
No. 1	52.9	95.2	635.95	739.53	1	17.85
No. 2	53.2	95.0	889.11	740.19	1	17.88
No. 3	56.7	93.6	974.49	714.01	1	20.95
No. 4	57.6	94.1	1315.66	694.39	1	20.41

　　0.77%钛含量电渣锭在铸态状态下碳化物体积分数最低，在热加工和热处理后，大块的 $M_{23}C_6$ 继续溶解，改善材料的力学性能，有利于后续的加工。经过锻造及球化退火后，0.77%钛含量电渣锭具有最低的硬度和最高的断后伸长率。

　　将球化退火试样的拉伸断口利用扫面电镜观察，结果如图 8-10 所示。0.043%钛含量电渣锭的断口处有明显的大块碳化物，如图 8-10（a）中矩形框位置，而 0.50%钛含量电渣锭的断口处已经没有大块碳化物，在 0.50%钛含量和

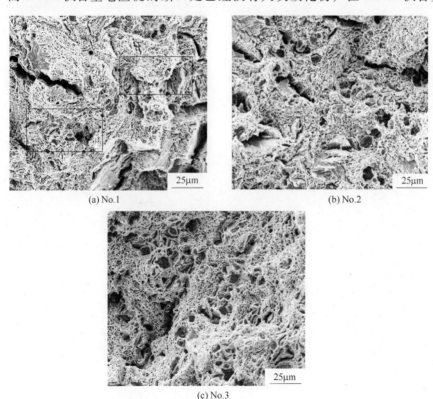

(a) No.1　　　　　　　　　　　　　　(b) No.2

(c) No.3

图 8-10　锻造并球化退火后拉伸断口形貌

0.77%钛含量电渣锭的断口上都均匀分布着 TiC 颗粒，但 0.77%钛含量电渣锭中 TiC 数量要远多于 0.50%钛含量电渣锭。钛含量过高时，由于大量的 TiC 的存在，降低了材料的抗拉强度和断后伸长率。

　　图 8-11 所示为不同工序下含 0.77%钛的 8Cr13MoV 钢中的 TiC 碳化物。TiC 具有高熔点和高硬度的特点，由图 8-11 可知，在后续的锻造、热轧和退火处理过程中 TiC 不能被完全破碎和溶解，大量存在于钢中，尺寸约在 5~10μm。

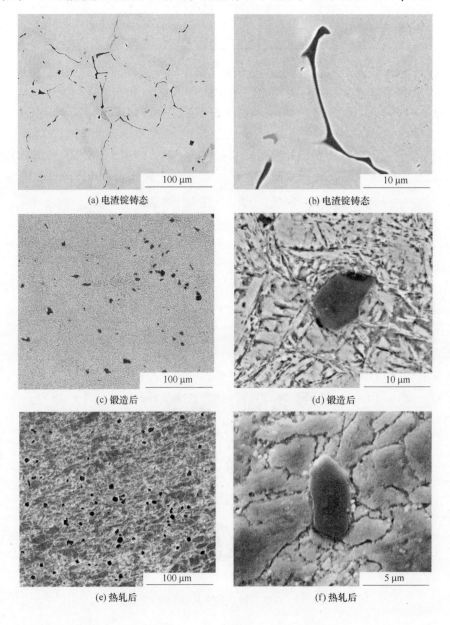

(a) 电渣锭铸态　　　　　　　　　　　　(b) 电渣锭铸态

(c) 锻造后　　　　　　　　　　　　　　(d) 锻造后

(e) 热轧后　　　　　　　　　　　　　　(f) 热轧后

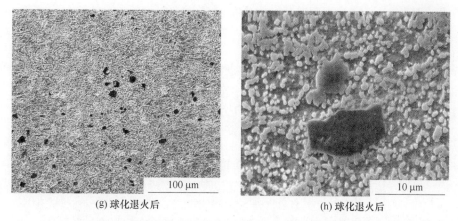

(g) 球化退火后　　　　　　　　　　(h) 球化退火后

图 8-11　不同工序下含 0.77%钛 的 8Cr13MoV 钢中的 TiC 碳化物

　　高铬铸铁一般由铸造成型，在生产过程中无需经过轧制等大变形工序。但是刀剪用高碳马氏体不锈钢 8Cr13MoV 在生产过程中需经过开坯、热轧、退火和冷轧等热处理和加工工艺，最终制备成各类刀剪产品。在轧制等变形工艺过程中，这些微米级的 TiC 会产生应力集中，成为裂纹源，造成材料脆性断裂，严重影响材料的使用寿命。由图 8-10 （b） 和图 8-10 （c） 可知，0.50%钛含量和 0.77%钛含量电渣锭的拉伸断口存在许多细小韧窝，在韧窝深处存在大量微米级的 TiC，这表明断裂主要是源于粗大 TiC 与基体之间的破裂；且刀剪产品刀刃处厚度在 5μm 以内，在使用过程中刀刃处尺寸粗大的 TiC 容易脱落，造成刀刃缺口，严重影响产品的使用寿命。因此，由于 TiC 析出温度较高，容易在液相中析出并长大，且经热处理和加工工艺不能被完全消除，故对于需要经过轧制等变形工艺生产的高碳合金钢，难以有效控制 TiC 在液相中的析出和长大，不适合进行钛合金化处理。

参 考 文 献

[1] Karagöz S, Fischmeister H F. Cutting performance and microstructure of high speed steels：Contributions of matrix strengthening and undissolved carbides ［J］. Metallurgical & Materials Transactions A，1998，29（1）：205-216.

[2] Wu X J, Xing J D, Fu H G, et al. Effect of titanium on the morphology of primary M_7C_3 carbides in hypereutectic high chromium white iron ［J］. Materials Science & Engineering A，2007，457（1）：180-185.

[3] Bedolla-Jacuinde A, Correa R, Mejía I, et al. The effect of titanium on the wear behaviour of a 16%Cr white cast iron under pure sliding ［J］. Wear，2007，263（1）：808-820.

[4] Bedolla-Jacuinde A, Correa R, Quezada J G, et al. Effect of titanium on the as-cast microstructure of a 16% chromium white iron [J]. Materials Science & Engineering A, 2005, 398 (1-2): 297-308.

[5] Arikan M M, Çimenoglu H, Kayali E S. The effect of titanium on the abrasion resistance of 15Cr-3Mo white cast iron [J]. Wear, 2001, 247 (2): 231-235.

[6] Chen H X, Chang Z H, Lu J C, et al. Effect of niobium on wear resistance of 15%Cr white cast iron [J]. Wear, 1993, 166 (2): 197-201.

[7] Ma Q, Wang C C, Shoji H. Modification of hypoeutectic low alloy white cast irons [J]. Journal of Materials Science, 1995, 31 (7): 1865-1871.

[8] Bratberg J, Frisk K. An experimental and theoretical analysis of the phase equilibria in the Fe-Cr-V-C system [J]. Metallurgical & Materials Transactions A, 2004, 35 (12): 3649-3663.

[9] Lewellyn R J, Yick S K, Dolman K F. Scouring erosion resistance of metallic materials used in slurry pump service [J]. Wear, 2004, 256 (6): 592-599.

[10] Wang M J, Mu S M, Sun F F, et al. Influence of rare earth elements on microstructure and mechanical properties of cast high-speed steel rolls [J]. Journal of Rare Earths, 2007, 25 (4): 490-494.

[11] Fu H G, F D M, Zou D N, et al. Structures and properties of high-carbon high speed steel by RE-Mg-Ti compound modification [J]. Journal of Wuhan University of Technology Materials Science, 2004, 19 (2): 48-51.

[12] Duan J T, Jiang Z Q, Fu H G. Effect of RE-Mg complex modifier on structure and performance of high speed steel roll [J]. Journal of Rare Earths, 2007, 25 (7): 259-263.

[13] 卜凡征, 王玉斌, 郑连辉, 等. Ti-Mo 微合金钢回火过程中纳米碳化物析出行为 [J]. 钢铁研究学报, 2018, 30 (11): 928-934.

[14] Cho K S, Sang I K, Park S S, et al. Effect of Ti addition on carbide modification and the microscopic simulation of impact toughness in high-carbon Cr-V tool steels [J]. Metallurgical and Materials Transactions A, 2016, 47 (1): 26-32.

[15] Wu X J, Xing J D, Fu H G, et al. Effect of titanium on the morphology of primary M_7C_3 carbides in hypereutectic high chromium white iron [J]. Materials Science & Engineering: A, 2007, 457 (1): 180-185.

[16] Mirzaee M, Momeni A, Keshmiri H, et al. Effect of titanium and niobium on modifying the microstructure of cast K100 tool steel [J]. Metallurgical and Materials Transactions B, 2014, 45 (6): 2304-2314.

[17] Arikan M M, Çimenoglu H, Kayali E S. The effect of titanium on the abrasion resistance of 15Cr-3Mo white cast iron [J]. Wear, 2001, 247 (2): 231-235.

[18] Yu W T, Li J, Shi C B, et al. Effect of Spheroidizing annealing on microstructure and mechanical properties of high-carbon martensitic stainless steel 8Cr13MoV [J]. Journal of Materials Engineering & Performance, 2016, 26 (2): 1-10.

[19] Bjärbo A, Hättestrand M. Complex carbide growth, dissolution, and coarsening in a modified 12 pct chromium steel-an experimental and theoretical study [J]. Metallurgical & Materials

Transactions A, 2000, 32 (1): 19-27.

[20] Bramfitt B L. The effect of carbide and nitride additions on the heterogeneous nucleation behavior of liquid iron [J]. Metallurgical & Materials Transactions B, 1970, 1 (7): 1987-1995.

[21] Razavinejad R, Firoozi S, Mirbagheri S M H. Effect of titanium addition on as cast structure and macrosegregation of high-carbon high-chromium steel [J]. Steel Research International, 2012, 83 (9): 861-869.

[22] Huang Z F, Xing J D, Zhi X H, et al. Effect of Ti addition on morphology and size of primary M_7C_3 type carbide in hypereutectic high chromium cast iron [J]. Materials Science and Technology, 2011, 27 (1).

[23] Wu X, Xing J, Fu H, et al. Effect of titanium on the morphology of primary M_7C_3 carbides in hypereutectic high chromium white iron [J]. Materials Science & Engineering A (Structural Materials: Properties, Microstructure and Processing), 2007, 457 (1-2): 180-185.

[24] Chung R J, Tang X, Li D Y, et al. Effects of titanium addition on microstructure and wear resistance of hypereutectic high chromium cast iron Fe-25wt.% Cr-4wt.% C [J]. Wear, 2009, 267 (1): 356-361.

特殊钢一次碳化物生长机理

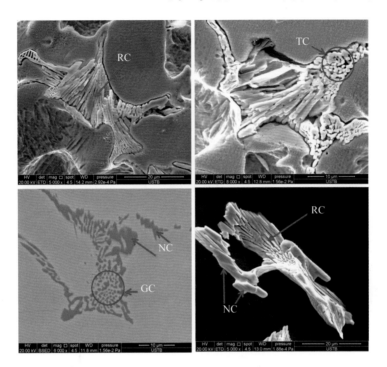

图 1-29 铸态 8Cr13MoV 钢中一次碳化物典型生长方式

RC—棒状碳化物；TC—盘曲状碳化物；GC—球状碳化物；NC—块状碳化物

图 1-29 所示为利用深腐蚀技术、电解萃取技术提取的 8Cr13MoV 钢中碳化物。钢液凝固过程中奥氏体是以枝晶的形式生长，有些二次枝晶间隙处剩余液相可能会达到过共晶成分，凝固前沿处会直接析出块状一次碳化物（NC），随着块状一次碳化物的析出，钢液中溶质原子浓度逐渐降低，达到共晶点时即发生共晶反应而析出共晶碳化物。共晶碳化物的形态受温度梯度和浓度梯度的共同影响，当温度梯度起主导作用时，共晶碳化物会分别在相邻二次枝晶界面处形核并向中间生长，此时容易形成棒状碳化物（RC），如图 1-30（a）所示；当浓度梯度和温度梯度共同作用时，共晶碳化物会在温度梯度驱使下向剩余液相中铬元素富集区域生长，此时容易形成盘曲状一次碳化物（TC），如图 1-30（b）所示；当浓度梯度起主导作用时，一次碳化物在二次枝晶间隙中溶质原子富集处就地形核或异质形核，形核后无明显的生长趋向，形成球状碳化物（GC），如图 1-30（c）所示。

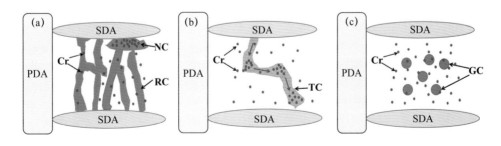

图 1-30 一次碳化物生长原理示意图

电渣重熔工艺对特殊钢元素偏析和一次碳化物的影响

适当地降低电渣重熔熔速和填充比,有利于减轻电渣锭中碳偏析,进而减小一次碳化物面积分数。

碳元素原位分析结果如图 2-4 所示。图中绿色区域代表该体系的平均碳浓度,蓝色区域代表碳浓度低于平均浓度的区域,黄色到红色区域代表碳富集区域,碳元素富集的程度随着颜色加深而逐渐增加。由图 2-4 可见,电渣重熔熔速为 150kg/h 时,由电渣锭边缘到中心,碳元素富集程度逐渐加剧,熔速降低到 133kg/h 时,碳元素由电渣锭边缘到中心富集的趋势消失,碳元素富集区域减少,碳浓度低于平均浓度的区域也减少,碳元素富集区域随机地分布在整个电渣锭中。因此,降低电渣重熔熔速,减轻了电渣锭中碳元素富集程度,碳元素分布更加均匀。

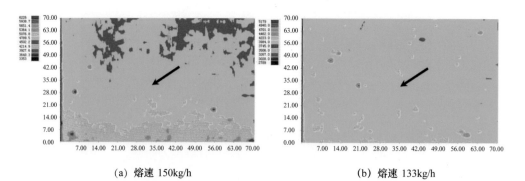

(a) 熔速 150kg/h   (b) 熔速 133kg/h

图 2-4   不同电渣重熔熔速碳元素原位分析(箭头由电渣锭边缘指向中心)

电渣熔速由 150kg/h 降低到 133kg/h、充填比由 0.23 增加到 0.33,电渣锭中一次碳化物面积分数降低到 1.05%,相比于原始电渣重熔工艺,一次碳化物面积分数减少了 23%。

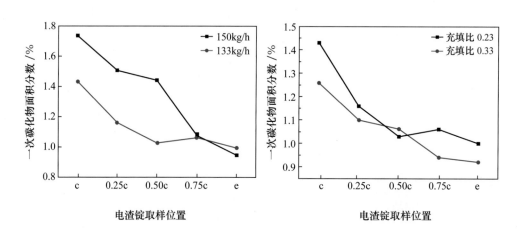

图 2-9   电渣重熔熔速对电渣锭不同位置   图 2-15   充填比对电渣锭中一次碳化物
         一次碳化物面积分数的影响   面积分数的影响

定向凝固电渣锭枝晶生长形貌分析

枝晶生长的形貌主要受凝固过程中枝晶的生长速率、液固界面前沿温度梯度分布和液固界面前沿液相中溶质原子聚集程度等因素的影响。凝固过程中液固界面前沿过冷度分布如图2-30所示。

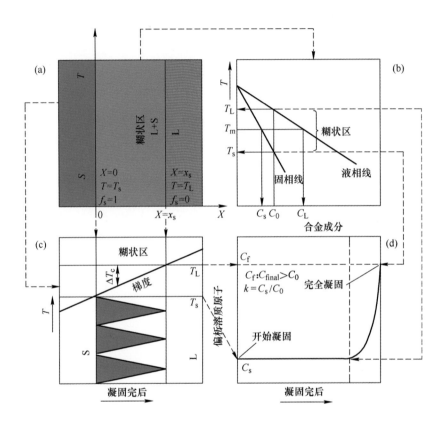

图 2-30　凝固过程中液固界面前沿凝固条件分布示意图

(a) 凝固的边界条件；(b) 两相平衡相图中元素偏析行为；
(c) 液固界面前沿温度梯度和成分过冷度；(d) 凝固完成后偏析元素浓度分布

由图 2-30 可知，凝固过程中随着液固界面不断地向前推进，溶质原子不断在液固界面前沿富集，使得凝固末期溶质浓度聚集增加，从而引起成分过冷度的不断增大。过冷度既可作为等轴晶形核的驱动力，也可以作为柱状晶生长的驱动力。当液固界面前沿的等轴晶比例足够阻断柱状晶尖端生长，则等轴晶的形核和长大占优势。传统电渣重熔锭的中心部位，由于热量传递方向的限制，使得心部热量传递较慢且无方向性，从而抑制了柱状晶尖端的继续推进，为等轴晶的形核和长大创造了条件。而定向凝固能够控制柱状晶生长液固界面前沿的温度梯度及其传递方向，使电渣铸锭获得沿轴向生长的柱状晶组织。

连铸坯中心碳偏析对网状碳化物的影响

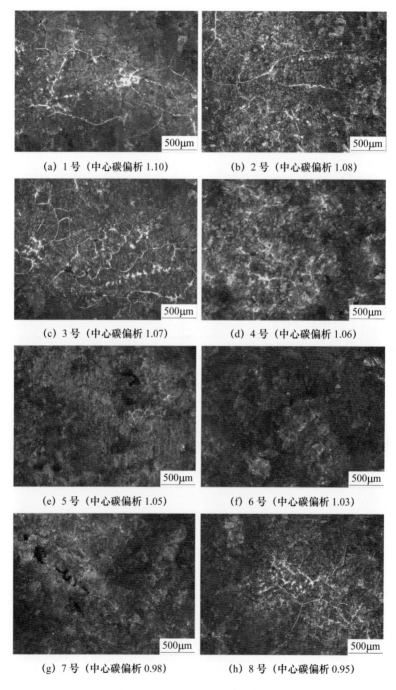

(a) 1号（中心碳偏析 1.10） (b) 2号（中心碳偏析 1.08）

(c) 3号（中心碳偏析 1.07） (d) 4号（中心碳偏析 1.06）

(e) 5号（中心碳偏析 1.05） (f) 6号（中心碳偏析 1.03）

(g) 7号（中心碳偏析 0.98） (h) 8号（中心碳偏析 0.95）

图 3-12　不同中心碳偏析铸坯试样金相组织（82B 钢）

辊锻热处理工艺对晶粒尺寸和刀具锋利性能的影响

由图 4-48 可见，未经辊锻热处理的刀刃中，晶粒处于混晶状态，对刀刃中尺寸大于 2μm 的晶粒进行统计，发现未辊锻刀刃中最大晶粒尺寸达到 40.03μm，平均晶粒尺寸为 5.26μm；经过辊锻热处理后，晶粒尺寸相对均匀化，其中最大晶粒尺寸为 10.84μm，平均晶粒尺寸为 3.37μm。因此，辊锻工艺可以有效细化晶粒，并使晶粒尺寸分布更加均匀。

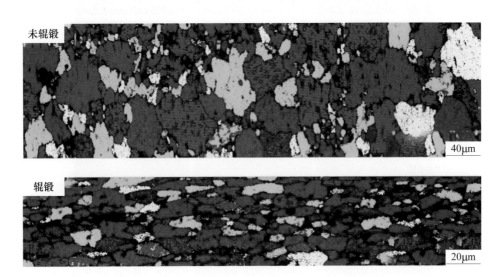

图 4-48　辊锻热处理工艺对刀刃晶粒尺寸的影响

经测定，辊锻热处理后刀具的初始锋利度值为 63.3mm，锋利耐用度值为 273.8mm。与未辊锻热处理的刀具相比，初始锋利度提高了 56%，锋利耐用度提高了 28%，可见辊锻热处理工艺可有效提高刀具的锋利性能。

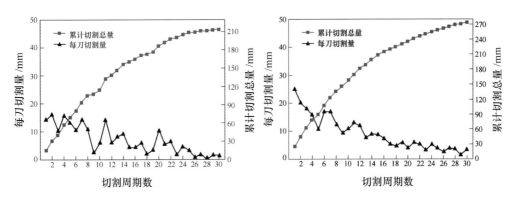

图 4-52　未辊锻 8Cr13MoV 刀具　　　　图 4-53　辊锻热处理后 8Cr13MoV 刀具
　　　　锋利度测试曲线　　　　　　　　　　　　　锋利度测试曲线

含 Ce 复合夹杂物面扫描观察

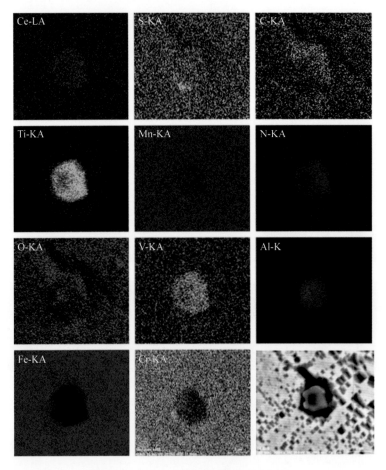

图 6-2　含 Ce 复合夹杂物面扫描观察

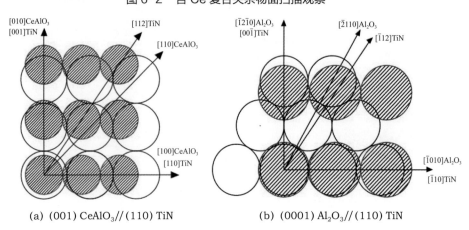

(a)　(001) CeAlO$_3$//(110) TiN　　　　(b)　(0001) Al$_2$O$_3$//(110) TiN

图 6-11　CeAlO$_3$、Al$_2$O$_3$ 与 TiN 晶体取向关系

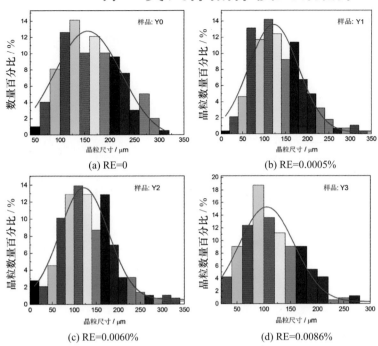

(a) RE=0

(b) RE=0.0005%

(c) RE=0.0060%

(d) RE=0.0086%

图 6-14 不同稀土含量奥氏体热作模具钢热处理后晶粒尺寸统计分布图

(a) RE=0

(b) RE=0.0005%

(c) RE=0.0060%

(d) RE=0.0086%

图 6-15 不同稀土含量奥氏体热作模具钢热处理后组织图 (EBSD)

时效热处理对含氮钢冲击韧性的影响

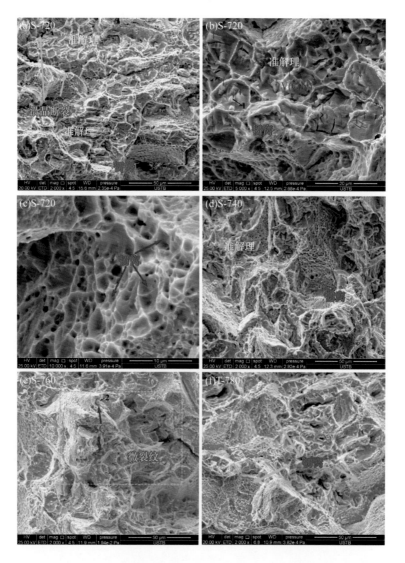

图 7-14 经过不同时效热处理后断口组织扫描电镜照片

SC—二次析出相

由图 7-14 分析可知，所有的冲击断口，既有准解理面又有韧窝，这表明是混合断裂机制。由图 7-14 (a) 可知，样品 S-720 主要是脆性断裂，断口表面呈现穿晶准解理和沿晶断裂的特点。准解理断面的尺寸比奥氏体晶粒尺寸小很多，这是由于准解理断裂的裂纹源是碳化物。沿晶断裂晶粒尺寸 (约 60μm) 和奥氏体晶粒尺寸 (58.4μm) 接近，说明沿晶断裂的裂纹源是奥氏体晶界。如图 7-14 (b) 所示，准解理面有大量的一次碳化物，这与图 7-14 (b) 观察是一致的，这表明一次粗大的析出相是解理源头。如图 7-14 所示的一些断口表面有大量的韧窝，呈现出塑性断裂特征。当温度从 720℃升高到 760℃的时候，韧窝百分比逐渐上升。样品 S-740 和 S-760 主要呈现出塑性特征，有大量的韧窝，并且析出了一些球形的二次析出相。